国家社科基金项目（10CGL043）资助
广东省社科基金项目（GD18HGL02）资助

中国投资者心理偏差与行为研究

张荣武 ◎ 著

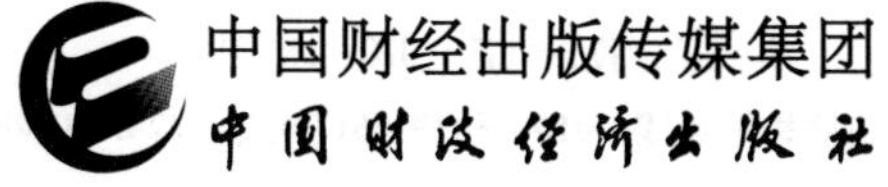

图书在版编目（CIP）数据

中国投资者心理偏差与行为研究 / 张荣武著. --北京：中国财政经济出版社，2022.5

ISBN 978-7-5223-1259-0

Ⅰ.①中… Ⅱ.①张… Ⅲ.①投资-经济心理学-研究-中国 Ⅳ.①F830.59

中国版本图书馆CIP数据核字（2022）第042351号

责任编辑：武志庆　　　　责任校对：胡永立
封面设计：智点创意　　　　责任印制：党　辉

中国投资者心理偏差与行为研究
ZHONGGUO TOUZIZHE XINLI PIANCHA YU XINGWEI YANJIU

中国财政经济出版社 出版

URL：http：//www.cfeph.cn
E-mail：cfeph@cfeph.cn

社址：北京市海淀区阜成路甲28号　邮政编码：100142
营销中心电话：010-88191522
天猫网店：中国财政经济出版社旗舰店
网址：https：//zgczjjcbs.tmall.com
北京时捷印刷有限公司印刷　各地新华书店经销
成品尺寸：185mm×260mm　16开　13.25印张　285 000字
2022年5月第1版　2022年5月北京第1次印刷
定价：60.00元
ISBN 978-7-5223-1259-0
（图书出现印装问题，本社负责调换，电话：010-88190548）
本社质量投诉电话：010-88190744

序

Foreword

张荣武博士所著《中国投资者心理偏差与行为研究》是一部具有创新性的行为财务学专著。论著以他主持完成的国家社科基金项目“经济周期视角下投资者心理偏差对资产定价的影响研究”和广东省社科基金项目“中国投资者心理偏差与行为研究”为基础，经过精心修订而成，该著作整合了经济学、财务学、心理学等多学科相关理论与方法，拓展了行为财务研究范围，并进一步使研究内容系统化，反映出来的成果具有重要的学术价值与财务实践启示意义。

全书共分两篇13章。上篇为“基础篇”，从心理偏差、异质预期、确认性偏差、认知风险、动量效应与反转效应五个方面，集中研究投资者心理与行为之间相互作用的机理机制。下篇为“应用篇”，基于投资者异质后验信念、投资者过度自信、普通投资者有限关注、非国有股东治理和风险投资五个典型维度，对投资者心理偏差及行为展开广泛、深入的实证研究。

论著揭示了心理偏差影响下投资者行为与资产定价之间的作用与反作用机理；从社会互动视角揭示了异质预期、群体演化与资产价格波动机制；率先利用实证方法直接研究中国股市投资者的确认性偏差，并在此基础上进一步揭示投资者的信息反应机制；检验了中国股市投资者认知风险对盈余惯性的影响以及在不同信息不确定性程度下两者之间的关系；研究了消息观察者、动量交易者和套利惯性投资者三类投资者不同决策对股价的影响、不同环境下投资者异质后验信念对股价的影响以及投资者过度自信与股价之间的动态影响；揭示了普通投资者关注对股票流动性及股票收益的影响机制；基于投资者有限注意视角检验了公司并购重组公告诱发的短期财富效应；探讨了非国有股东治理对国有上市公司股价同步性的影响机制；以创业板上市公司为样本，研究了风险投资地理距离对企业创新能力的影响、风险投资是否为了获得更多利益而参与合谋掏空进而损害中小股东利益，以及风险投资持股对信息披露质量的影响。

纵观《中国投资者心理偏差与行为研究》一书，其研究结论对于更全面深入认识中国投资者心理偏差与行为的形成机理及其经济后果、构建矫正投资者心理偏差以形成资产合理定价的动态长效机制、正确引导投资者开展价值投资、提高公司治理水平等具有重要的指导借鉴价值。全书结构科学，逻辑清晰，重点突出，数据资料翔实可靠，语言精练流畅，方法得当，从基础理论与实践应用相结合的方位，研究了这个具有前沿性意义的行为财务学问题，是一部值得向读者推荐的优秀著作。我也乐于为之作序。

伍中信

2022 年 2 月于长沙

前言

Preface

相对于欧美成熟市场，中国股市非理性暴涨暴跌、过度反应或反应不足更为常见，甚至出现千股涨停、千股跌停以及投资者情绪极度低迷需要救市等极端情况亦不足为奇。当今中国的现实情境是散户投资者占比重，机构投资者不够成熟甚至兼具部分散户特征，资本市场投机氛围重，套利成本与风险较高，企业内幕信息泄露与内幕交易时有发生，企业转型升级和商业模式创新凸显。这些特殊背景使投资者情绪（心理）成为影响资本市场定价的系统性风险，为探讨中国投资者心理偏差与行为的形成机理及其经济后果提供了绝佳的研究场景。本书基于新经济时代中国特殊的制度背景，综合运用经济学、管理学、财务学、心理学和统计学等多学科知识，深入探讨了中国投资者心理偏差与行为的形成机理及其经济后果，以期为构建矫正投资者心理偏差以形成资产合理定价的动态长效机制、正确引导投资者开展价值投资、发挥机构投资者市场稳定器作用、提高公司治理水平等提供经验证据和靶向政策建议。全书分两篇共13 章展开研究。上篇为“基础篇”，从理论上集中研究投资者心理与行为的机理机制。下篇为“应用篇”，分别从投资者异质后验信念、投资者过度自信、普通投资者有限关注、非国有股东治理和风险投资五个维度，对投资者心理偏差及行为进行了深入的实证研究。

新兴的行为资产定价理论存在的重大缺陷是未全面、系统地研究投资者心理偏差的变动机理和行为偏差的形成根源以及它们对资产定价的影响，削弱了模型的解释力。投资者心理偏差随经济周期动态变化，不同周期阶段下呈现出不同态势（方向或强度），使人们相应产生各种非理性程度不一的投资预期，进而导致资产价格偏离基础价值。而这种偏离又会反作用于投资者心理偏差与经济周期波动，从而相互影响，不规则地循环反复。第 1 章将投资者心理偏差置于经济周期这一宏观背景下，提出“经济周期—心理偏差—行为偏差—资产定价”的研究新思路，以揭示心理偏差影响下投资者行为与资产定价之间的作用与反作用机理，打开“心理偏差—资产定价”的“过程黑箱”。

信息和心理偏差的非完全同质性导致投资者形成异质的主观预期。第 2 章从社会互动视角揭示了异质预期、群体演化与资产价格波动机制，构建了“个体—群体—群体”的演化路径。市场中的投资者可细分为持有不同主观预期的群体，当原群体成员主观预期发生调整时，该群体成员可能转移到与其新预期相似的群体中，或者与其他投资者组成一个新的群体，从而引发群体间规模的此消彼长或新预期类型群体的产生，最终实现群体间的演化。现实市场中的群体演化必然引起不同资金流的合并或分化，从而导致市场资金流分布格局发生演变，进而推动资产价格波动。

第 3 章率先利用实证方法直接研究中国股市投资者的确认性偏差，并从确认性偏差视角进一步揭示投资者的信息反应机制。研究表明，中国股市投资者的确认性偏差具有非对称性，其存在依赖于特定的条件：当投资者的先验信念对公司成长机会预期较好时，投资者存在确认性偏差，其对公司相关新信息的处理会受到确认性偏差的影响，从而对好消息理性反应，对坏消息反应不足；当投资者的先验信念预期公司成长机会较差时，投资者往往会对与公司相关的新信息进行更为理性的分析，表现出理性反应。总之，投资者的信息反应机制是一个复杂的过程，除了与信息类型、市场制度等因素密切相关外，还受到投资者确认性偏差及其先验信念的影响。

第 4 章基于投资者认知风险理论，检验了中国股市投资者认知风险对盈余惯性的影响以及在不同信息不确定性程度下两者之间的关系。研究发现，盈余公告后的长期收益随着投资者认知风险程度增加而提高；对于信息不确定性高的企业，投资者认知风险对盈余惯性的影响更为显著。此外，投资者认知风险还可以解释市场对好消息和坏消息的反应程度是非对称的。

第 5 章针对中国股票市场的特殊性，在 HS 模型基础上将投资者划分为消息观察者、动量交易者和套利惯性投资者，从他们对股票基本面和技术面关注点的不同出发，分段研究了三类投资者不同决策对股价的影响。分析表明：股价波动以消息传播为始点，动量交易者与套利惯性投资者加剧了动量效应，套利惯性投资者还会引发股价反转效应；股价产生动量效应和反转效应的程度受到股票市场环境、投资者规模以及风险承受能力的影响。

过度自信程度不同的投资者因消息确认精度差异引起意见分歧，产生异质后验信念，导致投资者对股价高估或者低估。第6章以盈余公告信息作为利好或利空消息，研究了不同环境下异质后验信念对我国股票价格的影响。实证结果表明：不管在牛市环境还是在熊市环境下，异质后验信念均会对股价产生影响，当盈余公告为利好消息时，异质后验信念程度越高，当期股价被高估的程度越显著；当盈余公告为利空消息时，异质后验信念程度越高，当期股价被低估的程度越显著。此外，研究还发现，在盈余公告前投资者就对盈余消息作出了反应，但对好消息与坏消息的反应程度不同。

第7章在运用VAR模型对我国经济周期不同阶段投资者过度自信心理偏差进行研究的基础上，利用脉冲响应函数研究了投资者过度自信与股票价格之间的动态影响关系。研究表明：我国股票市场上普遍存在着过度自信心理；经济周期处于扩张阶段时，投资者过度自信显著，而经济周期处于紧缩阶段时，投资者过度自信波动程度较之扩张期更高；过度自信心理在不同的经济周期阶段对股票价格产生了不同的影响。

搜索引擎的广泛应用促使互联网成为普通投资者获取信息的重要渠道。百度指数体现关键词被搜索的频率，在一定程度上表征着投资者对信息的关注程度。第8章以上证180指数样本股为研究对象，以百度指数用户关注度衡量普通投资者关注度，揭示普通投资者关注对股票流动性及股票收益的影响机制。实证结果表明，在控制其他影响因素后，普通投资者高关注度将伴随高市场流动性，注意力会驱动投资者进行交易；对信息的当期关注会对股票收益产生正向影响，但这一现象将在一段时间后发生反转。

第9章基于投资者有限注意这一独特视角，实证检验了上市公司并购重组公告诱发的短期财富效应。研究结果表明：公告日前后，主并公司股票因不同投资者有限注意程度的不同而存在短期财富效应，且越临近公告日，短期财富效应越显著；同时，投资者自身注意力分散程度的周历分布特征会引起主并公司短期财富效应的周历变动，上市公司管理层也会据此对并购重组公告进行择机发布，导致财富效应周历变动更为显著；然而，投资者对上市公司特征关注的有限性，加剧了市场对并购重组的过度反应，提升了短期财富效应。

第 10 章以 2013—2019 年中国 A 股上市国有企业为样本，探讨了非国有股东治理对国企股价同步性的影响机制。实证结果表明，非国有股东治理提高了国企信息透明度，进而抑制了股价同步性；在高管超额在职消费相对更高、业绩相对更低的国企中，非国有股东对股价同步性的抑制效果更为显著。进一步研究发现，当非国有股东话语权较大与股东多样性较丰富时，非国有股东能够更有效地发挥治理作用，显著抑制股价同步性。经济后果检验发现，非国有股东治理通过抑制股价同步性进而降低国企权益资本成本。

第 11 章以 2009—2015 年创业板上市公司为样本，研究了风险投资地理距离对企业创新能力的影响。实证结果表明，风险投资与企业创新能力正相关，风险投资地理距离与企业创新能力负相关，联合风险投资能减弱风险投资地理距离与企业创新能力之间的负相关关系。进一步研究表明，风险投资及其地理距离对企业创新能力的影响在不同类型、不同规模的企业中存在差异；高铁开通能增强风险投资为远距离企业提供投后管理服务的强度，进而减弱风险投资地理距离对企业创新能力的负面影响；风险投资的退出事件及其地理距离具有信息含量。

第 12 章以 2009—2016 年创业板上市公司为样本，探讨了风险投资是否为了获得更多利益而参与合谋掏空，进而损害中小股东利益。实证结果表明，风险投资与控股股东掏空显著正相关，表明风险投资为了获得更多收益，参与了控股股东的合谋掏空。进一步研究发现，该正相关关系在股权集中度中等和高管在职消费较高的企业更显著，表明控股股东和高管的合谋意愿及能力是影响风险投资合谋行为的重要因素。

信息披露对投资者保护、资源有效配置和资本市场效率提升至关重要。第 13 章以 2010—2018 年创业板上市公司为样本，实证检验了风险投资持股对信息披露质量的影响。研究发现，风险投资参与度越高，对上市公司信息披露质量的提升作用越显著，表现为风险投资持股比例越高或派驻董监高参与治理的上市公司信息披露质量越高；风险投资对上市公司的信息披露质量具有异质性影响，联合风险投资、高声誉风险投资的促进作用更显著。动机分析发现，风险投资通过提高信息披露质量降低上市公司的股价崩盘风险以获取高额投资回报。调节效应分析表明，风险投资对上市公司信息披露质量的提升作用在内部控制质量、地区市场化程度较低时更显著。

目录

Contents

上篇　基础篇

下篇 应用篇

上篇　基础篇

第1章　经济周期、投资者心理偏差与资产定价

作为金融经济学的核心问题，传统资产定价理论研究成果卓著，但用来解释不断涌现的资本市场异象时却显得力不从心，其根本原因在于“理性经济人”这一假设存在缺陷。现实中存在的投资者心理偏差和非理性行为使修正传统资产定价模型成为当务之急。从经济周期这一独特视角展开深入研究，能更深刻地揭示投资者心理偏差对资产定价的作用机理，可能是解决这一问题的有效途径。

1.1　研究缘起

马科维茨的资产组合理论，夏普等的资本资产定价模型（CAPM），罗尔和罗斯的套利定价理论（APT），布莱克等的期权定价理论（OPT），默顿、布雷登、考克斯和达菲的动态资产定价理论（ICAPM，CCAPM），堪称资产定价理论的经典文献，其背后隐藏的随机贴现思想来自Arrow和Debreu的开创性研究。在此基础上，吴冲锋等（2008）、陈浪南等（2008）也对资产定价问题进行了探索。然而，心理学研究发现人并非完全理性，而是有限理性，决策时信念和偏好会出现系统性偏差。伴随着前景理论（Kahneman和Tversky，1979）的创立，金融经济学家开始从投资者心理偏差上寻求资产定价理论的突破口（Hirshleifer，2001；Shefrin，2005；刘力，2007）。相关研究集中体现在“认知偏差”“过度自信”和“前景理论”等方面。

认知偏差主要包括代表性偏差、可得性偏差、锚定与调整偏差等。Oechssler等（2009）认为低认知能力的人有着更显著的行为偏差，甚至股票分析师也会产生行为偏差（Mokoaleli - Mokoteli等，2009）。代表性偏差使投资者对最近市场信息反应过度，产生“长期反转”“惯性效应”等市场异象（Lakonishok等，1994；Barberis等，1998）。个人决策常常违背贝叶斯法则，往往利用记忆中最容易提取的信息进行主观估计，从而产生可得性偏差（Tversky等，1973）。Kahneman和Tversky（1974）发现了著名的“锚定效应”，George和Hwang（2004）研究发现投资者经常将股价的前期高点作为锚定值，在面对新信息时不能充分调整其预期，导致反应不足。过度自信容易引起过度反应（Daniel等，1998）、过度交易（Gervais等，2001）和羊群行为（Hirshleifer等，1994），增加市场深度和提高市场流动性（Ko等，2007），易导致投机泡沫（Scheinkman等，2003），在一定程

度上解释了风险资产的超常波动性、封闭式基金折价之谜和股权溢价之谜（De Long 等，1990）。而且期望冲击和过度自信可以增加经济周期波动（Jaimovich 等，2007）。前景理论比预期效用理论更能真切地描述投资者风险决策行为（Tversky 和 Kahneman，1992）。投资者的损失厌恶和心理账户会导致较强的“售盈持亏”处置效应（Shefrin 和 Statman，1985；Grinblatt 等，2005）。从偏好角度出发，Barberis 和 Huang（2001）通过引入损失厌恶，解释了股票收益率的反转现象。可见，行为资产定价研究成果已比较丰富，但至今仍没有一个具有普遍解释力的资产定价模型。有别于以往单方面、静态地研究投资者心理偏差及行为偏差，一些学者已经开始关注心理偏差、行为偏差的动态变化。Cederburg（2008）发现，共同基金投资者的行为是随着经济周期的变化而变化的。结合最近的金融危机，Nofsinger（2010）认为在繁荣和萧条阶段，投资者的心理偏差具有不同的表现，进而推动形成资产价格泡沫或加剧经济衰退。这是因为人们的信念、偏好随时间而变化，不同心理状态下作出的决策相异。国内学者对中国资本市场行为资产定价的研究，主要集中在实证分析上。研究发现，中国股市存在半年内的惯性效应和长期反转效应，但长期反转效应比惯性效应更明显（王永宏等，2001；张峥等，2006；鲁臻等，2007）。许年行等（2007）认为投资者应增强与公布低对价公司的谈判能力，校正其锚定和调整行为偏差对股改对价方案的影响。中国投资者具有过度自信特征和过度交易情况（李心丹等，2002；谭松涛等，2006；王郧等，2009），影响证券期望收益（陈其安等，2009）。赵学军等（2001）发现中国股市存在明显的处置效应，且这种倾向比国外同类研究的发现更加严重。张维等（2010）构造了符合一般心理活动的两类投资者，并在此假设基础上推导出基于异质期望的股票收益率均衡解析模型。

以上研究从不同角度检验了投资者心理偏差的存在，并就心理偏差对资产定价的传导机制作了初步探索，在一定程度上解释了资本市场某些异象，但仍存在明显不足。首先，这些研究集中检验了心理偏差的存在性，但大部分仅从单方面进行实证检验，未将其他因素纳入模型中，而且缺乏对心理偏差发挥作用的深层原因及其对资产定价影响机制的理论分析，可能影响实证结论的稳健性。其次，以上研究未能充分揭示投资者心理偏差的作用机理，而这很可能是行为资产定价理论的基础所在。大部分学者只是对心理偏差进行了静态研究，缺乏对心理偏差的动态跟踪，也就未能从本质上认识心理偏差，因而对其研究只是流于表面，没有深入揭示心理偏差的变动及对资产定价的影响机制。而国内学者的研究，还主要停留在借鉴与验证阶段，没有结合中国资本市场的特性（尤其是与成熟资本市场的差异），系统、深入地研究适合我国的资产定价理论。总之，目前的行为资产定价研究还处在“百家争鸣”的阶段，没有将影响投资者行为的心理偏差因素系统地纳入资产定价模型，未找到推动资产定价理论进一步发展的突破口。

将投资者心理偏差置于经济周期这一宏观背景下，可以动态地研究心理偏差，以揭示其作用机理并进一步发掘心理偏差到资产定价的传导机制。而且投资者心理偏差在经济周期的繁荣和萧条阶段表现更为显著，可以更清晰地向我们展示投资者心理偏差的整个作用过程，加深对心理偏差的认识。因此，结合现有研究成果与不足，本章致力于提出一个全

新的行为资产定价理论研究思路，即以经济周期为视角，深入揭示心理偏差的作用机理及对资产定价的传导机制，以期构建更具现实解释力的资产定价模型，拓展资产定价理论。其基本路径如图 1－1 所示。

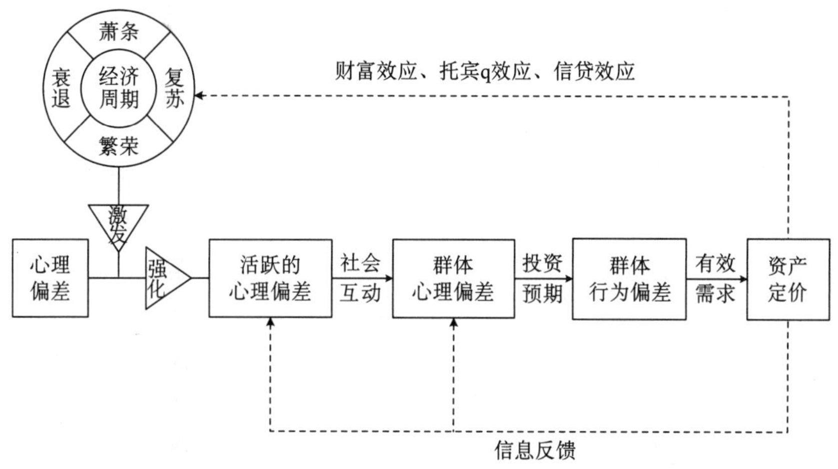

图 1－1　经济周期视域下行为资产定价研究路径

1.2　经济周期与投资者心理偏差

1.2.1　心理偏差的形成及作用

有别于传统经济学中的“理性人”假设，现代心理学研究表明，人类是有限理性的。Thaler（1993）认为，有限理性是相对于新古典经济学中行为人是无限理性、无限控制力和无限自私自利的完全理性假设而言的，主要是指行为人对复杂事物的认知和计算能力、对贪婪和恐惧心理的自我控制能力、对尽善尽美投资目标的自我追求能力等是有限的。心理偏差（psychological biases）就是现实市场中有限理性的投资者，在对外部信息进行识别、分析、评价等认知活动中系统产生的、有偏于标准理论所定义或预测的心理现象。在一个非有效的市场中，投资者的有限理性是致使其在认知和决策过程中出现各种心理偏差的主要原因。因此，心理偏差本质上属于人类的固有属性。具体来说，有限理性从三个方面导致了心理偏差的产生。首先是“启发式简化”，即由于投资者的记忆力、注意力及处理能力等认知能力的限制迫使大脑将复杂的分析进行简单化；其次，人们倾向于高估自己的知识和能力，这种自欺帮助他们欺骗其他人，从而在自然选择的进程中存活下来；最后，情绪也是导致投资者心理偏差的重要因素，人们的情绪有时比推理更能左右人们的决策（诺夫辛格，2005）。

人们的行为是建立在对客观事物的主观认知基础上的，显然，受心理偏差影响而作出的交易决策和投资行为将不同于新古典理论中的理性行为，有悖于利益最大化原则。只有准确、全面地把握有限理性投资者在对外部信息认知过程中可能产生的各种心理偏差及其作用机理，才有可能对这些偏差进行投资决策、交易行为以及投资绩效的影响方向和程度的有意义分析，建构富有解释力和预测力的金融理论，进而确定资产的合理定价，保障资本市场功能的有效发挥。因此，对有限理性投资者心理偏差的研究无疑是行为资产定价理论的起点和基础。

1.2.2 经济周期影响下的心理偏差剖析

有限理性是人类的固有属性。因此，投资者在投资决策中存在心理偏差是一个客观事实。然而，心理偏差并不是任何时候都会对投资者的决策产生显著影响，并导致投资决策严重偏离理性标准。一般来说，相对微弱的心理偏差对投资决策的影响程度有限，也就不会产生资产价格大涨大跌等非理性波动。心理偏差在什么条件下才会对资产价格产生实质影响呢？这主要取决于心理偏差的动态特征，以及必要的外部刺激。人们的心理偏差不是静止不变而是随外部环境变化而相应调整的，而且心理偏差能够得到强化并在一定程度上影响资产价格，适当的外部冲击必不可少。经由某一外部因素激发，心理偏差得以加强、传播和放大，从而具备影响投资决策进而影响资产价格的能力。经济周期是反映宏观经济运行状况的指标，是影响人们预期资产未来收益并作出投资决策的重要因素，可能是诱发心理偏差发挥作用的外部冲击。其具体诱发机制可以从经济周期对经济基本面等客观因素和投资者主观属性两个方面的影响来论述。

客观上，经济周期的波动必然带来公司业绩、市场利率等经济基本面因素的变动，而这些恰是确定资产当前价格的主要依据。根据传统资产定价模型，资产价格取决于资产的未来收益以及某一随机贴现因子（SDF）。经济周期正是通过 GDP 增长来影响上市公司的未来收益、通过利率变动影响贴现因子，从而直接影响资产价格。因此，如果忽略投资者主观属性及市场机制等因素的影响，资产价格应该在很大程度上反映出经济周期这一宏观经济背景的变化。而作为资产价格变动的直接体现，股市周期也就和经济周期基本同步，其周期变化也反映了经济周期的波动。所以说，股市是国民经济的晴雨表，经济从衰退、萧条、复苏到繁荣的周期性变化，是形成股市周期的最根本原因。这个结论在美国、日本等成熟资本市场已得到验证（贺强，2003）。资本市场周期的运行始终受到经济周期内在的、决定性的影响，但这并不代表两个周期总是完全同步的。作为一个相对独立于宏观经济环境的子系统，股市波动也存在自身特有的规律，在实际运行中，常常出现股市周期与经济周期不同步，甚至背离的现象，这在我国表现得更加明显。研究表明，我国宏观经济和股市的相互影响力并不明显，在很大程度上股市未能表现出与宏观经济一致的周期长度；在短时期的走势与经济运行情况没有显著的因果关系，而主要是受到非市场的外在因素影响（黄华继等，2009）。此外，股市收益率与宏观经济之间相互影响关系在经济周期不同阶段具有非对称性特征，二者的相互影响关系依赖于经济周期的具体阶段（陈朝旭等，2006）。这些现象部分是因为我国的股票市场发展还不够成熟，一些大的机制还没有得到解决，但更主要的原因在于人们心理偏差的作用。经济周期作为整个经济系统的宏观

背景，会对资产价格产生直接影响，且是投资者对经济前景进行预期的根本出发点和主要依据。但如果考虑到心理偏差的作用，投资者在根据当前经济周期阶段预期公司未来收益和贴现因子时，就会不同程度地偏离“理性人”的理性预期，从而导致资产价格偏离基础价值，即股市周期与经济周期不同步。所以，在研究资产定价理论时，除了要关注经济基本面等客观因素对资产价格的影响外，投资者心理偏差，即投资者的主观属性，也是必须给予重视的一个关键因素。

在对经济基本面等客观因素产生直接影响的基础上，经济周期的波动还会显著地影响人们的主观属性。人们在根据当前的宏观经济状况来调整其对未来经济运行情况的预期时，受到心理偏差的影响经常形成非理性预期，进而导致资产价格产生非理性波动。然而，随着经济周期的波动，不同阶段下发挥作用的心理偏差并不完全相同，其形式和强度也会发生相应的变化。因为人类的心理活动是一个复杂的过程，具有很强的状态依赖性，不同时期、不同个体，不同时期、相同个体都会产生不同的心理偏差，在方向和幅度上存在差异。因此，随着经济周期的波动，人们的心理偏差也就表现出阶段性特征。经济周期之所以会诱发心理偏差的变化，首先在于经济周期改变了资产的基本面等客观因素。客观环境的改变，相应地引起投资者主观属性的变化，包括投资倾向、风险偏好和对资产未来收益的预期，而这些变化必然伴随着投资者心理偏差强度与方向的改变。其中，投资倾向为心理偏差发挥作用创造了机会，风险偏好和对资产未来收益的预期则强化了心理偏差的作用。

首先，心理偏差若想发挥作用以影响投资决策，前提是投资者进行投资。随着经济周期的波动，个人财富也会相应地增加或减少。例如，在经济处于繁荣阶段时，投资者个人财富会增加，从而愿意把多余的财富进行投资，或者增加投资的比例。也就是说，此时投资者的投资倾向更加强烈，更多的人将参与到资本市场中来，因此，人们的心理偏差也就有机会来影响大众投资者的决策，进而影响资产价格。

其次，根据前景理论，随着人们财富的变化，其风险偏好等心理特征也会相应改变。在理论上，随机贴现因子与总消费的边际效用有关，即现期边际效用和未来边际效用的折现率，是度量投资者跨期平滑的相对主观价格。而在经济学里，一般用效用函数来表示投资者的偏好，所以，投资者偏好的变化必然引起其效用函数的改变，进而导致其主观贴现因子的变化，最终引起资产价格偏离实际价值。除此之外，投资者还具有短视行为（Thaler 等，1997）。因此，在对未来效用进行评价以得到主观贴现因子的时候，受到短视行为的影响，投资者在短期内的预期更有可能偏离实际情况，致使资产价格偏离实际价值。

最后，不同的经济周期阶段，人们拥有不同的情绪，进而对相同资产的未来收益拥有不同预期。凯恩斯的经济周期理论认为，投资初期、中期收益与投资比例成正比，投资收益较高，投资热情高涨，中后期，投资比例不与收益成正比，投资收益率下降，投资热情降低。例如，在经济步入繁荣阶段时，投资者普遍情绪高涨，对经济前景充满信心。而对未来收益的预期，部分地取决于现存的事实，它们多少可以被认为是确定的；部分地取决于将来的事实，这只能以或多或少的信心对之进行预测（凯恩斯，1999）。所以，不难想象此时的投资者对自己所作预期的准确程度自信满满（过度自信），也更有可能根据资产之前短期内的良好表现推测资产将来的表现依然强劲（代表性偏差）。而这样得到的未来收益预期将偏离实际状况，代入资产定价模型后必然得到错误的资产价格。可见，由于经济周期的波动，投资者的主观属性会随着客观经济环境的变化而变化，这一过程必然包含了投资者各种心理偏差方向和幅度上的改变，如强化、传播和放大等。由于资本市场的运行大多是基于群体心理，而不是基于价值。因此，受市场上群体心理的影响，整个市场上对资产未来收益的预期以及随机贴现因子的确定就包含了更多的主观成分。所以，资产价格自然就会因为人们心理偏差的不断变化而产生非理性波动，进而导致股市周期与经济周期相背离，或者股市上涨、下跌程度远远超过经济周期的繁荣、萧条程度等不同步现象。

综上所述，经济周期对客观经济因素的影响，是资产真实价值变动的来源，而资产实际价格的波动大大超出基本面因素的支撑，则是由于投资者主观属性随着经济周期波动不断变化，进而影响投资决策所致。在传统资产定价模型中，资产价格是由资产的未来收益和随机贴现因子两部分决定的。而由于心理偏差的影响，每个投资者普遍存在一个主观的未来收益预期和主观贴现因子。因此，行为资产定价研究的任务就是纳入未来收益预期和随机贴现因子的主观决定因素，以更精确地刻画投资者行为，进而得到合理的资产定价模型。然而，上述原因使以投资者心理偏差为视角研究资产定价模型存在很大困难，难以找到合适的切入点。如果只考虑空间维度，单纯以各种心理偏差为立足点研究资产定价模型，必然导致研究视角众多，分散于对单个或几个心理偏差的片面研究。缺乏对时间维度的考虑，势必使研究所得资产定价模型对资产价格的现实解释力大打折扣。然而，如果将经济周期作为心理偏差发挥作用的诱因，则可以把资本市场及其参与者定格于某一周期阶段中，从而放大此阶段下的投资者心理偏差，凸显其对资产定价的作用机制；另外，通过研究连续不同经济周期阶段下的投资者心理偏差变化情况，还可以进一步发掘其对资产定价的动态影响。

1.3 投资者心理偏差对资产定价的影响

资产定价是金融经济学研究的核心问题，其决定性因素是投资者的真实行为，因此，如何准确地描述投资者行为就成为这一问题研究的关键。传统金融学的研究都是基于“理性经济人”假说，认为在有效市场中，投资者都以预期效用最大化为目标，能够对已知信息作出正确的加工处理，从而得出对市场一致的预期，并作出最优决策。在这一框架下，传统资产定价研究成果存在一个共同的致命缺陷，即无法对股票溢价之谜（Mehra 和 Prescott，1985）和无风险利率之谜（Weil，1989）等日益显现的金融市场异象作出合理解释。其原因在于投资者的有限理性和市场的非完全有效，这也决定了资产定价的研究必须以更加符合真实市场特征的投资者心理偏差和不完全信息为基础。

1.3.1　心理偏差导致资产定价过程的行为偏离

在传统的资产定价理论中，资本市场中的投资者均是同质投资者，具有相同的信念和偏好，不存在心理偏差和行为偏差。也就是说，有效市场中的投资者都是马科维茨所描述的“均值—方差”最优化者，他们对每项资产收益的均值、方差以及协方差估计一致；同时，他们还具有相同的偏好结构，从而可以使用同一效用函数来反映其偏好。事实上，由于心理偏差的存在，投资者的信念和偏好往往表现出异质性，而这种异质性则在很大程度上影响了资产价格的确定。一般来说，资产价格取决于两个方面：资产未来收益的预期（主要由投资者的信念决定）和随机贴现因子（主要取决于投资者的偏好）。未来收益预期和随机贴现因子的确定必然涉及投资者的主观评价，如果我们承认风险不过是投资者对不确定性的主观感受，并且这种感受因人而异，那么资产定价理论的研究就必须考虑投资者的心理特征。因此，纳入投资者心理偏差等主观因素，以更真实地刻画投资者的预期和效用等决策行为，构成了行为资产定价理论研究的核心。然而，在传统的 CAPM、CCAPM 等模型中，同质投资者假设将现实金融市场中异质投资者的各种投资行为简化处理，错误地描述了投资者行为（陈彦斌等，2004）。相应地，以此为基础得到的资产定价模型对股票溢价之谜等金融市场异象无法进行合理的解释。

投资者在决策时，不仅要权衡收益与风险，其决策行为还受到市场环境、认知能力、风险偏好、情绪等因素的影响。因而要求我们以真实的投资者行为作为基础，来构建具有普遍解释力的资产定价模型。在准确描述投资者行为的基础上构造真实的效用函数，重新模型化投资者决策行为，并把这些真实行为嵌入传统资本资产定价模型中，得到了一系列行为资产定价模型（陈彦斌等，2004），有力地解释了金融市场异象。然而必须承认的是，行为资产定价理论目前还存在不少问题，没有产生一个被广泛承认的、可以解释大多数实证难题的模型，需要进行更深入的研究。已有的一系列行为资产定价模型，无一不是简单地将投资者的财富偏好、习惯形成、追赶时髦等行为偏差嵌入传统资产定价模型而得到的。这种简单的嵌入方式，在一定程度上符合现实市场中的投资者行为，但由于其空间上的片面性以及研究切入时点各异，这些模型对金融市场异象的解释力必然存在局限性。其原因在于目前的行为资产定价理论对投资者行为偏差形成机制缺乏深入、系统研究。投资者行为偏差从根本上源于投资者的主观预期，且该主观预期因人而异，所以研究资产定价就必须考虑投资者的心理特征。投资者心理偏差与外部环境共同作用产生投资者行为偏差，也就是说，投资者心理偏差是内在原因，行为偏差只是其外在表现形式。所以，系统研究投资者心理偏差的作用机理及其对行为偏差的传导机制就成为资产定价理论研究的逻辑起点。

1.3.2　基于心理偏差的投资者行为对资产定价的影响

心理偏差作为一种心理活动，并不能直接对资产价格产生影响，必须通过投资者行为作用于资产价格。因此，投资者行为的形成机制就成为研究资产定价的关键所在。投资者行为，即金融资产的买卖，是以投资者预期为基础的。由于资本市场的不确定性，投资者在买卖金融资产之前，都要对资产价格未来变化趋势及幅度作出预期并据以决定操作策略。合理准确的投资预期是投资成功的关键，也是决定资产价格波动正常与否的主要因素。正如索罗斯（1999）所言，预期的作用在资本市场中表现得最为明显，投资者行为以对未来价格的预期为基础，而未来的价格又反过来受制于当前的投资行为；将供给与需求看成是独立于市场参与者预期的外部力量所决定的看法，无异于盲人指路。

然而，是否所有投资者预期都准确无误地符合未来实际情况呢？答案是否定的。由于心理偏差的作用，投资者根据非充分和不准确的信息作出投资预期时，并不能十分有效地理解和分析这些信息，因而对未来的预期难以完全符合实际情况，甚至与真实情况相去甚远。投资者对资产价格的预期主要取决于两个方面：客观经济信息和主观心理特征。前者主要是指有关的宏观经济信息、市场指标和资产自身特质等客观因素，后者则是指投资者的投资经验、认知偏差、过度自信、从众心理以及情绪等主观因素（心理偏差）（彭贺，2008）。一般而言，基于宏观经济信息等客观因素形成的预期是比较准确的，而基于心理偏差形成的预期往往容易偏离实际结果。因此，投资者预期既包括源于客观因素的理性部分，又包括源于心理偏差的非理性部分。在不同经济周期阶段，投资者通过对各因素赋予不同权重，分别得到理性预期与非理性预期；之后，再对理性预期与非理性预期加权，最终形成非理性程度不一的投资者预期（彭贺，2008）。所以，最终的投资者预期并不一定与实际结果相吻合，反而可能在很大程度上偏离真实情况。这就直接导致基于投资者预期的投资者行为出现偏差（投资者行为偏差），而行为偏差又不可能一成不变，它很可能随着资产价格的变动得到进一步加强和传播。

资产价格的变动是由市场供给与需求直接决定的，在总供给相对稳定的情况下，资产价格对基础价值的偏离就离不开一定规模的有效需求（正向需求或负向需求）。而单个投资者的行为偏差往往无法形成有效的市场需求，只有具有一定规模的群体投资者拥有共同的行为偏差时才会推动资产价格变动。因此，心理偏差只有在得到加强与传播以形成群体性心理偏差，进而形成群体性行为偏差之后，才能最终显著地影响资产价格。这一过程的实现，主要源于投资者过度自信、代表性偏差及羊群效应等心理偏差。当某一投资行为发生后，由于这一事实已无法改变，投资者就会倾向于改变原有信念，相比采取行动之前更加相信自己的投资决策并加大对其正确性的宣传。尤其是其行为得到资产价格变动的支持后，由于自我归因的作用，投资者会将绝大部分功劳归功于自己的决策正确性，从而变得更加过度自信。由于投资者是处于某一群体的社会人，通过与他人交流、媒体渲染等社会互动，更多人的投资热情将被调动起来。再加之代表性偏差的影响，人们会根据最近的价格变化作出价格将持续上涨的预期。高涨的投资情绪使人们变得对未来更加乐观，而对事件结果的变化却不敏感，从而容易忽视市场中的负面消息。当过度自信与情绪相结合时，羊群效应就产生了（诺夫辛格，2005）。此时的心理偏差被不断放大，投资者在作出预期时，会赋予心理因素更多权重，甚至全部依赖于心理因素，而低估或者忽视客观经济信息。随着心理因素作用的逐渐增强，羊群效应相应扩大，推动资产价格变动的有效需求随

即产生。相比基于理性分析的资产价格，由投资者心理偏差推动形成的资产价格会偏离基础价值。而当心理因素的影响不断得到加强与传播，以至于整个资本市场被心理因素占领时，资产价格将大大偏离基础价值，形成资产价格泡沫。然而，资产价格最终将回归基础价值，且由于人们的恐慌心理及羊群效应（此时的羊群效应相比泡沫形成阶段更加显著），泡沫往往瞬间破灭，金融危机也就暴发了。

在厘清了上述心理偏差到行为偏差的传导机制以及行为偏差得以传播、放大以致形成群体行为偏差的过程后，我们就可以将研究的重点放在如何把这些机制和过程纳入现有的资产定价模型中，以更准确地反映投资者的真实行为，得出合理的资产价格。

1.4　资产定价对经济周期的反作用

经济的本质是一套价值系统，包括物质价格系统和资产价格系统。虚拟经济现已成为与实体经济相对独立的经济范畴，是经济虚拟化（金融深化）的必然产物。由于虚拟经济以资本化定价方式为基础，市场有效性缺憾和投资者心理偏差对虚拟经济产生的重要影响，使虚拟经济在运行上具有内在波动性，资产价格偏离基础价值已成为常态。随着资本市场的发展，金融已成为现代经济的血液循环系统，能够有力地推动宏观经济的发展，不再是宏观经济的附庸，被动接受经济周期的影响。资产价格的变动，尤其是资产价格泡沫的产生、膨胀和破灭，正在成为宏观经济波动的重要原因。

资产价格对宏观经济的影响主要集中于需求方面，即资产价格波动通过影响消费需求和投资需求进而引起实体经济的波动。首先，资产价格通过财富效应和托宾 q 效应直接影响宏观经济中的总需求。但实证研究发现，仅仅通过财富效应和托宾 q 效应，资产价格波动不可能对宏观经济稳定造成历史上多次发生的经济危机式的严重影响。资产价格对宏观经济（或经济周期）的反作用主要是通过金融系统的杠杆效应这一途径来实现的。现代经济的本质是信用经济，消费需求和投资需求必须以信用货币为载体，而信用货币的数量增减完全取决于信贷的扩张和收缩。资产价格异常波动经过银行和各种资本市场的杠杆作用，会对信贷产生直接影响；而信贷的变动又加剧资产价格异常波动，最终形成信贷的倍数扩张和紧缩，进而引起企业投资需求和家庭消费需求的扩张和紧缩（许荣，2007），影响宏观经济稳定。因此，经济周期与资本市场之间的关系并非单纯的经济周期决定资产价格高低的单向影响。由于现代金融体系的放大作用，资产价格的大幅波动可能导致实体经济不稳定，从而增加经济周期波动的幅度和频率。而频繁剧烈的宏观经济波动反过来又会激发并强化人们的心理偏差，产生非理性预期，进而通过行为偏差加剧资产价格波动，循环反复。然而，要实现国民经济的平稳、健康和快速发展，就必须切断这一循环，尽量减少资产价格的非理性波动。这就要求我们从经济周期角度出发，以投资者心理偏差为基础，准确描述投资者行为，建立符合现实市场的资产定价模型，提高其对资产价格的解释力和预测力，以实现资产价格的正常波动。

总之，传统资产定价模型没有考虑投资者心理因素产生的影响，难以解释不断涌现的资本市场诸多异象，将投资者心理偏差因素纳入其中，进一步完善资产定价模型，有助于增强其现实解释力。本章选择经济周期为突破口，通过深入考察经济周期与投资者心理偏差、投资者心理偏差与资产定价、资产定价与经济周期之间的内在逻辑关系，提出了"经济周期—心理偏差—行为偏差—资产定价"的研究新思路。投资者心理偏差具有动态特征，在经济周期不同阶段激发下呈现出不同的态势，且在经济周期的繁荣和萧条阶段表现尤为显著。因此，以经济周期为研究视角，深刻地揭示投资者心理偏差的作用机理及其对投资者预期的影响，进而确定基于投资者预期的心理偏差对行为偏差的传导机制，准确刻画投资者行为特征，是构造具有普遍现实解释力和较强预测力的资产定价模型的改进与突破方向。

第2章　异质预期、群体演化与资产价格波动机制

信息和心理偏差的非完全同质性导致投资者形成异质的主观预期，因而市场中的投资者可细分为持有不同主观预期的群体。当原群体成员主观预期发生调整时，该群体成员可能就会转移到与其新预期相似的群体中，或者与其他投资者组成一个新的群体，从而引发群体间规模的此消彼长或新预期类型群体的产生，最终实现群体间的演化。现实市场中的群体演化必然引起不同资金流的合并或分化，从而导致市场资金流分布格局发生演变，进而推动资产价格波动。

2.1　引言

随着理性预期假说面临越来越多市场异象和实证研究的挑战，异质预期假说由于更能真实地描述现实市场中投资者的心理决策过程，已成为资产价格及其波动研究的新视角。Miller（1977）提出异质预期假说，并以乐观与悲观来表征投资者预期的异质性。在卖空限制下，乐观预期投资者能够买入和持有股票，悲观预期投资者却因无法进行卖空交易而不能表达意见。最终股票价格因主要反映乐观预期而被高估，且高估程度与异质预期程度成正比。之后，Jarrow（1980）、Detemple 和 Murthy（1997）、Chen 等（2002）、张维和张永杰（2006）、陈国进和张贻军（2009）在卖空限制条件下，对异质预期理论作了进一步研究，结果表明异质预期不仅导致股票价格高估，甚至有可能引起股市暴涨暴跌，且股价波动的剧烈程度与异质预期程度正相关。此外，Miller 将异质预期描述成信息基础上的看涨和看跌，并以情绪化的乐观和悲观来表示，这就将异质预期的形成归因于投资者信息的异质性和有限理性。根据行为金融理论，投资者的有限理性可以具体化为心理偏差。与信息异质性相比，心理偏差更容易导致异质预期的产生（熊和平和柳庆原，2008），使异质预期更为复杂多样、适时变化。BSV（Barberis 等，1998）、DHS（Daniel 等，1998）、HS（Hong 和 Stein，1999）、DSSW（De Long 等，1990a）和 BHS（Barberis 等，2001）等行为金融模型就是以心理偏差作为投资者产生异质预期的动因，进而对市场异象作出解释。

然而，上述模型通常以某种或某几种心理偏差作为划分投资者类别的直接依据，并假定类内投资者具有相同的心理偏差和预期，而真实市场环境中的投资者可能同时表现出若干种心理偏差且方向和强度各异，进而导致相同外部条件下的投资者产生异质预期，此为

其一；其二，信息的异质性也使具有相同心理偏差的投资者对相同风险资产未来价格产生异质预期（张维和张永杰，2006）。同时，将类别群体内所有投资者的心理和行为特征简化成代表性个体的心理和行为特征，忽视了对投资者群体行为的研究。因此，对资产价格波动机制所作出的解释也只能停留在代表性个体的交互博弈关系，而无法深入分析“个体—群体”形成机制以及群体之间的复杂演化机理。对此，羊群效应模型作出了更贴近现实的描述，它将形成机制归结为信息不完全基础上的价格模仿跟风与交互传染，一定程度上解释了群体的形成。但群体形成路径仅被描述为“个体—群体”，犹如一种“滚雪球效应”（董志勇，2009），模型中自始至终只存在一个群体。现实中，同质预期投资者因投资决策过程中拥有相同的主观感受而取得决策上的一致性，自然地聚集为一类群体，并不因年龄、职业、收入水平等客观因素的不同而受到影响（“中国投资者动机和预期调查数据分析”课题组，2002）；而预期异质程度较高的个体，就会分属于不同的群体。这样就可以用投资者异质预期类型作为划分群体的依据，准确描述真实市场的群体多样性特征，并以此为基础进一步揭示群体类型的适时变化和群体之间的互动演化机制。

投资者的预期是适时变化的，具有显著的动态性。相应地，不同群体之间就存在互动演化，推动群体的形成与变化。作为投资决策的基础，预期的形成取决于投资者的信息和心理偏差。其中，信息有主、客观之分。投资者基于交易动机和心态，会形成对共知客观信息的主观预期，也会以客观信息为基础进行博弈而形成期望获取超额收益的交易意愿（唐伟敏和邹恒甫，2003）；这两种主观预期可以在市场中流动并被投资者所捕获而成为更新预期的基石，因而具有信息特质，成为“主观信息”。主观信息的传播会使异质预期投资者之间发生预期跟风和传染，这就可能导致异质预期趋向同质，最终引起群体的形成及演化。随着自身规模的不断扩大，群体就逐渐具备对资产价格施加影响的能力。据此本章提出“个体—群体—群体”的群体形成与演化路径，进而将异质预期条件下的资产价格波动解读为群体形成与演化所引起的市场资金流分布格局变动的必然结果，如图 2－1 所示。

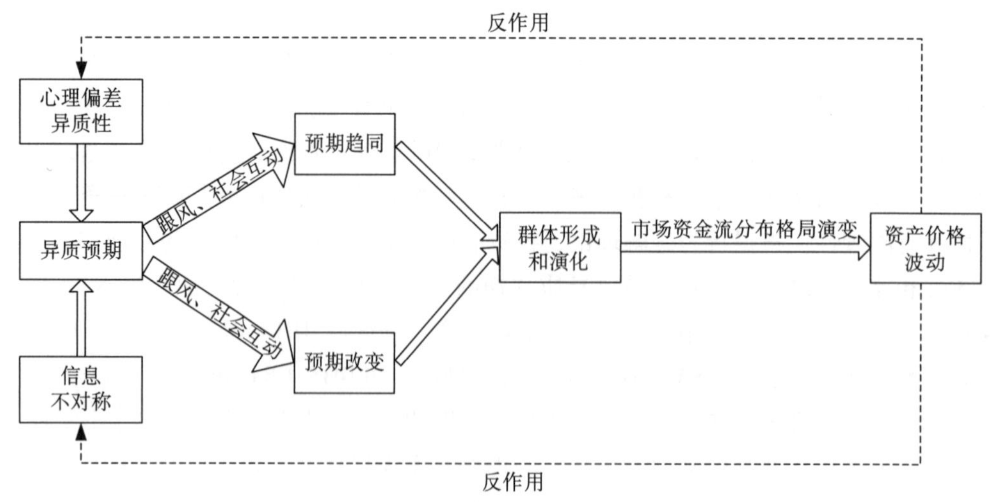

图 2－1　异质预期、群体演化与资产价格波动机制

2.2　异质预期的形成与发展

理性预期理论首次将信息作为变量纳入预期模型中，在对投资者预期形成的描述中考虑了现有经济信息变动对未来资产收益可能产生的影响。同时，信息又是对不确定性的负度量（Arrow，1989）。与静态预期、外推型预期和适应性预期相比，包含了信息变量的理性预期更为科学地反映了不确定性条件下投资者预期形成的实际过程。但在理性预期理论中，投资者被假定为理性经济人，投资者预期被模型化为可得信息的条件数学期望函数，其中，信息通常用一随机变量来表示，随机变量值的变化引起投资者预期值的变化。这样信息被锁定为投资者预期变化的唯一原因，而与投资主体无关。此外，理性经济人假定又使每个投资者都能掌握充分的信息并拥有相同的信息处理能力。因此，在理性预期假设下，投资者之间的预期没有本质差别，即投资者预期具有同质性。

但事实上，投资者预期的形成是一个复杂的心理过程，受到多种因素的影响（江世银，2005）。彭贺（2008）指出，预期的形成主要取决于两个方面：一是客观经济信息；二是主观心理特征。前者主要指有关的宏观经济信息、市场指标和资产自身特质等客观因素（即客观信息），后者是指投资者的投资经验、直觉判断及情绪等主观因素（心理偏差）。首先，制度的不健全和信息成本的存在，会使信息成为不完全信息，并在不同利益相关者之间表现出非对称性。因而在信息不对称条件下，投资者只能凭主观的、不够可靠的预测来进行决策，不能形成理性预期（翟林瑜，2004）。其次，现实中的投资者也绝非完全理性的经济人，而仅是有限理性主体。即使在完全信息条件下，投资者也会因知识和计算能力的局限性，难以作出理性决策。Hayek（1952）指出，人类的行为来自其心智活动，知识的有限性会使当事人现实决策的理性呈现理性不及、理性无知和理性非理性三种状态（于全辉，2009）。何大安（2004）依据时间长短来测度个体有限理性实现程度的高低，并依次划分为潜在有限理性、实际有限理性和即时有限理性，而投资者在资本市场中的活动是一种有限理性程度较低的操作行为。显然，自身的有限理性使投资者难以形成理性预期。彭贺（2008）认为，预期既包含理性成分，又包含非理性成分，单纯强调理性和非理性都是与实际不符的。据此，他将主观预期模型化为对客观经济信息和主观心理特征基础上的预期的加权整合，认为基于宏观经济信息等客观因素形成的预期是比较准确的，而基于心理偏差形成的预期往往容易偏离实际。因此，就客观信息层面来说，异质预期是因为客观信息的不完全、心理偏差形式与强度上的差异共同作用而导致主观预期中的理性和非理性成分的权重因人而异所产生的。如此说来，现实中的投资者具有异质预期就是一种常态。

实际上，在异质预期成为常态的现实市场中，投资者不可能仅关心自己的预期，还会关心他人的预期，甚至在他人预期基础上形成高阶预期（Woodford，2001）。一旦赋予他人预期过高权重，忽视自身客观信息基础上的预期，投资者就会产生“选美竞赛”（Keynes，

1999）中的跟风行为。诸多羊群效应模型就是基于“跟风行为”来对群体形成作出解释的。饶育蕾和张轮（2005）依据跟风行为信息基础的不同，将羊群效应分为先验型和后验型两种。De Long 等（1990b）模型中积极反馈交易者的交易行为就是对投资者跟风行为的完全模拟。因此，在异质预期普遍存在的现实市场中，投资者之间的跟风行为难以避免，甚至是常态。跟风行为之所以产生，源于投资者在调整预期的过程中，过分相信他人预期的准确性，并对其赋予过高权重，最终与之趋同。从这一角度考察，投资者之间的跟风行为，与其说是行为跟风，还不如说是预期跟风（唐伟敏和邹恒甫，2003）。对异质预期是常态的现实资本市场来说，主观预期俨然已成为一种信息，在市场中传播和流动，成为投资者预期形成的重要基石。因此，将主观预期定义为主观信息，与诸如宏观经济形势、产业态势、公司经营状况等客观信息相对应，不仅改变了传统的信息结构，而且为深入研究金融市场运行规律和投资者交易行为提供了新的视角和路径。与此同时，主观信息的存在，一方面会导致投资者产生预期跟风而使异质预期趋于同质，另一方面也会如客观信息一样，在心理偏差的作用下，进一步催生、强化市场中异质预期的形成及发展。

2.3 异质预期影响下群体的形成与演化

演化经济学以动态、演化的逻辑来分析和理解经济系统运行与发展的“创新机制”“选择机制”和“扩散机制”及其互动关系，形成了解释经济现实的全新范式。互动的网络结构和互动主体之间的异质程度（如偏好、认知、信念、知识存量、学习及吸收能力等差异）都是影响扩散机制的重要因素；演化博弈刻画不同类型的个体之间的互动，强调演化主体的异质性，演化经济学将演化博弈视为辅助工具；个体认知或偏好内嵌于各种制度结构之中，个体理性是既有制度结构中的认知理性，演化经济学越来越重视个体认知、技术和制度的共同演化（黄凯南，2009）。群体思维（population thinking）是演化分析的核心特征，演化经济学把个人选择置于多样化行为的群体中（贾根良，2004），因而“群体思维”也可作为异质预期影响下投资者群体形成及演化分析的基本方法论。

2.3.1 主观信息演变成市场信息的主流

在资本市场中，预期与资产价格之间存在交互影响关系：预期对资产价格的决定作用是通过买卖决策影响资产供求关系所导致的（Soros，1999）；资产价格的信息指示作用又会反过来影响投资者预期的形成。这样资产价格不仅会揭示客观信息，而且能够反映主观信息。因此，当投资者根据资产价格进行决策时，主客观信息也就自然成为投资者预期形成的信息基础。

然而，在异质预期是常态的现实市场中，这一双向影响关系变得更为复杂。一方面，资产价格并非如传统资产定价理论一样由单一的理性预期所决定，而是多种预期博弈的结果。BSV、DHS、HS、DSSW 和 BHS 等市场异象解释模型对此作出了较为有力的解释。另

一方面，在资本市场中，除了客观信息的不对称外，有限理性也使投资者对市场信息的捕获能力受限，从而无法猎取完全的主客观信息，因而主观信息存在差异并显著影响资产交易及其规模大小；即使在客观信息对称的条件下，资产交易也在一定程度上因投资者主观信息的差异而产生（唐伟敏和邹恒甫，2003）。因此，市场的非完全有效性使资产价格既不能完全揭示客观信息，也不能完全反映主观信息。换言之，通过资产价格的信息指示作用，投资者只能获得部分主客观信息。为了获得更多的信息以提高预期的准确性，有限理性的投资者就会更加关注他人的主观预期，其原因在于他人的主观预期中很可能包含一些有价值的信息，而这些信息是自己所不具备的。有鉴于此，投资者就会致力于搜寻主观信息，而忽视客观信息，在形成和调整预期的过程中，赋予主观信息更高权重。这样，取决于预期的资产价格，自然地就会更多地揭示和反映主观信息，甚至成为主观信息的载体，最终又会反作用于投资者预期。依此循环，主观信息日趋成为市场信息的主流。

在这一点上，股权溢价之谜（Mehra 和 Prescott，1985）、无风险利率之谜（Weil，1989）和波动率之谜（Campbell 和 Cochrane，1999）等日益涌现的资本市场异象对“股票价格由影响股票基本面的客观信息所主导”这一传统结论的挑战，以及 Shiller（2008）将股市的繁荣景象归结为一种非理性繁荣，无疑为我们的逻辑推理提供了有力的佐证。当主观信息演变成市场信息的主流时，市场中的非理性情绪就会进一步加剧，跟风效应也在所难免。

2.3.2　“个体—群体—群体”路径考析

社会网络是由多个社会行动者及它们间的关系组成的集合。社会网络理论以社会嵌入理论为核心，社会嵌入理论认为个人和企业的经济行为受到社会网络关系和社会网络结构的影响（Granovetter 和 Swedberg，1992）。社会网络具有小世界特性和无标度特性，相对于有规则网络结构和随机网络结构而言，小世界网络结构是一种最为理想的互动模式，具有较高集聚程度和强扩散能力（Watts 和 Strogatz，1998）。社会网络理论为我们分析资本市场投资者“个体—群体”“群体—群体”层面上的演化提供了理论支撑。

本章所指的异质预期实际上包含两层含义：一是前文所述及的个体间的异质预期，源于个体信息与心理偏差的非完全同质性；二是下文即将阐述的群体间的异质预期。在充满不确定性的市场中，影响预期的信息变量总是处于随机变动之中，投资者心理偏差也呈现出多样适变性。因此，投资者预期也就处于不断调整中，在时间进程中形成动态预期（江世银，2005）。

影响个体主观预期变化的作用机制有多种，但在异质预期条件下，不同群体成员之间的社会互动效应无疑是最为直接和有效的方式。李涛（2006）将社会互动效应的作用机制渠道归结为两种：情景互动和内生互动。前者是指投资者的股市参与受到参考群体成员特征的影响，但其决策并不能反作用于参考群体成员特征；后者是指投资者的股市参与受到参考群体成员同期行为的影响，而这种决策可能反作用于参考群体成员行为。在社会互动效应的影响下，投资者预期随着参考群体成员特征和行为的变化而变化，投资者也会因此成为参考群体中的一员，从而引起不同类别群体规模的此消彼长。对于个体来说，市场的非完全有效性和自身的有限理性，使其不可能观察到所有群体；即使观察到，也难以读取所有群体的特征和行为。因此，对于投资者来说，其参考群体有可能是一个，也有可能是多个。也就是说，投资者通过观察他人预期来扩展自己信息集合的方式，并不能弥补信息的不完全，难以从根本上提高预期的准确性。然而，为了提前知道价格的未来走势进而获得信息报酬甚至攫取额外收益，投资者会产生一种搜集信息的“天性”（张圣平，2002），以尽可能使自身信息集趋于完全而提高预期的准确性。因此，投资者就会在不断搜集信息的过程中调整和更新预期。

预期的动态性并不是指投资者能随时对预期进行调整，而是指主观预期在长期内具有动态变化倾向。这是因为有限理性使投资者不可能紧跟信息的变动而随时调整预期，往往是当原有预期的误差累积到一定程度从而明显暴露出来时才发生突变式的调整（黄长征，2003）。也就是说，主观预期在长期内具有动态变化倾向，而短期内则会表现出稳态性。这会使预期相异的投资者在短期内分属于不同群体，并使群体分布态势在短期内处于稳定状态。然而，主观预期的长期动态性又会使不同群体成员有可能因主观预期的调整而彼此预期趋同，进而导致市场中原有群体规模的变动，或者出现新的预期类别。一旦有新预期出现并因跟风效应或社会互动效应而受到众多个体追捧并被认同时，便会形成基于新预期的群体。这种新群体的产生以及群体之间的此消彼长，构成了“个体—群体—群体”演化的基本内容。具体而言，群体演化路径可以分为以下两个层面：

（1）“个体—群体”层面上的演化。预期相异的个体呈相对分散状态，但个体在搜寻主观信息过程中会发现预期相似的投资者，并通过各种形式的互动逐渐调整自身预期并使之趋同于某一预期。于是，在诸多个体趋于预期同质的情况下，市场中就会出现“最初群体”。这一过程就是“个体—群体”层面上的演化，并随主观信息传播的加剧而得以强化。由于拥有同质预期的投资者会聚集为一类群体，因而每个群体便拥有一个主导的预期。此时，异质预期强调的是不同类别群体预期的异质，而非市场中每个投资者都拥有不一样的预期。所以市场中的投资者并非完全独立的个体，而是类别群体中的成员，各种预期类别的群体共同构成了投资者整体。

（2）“群体—群体”层面上的演化。形成于主观预期基础上的群体，是纯粹主观上的群体（“中国投资者动机和预期调查数据分析”课题组，2002）。长期内个体主观预期的动态调整，有可能导致预期发生质的变动，使调整后的预期与原有预期相异，进而导致“最初群体”中的某些投资者因预期的改变而脱离原群体而加入新群体。这种长期内类别群体因预期的动态变化而发生的群体之间的此消彼长，就是“群体—群体”层面上的演化。

由上可知，在异质预期是常态的现实资本市场上，主观信息演变成了市场信息的主流，容易诱发跟风效应，导致投资者异质预期趋于同质，从而使个体结合成群体。而群体间的社会互动效应又会引起市场中不同类别群体规模的此消彼长。同时，搜寻信息的“天性”，驱使投资者在不断搜寻信息的过程中调整和更新预期，进而推动市场中投资者“个

体—群体—群体”的持续演化。

2.4　群体形成及演化过程中的资产价格波动

2.4.1　市场资金流分布格局的形成及其作用

投资者的买卖决策往往引起自身资产组合的变化，并由此导致市场中资金的流动，资产价格则是市场资金流运动的结果。彭惠（2000）指出，资产价格、买卖行为和资金运动之间存在密切关系，并对泡沫形成机理进行了解读：在泡沫膨胀过程中，市场资金不断聚集，并将其他资金吸纳过来；在泡沫崩溃过程中，资金则迅速撤离。

作为资产的持有者，投资者个体或群体自然就成为资金流的载体。在资金流作为资产价格直接推动力的情况下，个体或群体对资产价格的作用程度就取决于自身资金流规模，而群体预期基础上的买卖决策形成了资金流的流向。即使是个体（如机构投资者），也有可能因资金流规模上的优势对资产价格产生显著影响。显然，只有当群体所承载的资金流达到一定规模时才有能力影响资产价格，该群体才会成为其他群体成员的参考群体，从而影响其他群体成员的预期并使之发生改变，最终将其纳入自身群体中。需要指出的是，虽然同一群体内成员预期同质，但这只是就预期方向上买卖决策的一致性而言的，并非指不同成员预期的强弱程度也完全相同。一般来说，基于获取基础价值收益的预期要比基于获取超额收益的预期稳定，就时间上来看，前者要比后者持续时间更长，即换手率更低。同时，投资者看涨或看跌预期的肯定程度也是因人而异的，导致买进或抛售资产的数量不一样，即不同投资者资产买卖决策上的资金投入量（买为正投入量，卖为负投入量）的绝对额是存在差异的。因此，预期稳定程度上的时间长短和资金投入量的绝对额差异，构成了反映预期强弱的两个维度。这样，就可以通过预期的强弱和方向来表征群体的力量，进而考察群体所承载的资金流在群体形成与演化过程中的具体作用。

因此，不同群体就代表了不同的资金流（方向与强度），其在市场中的分布态势，也就反映了不同资金流在市场中的分布格局。伴随群体演化，不同群体对市场资金流分布格局也会产生不同的冲击效应，最终导致市场资金流分布格局不断变动。资产价格就是某一特定时点上市场资金流分布格局的静态反映，而资产价格波动则反映了市场资金流分布格局的动态变化过程。

2.4.2　“群体演化—市场资金流分布格局演变—资产价格波动”的机理

前已述及，群体演化一方面表现为横向上群体间规模的此消彼长，另一方面表现为纵向上因新预期类别出现而导致的群体类别更新。尽管基于主观预期的群体是因预期同质而决策一致所产生的，但是群内不同成员预期的强弱并非完全一致。于是，群内成员就会因预期强弱的不同而处于群体中不同的位阶，往往是预期较强的个体处于领导地位（以下简称“领导者”），预期较弱的个体处于跟随地位（以下简称“跟随者”）。相对于领导者，群体中的跟随者更容易产生跟风情绪，并可能导致整个市场社会互动效应和跟风效应的产生。此时，跟随者就会因为预期的改变而从原群体转移至另一群体，引起群体间规模的此消彼长。一般情况下，跟随者预期的经常性变动虽然使其频繁更改归属群体类别，但由于自身资金实力的限制，无论是加入还是撤出，都难以对群体所代表的资金流产生明显作用，因而对资产价格的影响并不明显。然而，一旦跟随者因数量上的累加而使其承载的资金流量达到一定规模时，就会对群体所代表的资金流产生较为显著的作用，并引起资产价格波动。

正是因为这些跟随者群体归属的经常性改变，导致了市场资金流分布格局的持续变化，最终引致资产价格的不断波动。当然，这些变化或波动可能是微小的，且有利于保持资产交易的活力。然而，一旦跟随者的跟风情绪扩散至领导者时，就会因领导者预期跟风而导致群体间资金流量发生显著变化。如果市场某些群体中的领导者因预期跟风而分散至其他不同群体，就会引起市场资金流分布格局中的多股资金流发生调整，使资产价格显著波动。而当这些领导者因预期的改变而聚集于同一群体时，该群体的资金流就会成为市场资金流分布格局中较为重要的一极，由此导致的资产价格波动幅度增大。当然，这只是就部分群体中的部分领导者的预期跟风而言的。如果跟风情绪传染范围进一步扩大，就会引起大多数群体中的领导者产生预期跟风。如果绝大多数领导者重新分散至不同群体，市场资金流分布格局势必将进行一次全面调整，此时资产价格剧烈波动。若领导者都聚集于同一群体，该群体的规模就会大为增加，所代表的资金流也就构成了市场资金流分布格局中最为重要的一极，并由此对资产价格波动产生异常显著的作用。而且这一结果又会引起越来越多的跟随者和领导者竞相趋附于该群体，此时该股跟风情绪已扩展至整个市场，其他群体随之逐渐消失，该群体势必演变成市场资金流分布格局中的主体，并主导资产价格变化。伴随这一过程的形成，资产价格泡沫急剧膨胀，金融危机一触即发。但远离资产基础价值的资产价格泡沫往往只能持续一段时间，一旦破灭，就会使该群体迅即分化瓦解，并由此导致其所代表的资金流量锐减，此时资产价格波动也将异常剧烈。只有当该群体再次被分化成众多群体时，市场资金流分布格局才会再次回归至各股资金流的均势状态，并使资产价格回归至基础价值，从而使资产价格波动再次回复至持续窄幅波动的正常状态。

纵向上因新预期类别出现而产生的群体类别更新也可能引起资产价格波动。在资本市场上，一个新预期类型群体（以下简称“新群体”）的形成并非一蹴而就。究其原因，一方面是主观预期的短期稳态性；另一方面是证券交易的序贯性。江世银（2005）认为，预期大致经历缓变期、剧变期、稳定期和消失期，其中缓变期和消失期以个体预期形式出现，但剧变期和稳定期往往是群体预期。也就是说，新群体的形成需要经历一个过程。一旦新群体产生，市场中原有群体间，无论在成员数量上还是资金流规模上，都将发生变化。当然，新群体在形成初期，自身资金流规模上的局限使其难以对市场资金流分布格局形成较有力的冲击，因此对资产价格的影响也不甚明显。倘若资产价格的变化支持新群体的预期，新群体就会受到其他群体成员的追捧或认同。于是，新群体规模就会日渐扩大，

所拥有的资金流量也会不断增加，最终很可能成为市场资金流量分布格局中强势的一极，对资产价格产生显著作用。一旦对新群体的追捧或认同演变成为一股潮流，新群体就会成为市场中的“羊群”。此时，新群体无论是成员数量，还是资金流量，都将在市场上处于绝对优势地位。无疑，新群体所代表的资金流也已成为市场资金流分布格局中的主体，对资产价格的形成发挥主导作用。当然，如果新群体预期起初就没有适应资产价格的变化，新群体也就难以成为其他群体成员的参考群体。那么，新群体就可能成为其他已被资产价格证实的群体预期的追随者，甚至最终融入其他群体中。在这一过程中，新群体所代表的资金流始终处于弱势地位，只能对市场资金流分布格局发挥有限作用，对资产价格仅起到“推波助澜”的功效。

当然，在真实的金融市场中，横向和纵向上的群体演化，往往不是单一进行的，而是相伴发生的，由此所导致的群体演化将更为剧烈和复杂。但归根结底，伴随群体演化的进程，市场中不同资金流通常因循“合并—分化—合并”的循环演变路径。当所有投资者预期都较为稳定时，市场中的群体演化就会趋于缓慢，不同资金流合并或分化的频率就会大为降低，从而市场资金流分布格局相对稳定，资产价格波动较小。但当所有投资者预期都频繁变化时，群体间的演化就会日趋活跃，各股资金流很可能急剧合并或分化，致使市场资金流分布格局频繁变动，进而使资产价格剧烈波动甚至引起资产泡沫瞬间膨胀或崩溃。总之，群体演化引起市场不同资金流发生的合并或分化，导致了市场资金流分布格局的演变，最终引发资产价格波动。

本章考察了“个体—群体—群体”的群体演化过程，对资产价格波动机制作出了新的诠释，为研究资产价格波动或资产价格泡沫提供了新的视角和路径。分析表明，在异质预期是常态的现实资本市场中，客观信息的不对称和自身的有限理性，往往使投资者注重搜寻主观信息，并以此为基础形成主观预期。市场上具有类似主观预期的投资者则会因社会互动效应而无形中聚集在一起，从而产生具有不同预期类型的投资者群体。而群体演化所引起的市场资金流分布格局的变化，又使资产价格波动成为常态。诚然，资产价格的微小波动并不会对市场产生破坏作用，反而有利于保持资产交易的活力。但是，如果资产价格剧烈波动甚至引发资产价格泡沫，就会挫伤甚至挫败投资者的投资热情，波及实体经济的发展，进而对市场产生极大的破坏作用，甚至使之一蹶不振。因此，健全信息披露制度，培育价值投资理念，发展基金、券商和保险公司等机构投资者将有利于降低市场中的异质预期，平抑群体之间的演化，进而推动市场资金流分布格局平稳演变，最终驱使资产价格收敛于相对平稳的窄幅波动。

第3章　投资者确认性偏差与信息反应机制

3.1　引言

制定投资决策是资本市场交易行为的关键。作为市场主体的投资者，首先会对市场现象进行观察，再通过主观理解对现象进行分析，并加入自身的行为习惯、心理倾向、主观预期等非理性因素，最后作出个人决策。决策制定过程通常可分为信息搜集（information gathering）和信息处理（information processing）两个阶段。在前一阶段，决策制定者搜集制定决策所需的信息；在后一阶段，决策制定者对所搜集的信息进行加工、整合并作出决策。决策合理与否则依赖于投资者对信息的搜集和处理过程，即投资者信息反应机制。通过对信息的搜集与处理，投资者得以了解资产的基本面以及未来盈利状况，从而作出买进或卖出资产的决策。研究表明，人们在制定风险（或不确定性）决策时存在困难，重要根源就是人们不能在新信息的基础上及时修正之前所估计的概率。一般的决策者（甚至专家）在两个阶段都会出现很多偏差，其中最经典且被反复证明了的偏差就是投资者确认性偏差（confirmation bias）。

确认性偏差源于认知失调理论，该理论认为人们试图通过扭曲新信息来减少他们的认知失调（Festinger，1957；Frey，1986；Russo 等，1996），从而产生确认性偏差。信念坚持（belief perseverance）是导致确认性偏差的心理基础。一般情况下，在实际证据出现之前，人们就会形成对某一事物未来状况的预期，即先验信念。人们通常比较自信且不愿意承认自身的失误，因而他们会过度坚信自己之前的信念，即使有新的证据表明该信念是错误的（Lord 等，1979；Ko 和 Hansch，2009）。通常，我们可以将确认性偏差看作对先验信念的坚持，具体来说，确认性偏差包括以下四个方面的内容：①在信息搜集阶段，人们更倾向于搜集与其先验信念相一致的信息，从而使所搜集信息的范围具有局限性（Trope 和 Bassok，1982）；②人们偏好搜集那些预期可以支持其先验信念的信息（Jonas 等，2001）；③人们对有利和不利证据的记忆存在差异（Perkins 等，1991）；④人们倾向于按照支持其先验信念的方式来理解新信息（Kelley，1950）。因此，确认性偏差使投资者在搜集和处理信息的过程中都倾向于坚持其先验信念。相对于否定证据而言，人们对支持其观点的证据会赋予更大权重，而且这些证据对自身信念的支持更有可能增加他们的过度自信和过度乐

观。所以，确认性偏差能够显著影响投资者的决策过程，导致系统性偏差。这就使新信息不能迅速并合理地反映到股价中去，投资者表现出反应过度或者反应不足，市场不再有效。

本章的贡献主要体现在两个方面：

（1）首次利用实证方法直接研究中国股市投资者的确认性偏差。迄今为止，关于投资者确认性偏差的研究主要集中在国外发达市场，且大部分为理论研究，实证研究甚少（Forsythe 等，1992；McMillan 和 White，1993；Nickerson，1998；Rabin 和 Schrag，1999；Shefrin，2001；Barber 和 Odean，2001，2002；Raghunathan 和 Corfman，2006；Pouget 和 Villeneuve，2009；Chang，2011；Duong 等，2011）。国内则缺乏对确认性偏差的直接研究，一些学者只是应用确认性偏差来解释一些实证现象（杨明，2005；陆宇建等，2007；郑志凌和李艳宏，2008）。对中国资本市场进行实证研究可以进一步证实或证伪有关理论和假说，也有助于发现中国资本市场可能存在的特有规律。

（2）从确认性偏差这一独特视角进一步揭示投资者的信息反应机制。对于投资者的信息反应行为，国外行为财务金融研究者从不同角度提出了反应过度和反应不足的观点，并解释了一些资本市场异象（De Bondt 和 Thaler，1985；Jegadeesh 和 Titman，1993；Rouwenhorst，1998；Chan 等，2000）。对于中国股市中投资者的信息反应机制，国内学者主要是借鉴国外研究方法，对中国资本市场的反应过度与反应不足进行实证检验（张人骥等，1998；赵宇龙，1998；沈艺峰和吴世农，1999；王永宏和赵学军，2001），也有学者结合中国资本市场特征对该异象作出进一步分析（周琳杰，2002；刘煜辉等，2003；肖军和徐信忠，2004；吴世农和吴超鹏，2005；徐信忠和郑纯毅，2006；鲁臻和邹恒甫，2007；游家兴，2008；潘丽和徐建国，2011）。然而，事实表明，股市会同时表现出反应过度与反应不足，即面对同一信息，既有一部分投资者对其反应过度，又有一部分投资者反应不足。在股市中，两种反应行为相互博弈，最终占优的行为影响了股价走势。显然，已有研究成果并不能充分、合理地解释上述市场现象。有别于之前的研究，我们拟从作为市场行为主体的投资者出发，立足于确认性偏差这一心理特征，进一步探索确认性偏差对投资者信息反应行为的影响，以期为已有理论研究提供经验证据，同时更加深刻地揭示中国资本市场的信息反应机制。

3.2　研究路径与假设提出

3.2.1　研究路径

Myers（1977）提出公司的价值是由现有资产（asset in place）价值与未来成长机会（future growth opportunities）的现值构成的，并进一步指出，公司未来成长机会的最终价值受到公司未来裁决性支出（discretionary investment）的影响较大。裁决性支出包括厂房设备的维修、广告费用、研发费用、人才招聘以及员工培训费用等，有助于企业未来的成长性，但是却没有反映在现有的企业价值上。因此，股票价格包含两部分：一是现有资产创造盈余的现值；二是未来成长机会的现值。这也就意味着，上市公司的股价主要由两种信息决定：①基本面信息，该信息一般为公开的关于经营业绩的重要财务数据，能较容易地被投资者等市场参与者获取；②私人信息，表示人们对公司未来成长机会的预期，比如关于公司未来资产和盈利成长的信息，此类信息与基本面信息无关且主要通过私人搜寻而得到，没有明确、具体的形态。相应地，股票收益率也可以分解为两部分：由重要的财务数据等基本面信息所解释的部分；与基本面表现无关、由投资者私人预期推动的部分。前者称为有形收益（tangible return），后者称为无形收益（intangible return）（Daniel 和 Titman，2006）。因此，无形收益可以作为先验信念的替代变量，用来表示人们对公司未来成长机会预期的高低。

受确认性偏差的影响，投资者为了坚持其先验信念，往往会曲解新信息（Rabin 和 Schrag，1999）。心理学研究表明，如果新信息与其先验信念不一致，投资者会对这种信息反应不足，错误地坚持先验信念；如果新信息与其先验信念相吻合，投资者一般会理性地处理新信息，或者对新信息反应过度。也就是说，确认性偏差会影响投资者决策过程，使投资者在搜集和处理新信息时产生系统性偏差，从而作出非理性决策，导致资产价格反映被这些投资者所扭曲的信念。然而，在实际经济环境中，一般很难准确地考察某一特定心理偏差及其影响。因为除了在形成和作用机理方面有所不同之外，很多心理偏差往往表现出类似的市场异象，难以单独、准确衡量某一具体心理偏差的效应。例如，Barberis 等（1998）假设投资者具有保守偏差，因而会导致股价沿着早期信息的方向持续变动，而确认性偏差也会引起股价的这种变化。所以，为了准确考察投资者的确认性偏差，我们必须将确认性偏差对股价的独特影响分离出来，单独考察其作用。按照确认性偏差的定义，它的作用主要是影响投资者对新信息的搜集和处理，从而导致持有不同先验信念的投资者对相同的信息作出不同的反应，或者持有相同信念的投资者对不同信息作出不同的反应。据此，我们设计了以下研究路径，如图 3－1 所示。

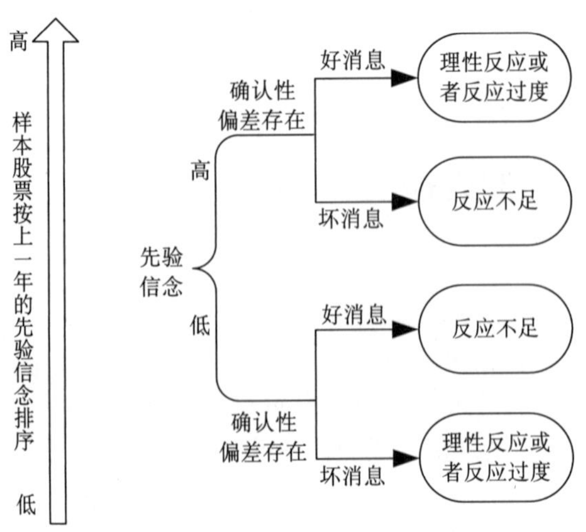

图 3－1　投资者确认性偏差研究路径

关于研究路径中的新信息（好消息和坏消息），本章用上市公司每年的标准化意外盈余（Standardized Unexpected Earnings，SUE）来表示，投资者可以通过该指标来检验公司信息与其先验信念是否一致。在确认性偏差的影响下，如果标准化意外盈余与投资者的先验信念一致，投资者就会对这一新信息进行理性处理，或者对其反应过度；如果标准化意外盈余与投资者的先验信念不一致，投资者仍然会倾向于坚持其先验信念，从而对新信息反应不足。由此对投资者决策行为产生影响，进而引起股价异常反应。因此，本章将标准化意外盈余作为投资者面对的新信息，检验持有不同先验信念的投资者对新信息的不同反应，以此来考察投资者的确认性偏差。

3.2.2　研究假设

根据上述研究路径，本章采用无形收益的高低来衡量人们对某一上市公司成长机会的预期（即先验信念），使用标准化意外盈余来表示新信息。受确认性偏差的影响，持有不同先验信念的投资者对新信息（好消息或坏消息）的反应是非对称的。按照这一思路，首先将股票按照无形收益高低分组，然后分别观察持有不同先验信念的组合对好消息或坏消息的反应，以检验确认性偏差的影响。如果投资者不存在确认性偏差，那么，当其面对新信息时，就可以理性地处理信息并作出决策。此时，新信息会在短时间内合理地反映在股价中，股票在以后期间的收益率将与市场组合保持一致，不存在异常收益率（abnormal return）。若投资者具有确认性偏差，就倾向于理性地对待与其先验信念一致的信息，或者对该信息反应过度；而对与其先验信念不一致的信息，投资者则倾向于坚持其先验信念，从而对信息反应不足。这就使新信息不能及时、合理地反映在股价中，导致资产价格与真实价值不符。然而，资产价格必定会在后续期间内逐渐向其真实价值回归，从而导致在回归期间内产生异常收益率。具体表现为以下两种情况。

（1）如果投资者的先验信念认为公司未来成长前景较差，那么面对新公布的与其先验信念不一致的好消息时，投资者就会对新信息反应不足，致使新信息不能在短期内反映到股价中，进而使股票在后续期间内产生正的异常收益率，如图 3－2 所示。

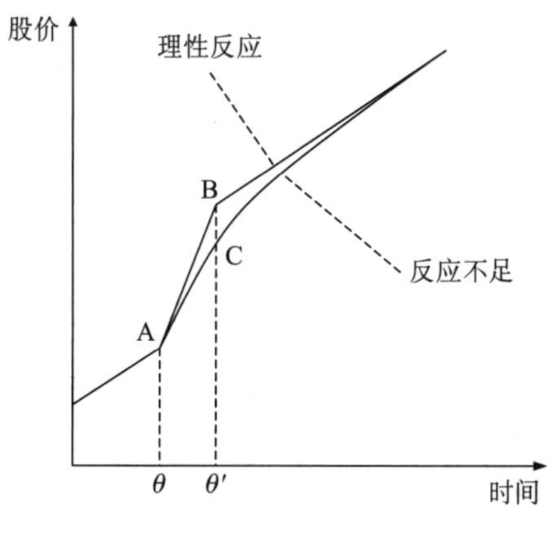

图 3－2　反应不足

在图 3－2 中，θ 点为上市公司年报公布日（盈余信息公布日），θ 到 θ' 期间为理性市场（如果存在）对新信息的消化期，各线段的斜率可以看作股票的收益率（下同）。如果不存在确认性偏差，新信息会在短时间(θ,θ')内充分合理地反映在股价中，即股价从 A 点升到 B 点，并且在 θ' 以后期间内由于没有新的信息推动，股票的收益率将与市场组合的收益率保持一致，不会产生异常收益率。而在确认性偏差存在的情况下，由于公布的好消息与投资者先验信念不一致，使投资者对新信息反应不足。在期间(θ,θ')内，新信息未能充分反映在股价中，价格只是由 A 点升到 C 点，并且这一期间内该股票的收益率也将低于理性市场下该股票的收益率。而在 θ' 以后的期间内，此前的好消息则会逐渐被市场接受并持续推动股价向其基础价值回归。与市场组合相比，股票在 θ' 以后期间里的收益率将大于市场组合的收益率，即产生正的异常收益率。

然而，当投资者面对的是与其先验信念一致的坏消息时，就会对新信息理性反应或反应过度，相应地在 θ' 以后的期间里分别表现出正常收益率或者正的异常收益率，如图 3－3 所示。

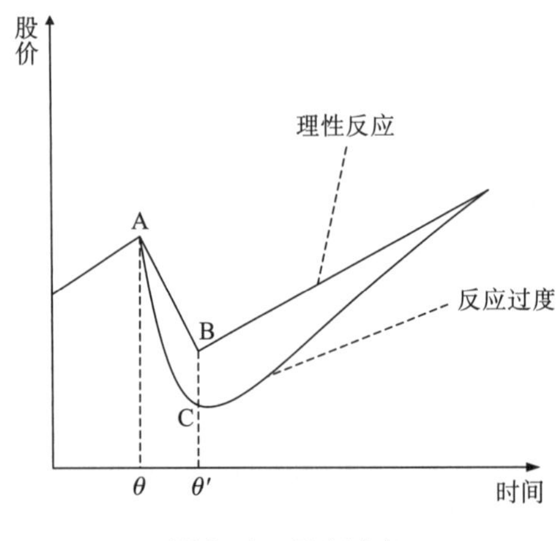

图 3－3　反应过度

图 3－3 中，如果不存在确认性偏差，坏消息会在短时间(θ,θ')内合理地反映在股价中，股价由 A 点降到 B 点，并且在 θ' 以后期间内由于没有新的信息推动，股票的收益率将与市场组合的收益率保持一致，不会产生异常收益率。但在确认性偏差的影响下，由于新信息与投资者先验信念一致，使投资者对新信息理性反应或反应过度。如果投资者在期间(θ,θ')内理性处理新信息，此时股价走势将与理性市场下的走势一致，在 θ' 以后的期间内不会产生异常收益率。若投资者在期间(θ,θ')内对新信息反应过度，股价将由 A 点降到 C 点，并且这一期间内该股票的收益率也将低于理性市场下该股票的收益率。而在 θ' 以后的期间内，之前对坏消息的过度反应则会逐渐被市场纠正并持续推动股价向其基础价值回归。与市场组合相比，股票在 θ' 以后期间里的收益率将大于市场组合的收益率，即产生正的异常收益率。根据上述情形，本章提出如下假设：

H3－1a：在低无形收益的股票中，高标准化意外盈余的股票会产生正的异常收益率。

H3－1b：在低无形收益的股票中，低标准化意外盈余的股票不会产生异常收益率，

或者产生正的异常收益率。

（2）类似于上述分析，当投资者的先验信念认为某公司未来成长前景较好时，有以下两种情形。如果这一投资者面对的是与其先验信念一致的好消息，那么投资者就会对新信息理性反应或反应过度，并在 θ' 以后的期间里分别表现出正常收益率或者负的异常收益率，如图 3－4 所示。

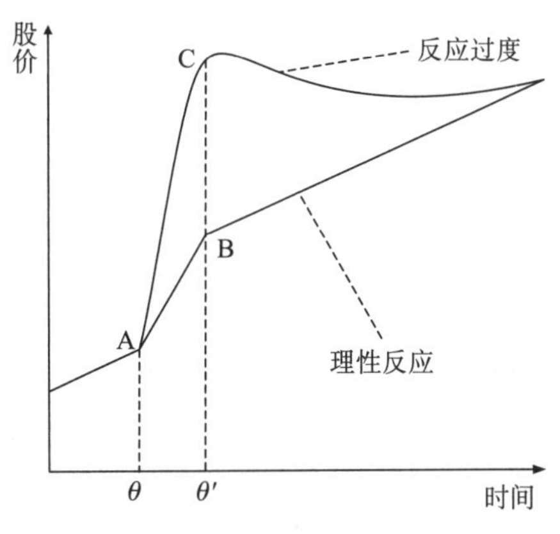

图 3－4　反应过度

图 3－4 中，如果不存在确认性偏差，好消息会在短时间(θ,θ')内合理地反映在股价中，股价由 A 点升到 B 点，并且在 θ' 以后期间内由于没有新的信息推动，股票的收益率将与市场组合的收益率保持一致，不会产生异常收益率。但在确认性偏差的影响下，由于新信息与投资者的先验信念一致，使投资者对新信息理性反应或反应过度。如果投资者在期间(θ,θ')内理性处理新信息，此时股价走势将与理性市场下的走势一致，在 θ' 以后的期间内不会产生异常收益率。若投资者在期间(θ,θ')内对新信息反应过度，股价将由 A 点升到 C 点，并且这一期间内该股票的收益率也将高于理性市场下该股票的收益率。而在 θ' 以后的期间内，之前对好消息的过度反应则会逐渐被市场纠正并持续推动股价向其基础价值回归。与市场组合相比，股票在 θ' 以后期间里的收益率将小于市场组合的收益率，即产生负的异常收益率。

而面对新公布的与其先验信念不一致的坏消息时，投资者就会对新信息反应不足，致使新信息不能在短期内充分反映到股价中，进而使股票在后续期间内产生负的异常收益率。具体表现如图 3－5 所示。

图 3－5 中，如果不存在确认性偏差，新信息会在短时间(θ,θ')内充分合理地反映在股价中，即股价从 A 点降到 B 点，并且在 θ' 以后期间内由于没有新的信息推动，股票的收益率将与市场组合的收益率保持一致，不会产生异常收益率。而在确认性偏差存在的情况下，由于公布的坏消息与投资者的先验信念不一致，使投资者对新信息反应不足。在期间(θ,θ')内，新信息未能充分反映在股价中，价格只是由 A 点降到 C 点，并且这一期间内该股票的收益率也将高于理性市场下该股票的收益率。而在 θ' 以后的期间内，此前的坏消息则会逐渐被市场接受并持续推动股价向其基础价值回归。与市场组合相比，股票在 θ' 以后

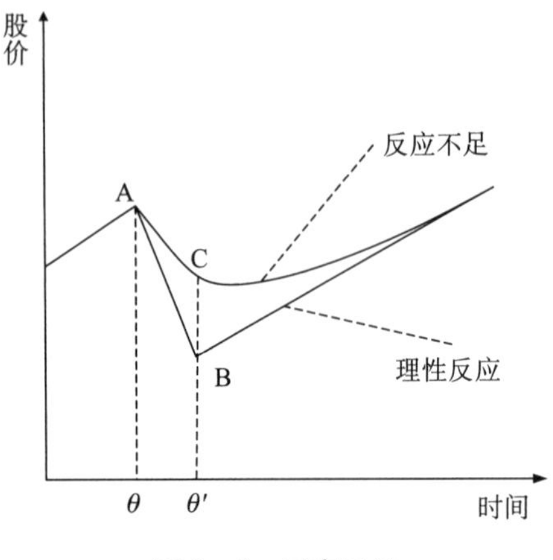

图3-5 反应不足

期间里的收益率将小于市场组合的收益率，即产生负的异常收益率。据此，本章提出以下假设：

H3-2a：在高无形收益的股票中，低标准化意外盈余的股票会产生负的异常收益率。

H3-2b：在高无形收益的股票中，高标准化意外盈余的股票不会产生异常收益率，或者产生负的异常收益率。

3.3 研究设计

3.3.1 样本筛选及数据处理

考虑到1995年以前中国股市的股票数量较少、市场规范性较差，我们主要选取1995年初至2011年末的股票交易数据，股票样本来自沪、深两市的所有上市公司，股票交易数据来自中国CSMAR数据库。为了尽量扩大样本并避免产生偏差，本章在任意时刻的组合都包括截至当时上市的所有公司股票（包括所有退市或ST的公司）。此外，为了满足研究的需要，还必须剔除以下公司：①由于金融行业的特殊性，将银行等金融类上市公司排除在外；②同时发行一种以上普通股的公司；③样本排序时上市不满半年的股票，这是因为新股发行后股价通常会剧烈波动，其无形收益更多的是由于市场投机情绪的推动，而非对公司成长机会的预期，因而可能影响研究结果；④因旨在通过研究投资者对上市公司年报信息的反应方式来考察投资者确认性偏差，故删除考察期内暂停上市一周及以上的公司样本，以避免年报信息以外其他事件的影响；⑤样本排序期和检验期存在PT（市场指数计算不考虑PT股价）以及部分数据不全的股票。

3.3.2 相关变量计算

（1）收益率的计算。由于本书以市场对盈余信息的短期反应为依据，因此，采用周收

益率来考察投资者的反应行为较为合适。此外，作为典型的新兴市场，中国股市具有散户交易比率过重和换手率过高等特征，整个市场易出现暴涨或暴跌现象。如果以月为周期来考察，过长的检验区间有可能抹杀中国股票收益的真实特性；如果以日为周期来考察，又容易受诸如买卖价差、价格压力、非同步交易等市场微观结构的影响（游家兴，2008）。这也要求我们选择周收益率，从而更真实地反映中国股市特征。

在收益率指标的选择上，本章使用购买并持有收益率（Buy – and – Hold Return，BHR），并采用市场调整法计算异常收益率。这样，某只股票的累积异常收益率（CAR）就是该股票与市场组合的购买并持有收益率之差，投资组合的累积异常收益率则是所包含的各只股票累积异常收益率的平均数。为了消除公司股利分配因素的影响，样本中的周收益率均采用考虑现金红利再投资的收益率。持有期为 λ 的各收益率计算公式如下：

$$BHR_{i,\lambda} = \ln\left[\prod_{t=1}^{\lambda}(1 + R_{i,t})\right], BHR_{m,\lambda} = \ln\left[\prod_{t=1}^{\lambda}(1 + R_{m,t})\right] \tag{3-1}$$

$$CAR_{i,\lambda} = BHR_{i,\lambda} - BHR_{m,\lambda}, CAR_{p,\lambda} = \frac{1}{k}\sum_{i=1}^{k}(CAR_{i,\lambda}) \tag{3-2}$$

$BHR_{i,\lambda}$——股票 i 持有 λ 期的购买并持有收益率。

$BHR_{m,\lambda}$——市场组合持有 λ 期的购买并持有收益率。

$CAR_{i,\lambda}$——股票 i 持有 λ 期的累积异常收益率。

$CAR_{p,\lambda}$——投资组合 P 持有 λ 期的累积异常收益率。

$R_{i,t}$——股票 i 第 t 期考虑现金红利再投资的收益率。

$R_{m,t}$——第 t 期考虑现金红利再投资的市场收益率。

k——投资组合 P 中包含的股票数量。

（2）意外盈余信息的度量。本章选用上市公司年度每股收益 *EPS* 作为实际盈余的指标，采用随机游走模型来估计预期盈余（1984 年，Foster 等研究发现，随机游走模型得到的意外盈余对盈余公布后股票收益波动的解释，不比其他复杂的盈余预期模型逊色）。根据随机游走模型，年度 t 的预期每股收益就等于上年同期（年度 $t-1$）的每股收益（$EPS_{i,t-1}$）。因此，意外盈余 *UE* 可以表示为年度 t 的每股收益实际值（$EPS_{i,t}$）与预期值（$EPS_{i,t-1}$）之差：

$$UE_{i,t} = EPS_{i,t} - EPS_{i,t-1} \tag{3-3}$$

标准化意外盈余 *SUE* 可以表示为：

$$SUE_{i,t} = \frac{UE_{i,t}}{\sigma_{UE_i}} \tag{3-4}$$

（3）投资者先验信念的衡量。本章使用不能被基本面信息解释的那部分股票收益作为先验信念的替代变量，并用无形收益对其进行衡量。Daniel 和 Titman（2006）将账面市值比分解如下：

$$bm_{i,t} = bm_{i,t-1} + BHR_{i,t}^{B} - BHR_{i,t} \tag{3-5}$$

其中，$bm_{i,t-1}$ 和 $bm_{i,t}$ 分别是 $t-1$ 年末和 t 年末的账面市值比的对数。

$$bm_{i,t-1} = \ln\left(\frac{B_{i,t-1}}{P_{i,t-1}}\right), \qquad bm_{i,t} = \ln\left(\frac{B_{i,t}}{P_{i,t}}\right) \tag{3-6}$$

式（3-6）中，$B_{i,t-1}$是股票 i 在 $t-1$ 年末的每股账面价值，$P_{i,t-1}$是股票 i 在 $t-1$ 年末的股价，$B_{i,t}$是股票 i 在 t 年末的每股账面价值，$P_{i,t}$是股票 i 在 t 年末的股价。$BHR_{i,t}$为 t 年（1 月 1 日到 12 月 31 日）公司 i 的股票购买并持有收益率。$BHR^B_{i,t}$为 t 年（1 月 1 日到 12 月 31 日）的账面收益，上式移项可得到账面收益 $BHR^B_{i,t}$的计算公式：

$$BHR^B_{i,t} = bm_{i,t} - bm_{i,t-1} + BHR_{i,t} \tag{3-7}$$

账面收益 $BHR^B_{i,t}$可作如下理解：投资者在 $t-1$ 年末按账面价值买入 1 单位资金的股票 i，假定在$(t-1,t)$期间内，股票的所有派息均按股票在派息日的市场价值进行再投资，那么这笔投资在 t 年末的账面价值就是账面收益。由此，$BHR^B_{i,t}$所包含的信息被定义为股票 i 在期间$(t-1,t)$内基于会计业绩的公司基本面信息，代表了公司的业绩表现。

样本期间内，在公司年度财务报告发布后，计算上一年度的无形收益。借鉴 Daniel 和 Titman（2006）的研究方法，使用如下横截面回归对 t 年的收益进行分解，并得到基于账面价值的无形收益。

$$BHR_{i,t} = \alpha_0 + \alpha_1 bm_{i,t-1} + \alpha_2 BHR^B_{i,t} + \varepsilon_{i,t} \tag{3-8}$$

其中，i 公司 t 年基于账面价值的无形收益 $BHR^{I(B)}_{i,t}$ 就是上式中的残差项，也就是股票收益率 $BHR_{i,t}$中未能被基本面数据解释的部分，$BHR^{I(B)}_{i,t} = \varepsilon_{i,t}$。

表 3-1 是对年收益 $BHR_{i,t}$的回归结果，其残差项即上述无形收益，表示投资者先验信念。回归结果中，$bm_{i,t-1}$、$BHR^B_{i,t}$系数分别为 0.203 和 0.784 且显著，表明公司基本面信息对股票收益率 $BHR_{i,t}$有重要影响；而调整的 R^2 为 0.536，说明收益率 $BHR_{i,t}$中只有 0.536 可以被公司的基本面数据所解释，其余的部分则来自投资者的预期，即先验信念。这一结果与前文分析相符。

表 3-1　　回归结果

Source	SS	df	MS			
Model	3091.626	2	1545.813	*Number of obs* = 14677		
Residual	2677.876	14674	0.182	$F(2, 14674)$ = 8470.620 *Prob* > F = 0.000		
Total	5769.502	14676	0.393	*Adj R-squared* = 0.536		
$BHR_{i,t}$	Coef.	Std. Err.	t	P > | t |	95% Conf. Interval	
$bm_{i,t-1}$	0.203	0.005	42.990	0.000	0.194	0.212
$BHR^B_{i,t}$	0.784	0.006	127.770	0.000	0.772	0.796
cons Coef.	-0.053	0.004	-12.740	0.000	-0.061	-0.045

表 3-2 和表 3-3 为各变量在整个研究期间内的描述性统计结果及相关系数。表 3-2 中无形收益的均值为 0，标准差为 0.426，说明投资者对不同公司的成长机会有着不同的

预期，即先验信念存在差异；$bm_{i,t-1}$的均值为 0.420，标准差为 0.755，说明样本公司的账面市值比差异较大，包含了成长股和价值股。由表 3 -3 可知，$BHR_{i,t}^{B}$与 $BHR_{i,t}^{I(B)}$不相关，说明上述方法可以将股票收益率分解为分别由公司基本面信息和投资者预期（先验信念）推动的两部分；$BHR_{i,t}^{I(B)}$和 $bm_{i,t}$负相关，说明投资者的预期会对账面市值比产生影响。

表 3 -2　　　　变量的描述性统计

Variable	Obs	Mean	Std. Dev.	Min	Max
$BHR_{i,t}$	14649	0.117	0.627	-2.400	2.840
$bm_{i,t}$	14649	0.411	0.733	0.000	25.000
$bm_{i,t-1}$	14649	0.420	0.755	0.000	25.000
$BHR_{i,t}^{B}$	14649	0.107	0.581	-11.199	14.883
$BHR_{i,t}^{I(B)}$	14649	0.000	0.426	-14.546	6.261

表 3 -3　　　　变量的相关系数

	$BHR_{i,t}$	$bm_{i,t}$	$bm_{i,t-1}$	$BHR_{i,t}^{B}$	$BHR_{i,t}^{I(B)}$
$BHR_{i,t}$	1.000				
$bm_{i,t}$	-0.163 0.000	1.000			
$bm_{i,t-1}$	0.140 0.000	0.796 0.000	1.000		
$BHR_{i,t}^{B}$	0.692 0.000	0.052 0.000	-0.145 0.000	1.000	
$BHR_{i,t}^{I(B)}$	0.680 0.000	-0.582 0.000	0.000 1.000	0.000 1.000	1.000

注：表中为 Pearson 相关系数以及对应的 P 值。

（4）投资者确认性偏差的检验。在确定了投资者先验信念之后，我们就可以通过观察持有不同先验信念的投资者对新信息的反应行为来考察他们的确认性偏差。需要按照无形收益的高低将样本股票进行排序，并分组形成投资组合；然后观察各投资组合在新信息（好消息或坏消息）公布之后的购买并持有收益率（*BHR*）和累积异常收益率（*CAR*）状况，以检验中国股市中投资者确认性偏差的存在性及其特征。

如图 3 -6 所示，首先在年报公布日（θ 点），按照各只股票上一年度$(t-1,t)$的无形收益高低来排序，按照最高的 20% 和最低的 20% 得到高（H）、低（L）两组。之后，利用各上市公司公布的上一年度的盈余信息，计算标准化意外盈余，并将上述 H、L 两组分别按照各只股票的标准化意外盈余分为高（H'）、低（L'）两组。最后得到 4 个投资组合，如表 3 -4 所示。

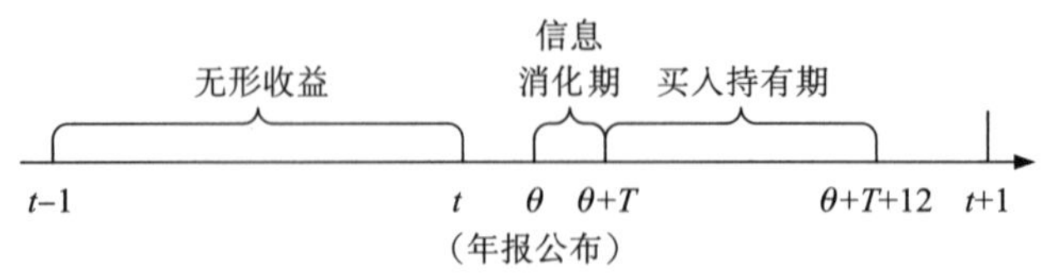

图 3－6　检验期间划分

表 3－4　　投资组合

无形收益	标准化意外盈余	
	高（H'）	低（L'）
高（H）	$ACAR_{HH'}$	$ACAR_{HL'}$
低（L）	$ACAR_{LH'}$	$ACAR_{LL'}$

我们把新信息（即各上市公司的财务报告）公布日（θ 时点）之后的 T（1 周≤T≤2 周）时段$(\theta,\theta+T)$作为市场对新信息的消化阶段，如果投资者不存在确认性偏差，那么新信息在这一时段就会在股价中得到充分、合理的反映。反之，若存在确认性偏差，在这段消化期内，投资者则很可能对与先验信念一致的新信息理性反应或过度反应，而对与先验信念不一致的新信息反应不足。这样，就会导致消化期以后的持有期内，相应的投资组合会产生如假设所述的异常收益率。结合已有的关于中国股市短期反应的研究成果，考察消化期以后连续 1～12 周的不同持有期内各投资组合的异常收益率。首先，每年计算一次各投资组合在$(\theta+T,\theta+T+1)$到$(\theta+T,\theta+T+12)$的 12 种持有期内累积异常收益率；然后，计算得到整个研究期间内各类投资组合在持有期间产生的平均累积异常收益率（$ACAR_p$）并检验其显著性，以判断实际情况是否与假设一致，这样也就检验了投资者确认性偏差的存在性及其特征。

3.4　实证结果及分析

通过考察各类投资组合在整个研究期间内年报消化期后连续 1～12 周的平均累积异常收益率（$ACAR_p$），结果如表 3－5 所示。

表 3－5　　投资组合及其平均累积异常收益率（$ACAR_p$）

周数	低无形收益（L）		高无形收益（H）	
	高 SUE（H'）	低 SUE（L'）	高 SUE（H'）	低 SUE（L'）
1	－0.000 （－0.022）	0.002 （0.535）	－0.005 （－1.649）	－0.000 （－0.087）
2	－0.003 （－1.116）	－0.003 （－0.532）	－0.004 （－1.374）	0.005 （1.145）

续表

周数	低无形收益（L）		高无形收益（H）	
	高 SUE（H'）	低 SUE（L'）	高 SUE（H'）	低 SUE（L'）
3	-0.005 (-0.846)	-0.005 (-0.707)	-0.001 (-0.231)	0.001 (0.231)
4	-0.008 (-1.046)	-0.002 (-0.203)	-0.001 (-0.136)	-0.004 (-0.688)
5	-0.014 (-1.634)	-0.005 (-0.431)	-0.006 (-0.752)	-0.007 (-1.069)
6	-0.022** (-2.169)	-0.010 (-0.814)	-0.008 (-0.950)	-0.014 (-1.696)
7	-0.022* (-1.813)	-0.016 (-1.279)	-0.007 (-0.905)	-0.020** (-2.195)
8	-0.022 (-1.683)	-0.013 (-1.006)	-0.011 (-1.389)	-0.022** (-2.317)
9	-0.026* (-1.787)	-0.017 (-1.248)	-0.009 (-0.983)	-0.025** (-2.251)
10	-0.024 (-1.457)	-0.024 (-1.621)	-0.007 (-0.685)	-0.024* (-1.772)
11	-0.023 (-1.406)	-0.019 (-1.177)	-0.005 (-0.398)	-0.026** (-2.235)
12	-0.018 (-1.166)	-0.017 (-1.036)	-0.010 (-0.865)	-0.026* (-1.979)

注：**、* 分别表示显著性水平为 5% 和 10%。

如表 3-5 所示，在无形收益低的组合（L）中，如果年报的公布带来好消息，即标准化意外盈余高（H'），那么在年报消化期后连续 1~12 周，该类投资组合（LH'）的平均累积异常收益率除第 6 周、第 7 周、第 9 周分别在 5%、10%、10% 的水平下显著外，其余均不显著，即 $ACAR_p$ 约为 0，没有产生异常收益率，说明此种情况下投资者对新信息的反应比较理性。如果年报的公布带来坏消息，即标准化意外盈余低（L'），那么在年报消化期后连续 1~12 周，该类投资组合（LL'）的平均累积异常收益率均不显著，即 $ACAR_p$ 约为 0，没有产生异常收益率，说明此种情况下投资者对新信息的反应也比较理性。上述结果不支持 H3-1a，但支持 H3-1b，说明在股票的无形收益低时，无论年报的公布带来好消息还是坏消息，投资者的反应均比较理性。通过比较这两个检验结果，未能证明此时投资者存在确认性偏差。在无形收益低时，投资者对市场信息的反应比较理性。这可能是因为中国股市缺乏卖空机制，市场上的投资者内心深处总是希望上市公司带来更多的利好消息以推动股价上涨，从而获得收益。因此，在低无形收益的情况下，即使投资者存在确认性偏差，但在上述心理影响下，仍然会非常关注与其先验信念不一致的利好消息并对其进行详细、彻底的分析。这种心理行为的综合作用，最终使低无形收益情况下的投资者无论是对与其先验信念一致的还是不一致的新信息，都会更加理性地进行搜集并进行加工处理。

在高无形收益的股票（*H*）中，如果年报的公布带来好消息，即标准化意外盈余高（*H'*），那么在年报消化期后连续 1 ~ 12 周，该类投资组合（*HH'*）的平均累积异常收益率均不显著，即 $ACAR_p$ 约为 0，没有产生异常收益率，说明此种情况下投资者对新信息的反应比较理性。如果年报的公布带来坏消息，即标准化意外盈余低（*L'*），那么在年报消化期后连续 1 ~ 6 周，该类投资组合（*HL'*）的平均累积异常收益率均不显著异于 0，即投资者没有对该消息作出明显的反应；直到第 7 周及以后各周，平均累计异常收益率均显著为负，即 $ACAR_p$ 小于 0，产生了负的异常收益率，坏消息开始影响股价，说明此种情况下投资者对新信息的反应不足。上述结果支持假设 H3 – 2a 和假设 H3 – 2b，通过比较这两个检验结果，可以证明此时投资者存在确认性偏差。

为了进一步考察中国股市投资者确认性偏差对其决策行为的影响，我们又考察了年报公布前三周（记为第 1 周、第 2 周、第 3 周）以及当周（记为第 4 周）各类投资组合的平均累积异常收益率。由表 3 – 6 可知，在好消息（高 *SUE*）公布之前，各类投资组合就已经产生了显著的正异常收益率；在坏消息（低 *SUE*）公布前，各类投资组合则已产生显著的负异常收益率。也就是说，各类投资组合均在年报信息正式披露之前就已经产生显著的异常收益率，提前对年报信息作出了反应。这也证明了我国股市存在年报信息提前泄露的情形。以存在确认性偏差的高无形收益（*H*）情况下的投资组合为例，可以进一步揭示确认性偏差对投资者行为的影响。由于年报中好消息的提前泄露，此时的投资组合（*HH'*）在年报正式公布之前就已对该好消息作出了反应，产生正的异常收益率，且在确认性偏差的影响下，投资者对该好消息的反应比较理性，继而在消化期后的连续 1 ~ 12 周内的收益率与市场组合一致。当年报信息为坏消息时，由于提前泄露，此时的投资组合（*HL'*）在年报正式公布前便对其作出反应，产生负的异常收益率，但在确认性偏差的影响下，此阶段的投资者仍然比较坚持其先验信念，因而对该与其先验信念不一致的坏消息反应并不充分。结合表 3 – 5 中投资组合 *HL'* 的结果可知，投资者在对此坏消息初步反应之后，在消化期后的连续 1 ~ 6 周没有对其作出进一步的反应，直到第 7 周，坏消息才得以更充分地反映在股价中，整个过程表现为反应不足。而在低无形收益情况下的投资组合（*LH'* 和 *LL'*）中，同样存在年报信息提前泄露的情况，但由于此时不存在确认性偏差，因而投资者对年报信息中的好消息和坏消息反应均比较理性。

表 3 – 6　　投资组合及其平均累积异常收益率（$ACAR_p$）

周数	低无形收益（*L*）		高无形收益（*H*）	
	高 SUE（*H'*）	低 SUE（*L'*）	高 SUE（*H'*）	低 SUE（*L'*）
1	0.002 (0.341)	−0.014** (−2.255)	−0.007 (−1.497)	−0.018*** (−3.836)

续表

周数	低无形收益（L）		高无形收益（H）	
	高 SUE（H′）	低 SUE（L′）	高 SUE（H′）	低 SUE（L′）
2	0.011 （1.558）	-0.022* （-2.022）	0.008 （1.321）	-0.032*** （-3.877）
3	0.016** （2.285）	-0.020* （-1.979）	0.014** （2.160）	-0.040*** （-3.696）
4	0.023** （2.825）	-0.018 （-1.600）	0.019** （2.409）	-0.047*** （-3.744）

注：***、**、* 分别表示显著性水平为 1%、5% 和 10%。

以上分析表明，与国外研究结果不同，中国股市投资者所表现出的确认性偏差具有非对称性，其存在与否取决于特定的条件。当投资者的先验信念对公司成长机会预期较好时，投资者在处理与公司相关的新信息时会受到确认性偏差的影响；而当投资者的先验信念预期公司成长机会较差时，投资者往往会对与公司相关的新信息进行理性分析，从而反应比较理性。此外，该研究还发现，无论投资者先验信念对公司成长前景预期是高还是低，短期内均没有对与其先验信念一致的信息反应过度。

根据投资者确认性偏差这一心理特征，可以进一步揭示投资者及整个市场对信息的反应机制。首先以单只股票为例，根据行为金融学研究，市场中的投资者普遍存在异质信念，即不同投资者对特定公司成长机会的预期是不同的，表现为方向和程度上的差异。因此，投资者按其对某一公司预期的方向大体可以分为两类：预期较好的投资者；预期较差的投资者。那么，根据实证结果，对该公司持有不同先验信念的投资者会对与该公司相关的信息作出不同的反应。那些对公司预期较好的投资者，会受到确认性偏差的影响，从而对坏消息反应不足，而对好消息理性反应；那些对公司预期较差的投资者，则会理性处理与公司相关的信息，从而作出理性反应。可见，投资者整体对某一特定股票相关信息的非理性反应，主要源于对公司成长机会预期较好的投资者。这部分投资者对公司前景比较乐观，更容易受到确认性偏差的影响，也就更容易产生过度自信、过度乐观等心理偏差。而对公司前景相对悲观的投资者则会更加理性地对待相关信息，较少受到心理偏差的影响。因此，市场整体对某一股票相关信息的反应是否理性，不仅与信息类型密切相关，还受到投资者先验信念的影响。如果是好消息，无论是先验信念预期较好的投资者还是预期较差的投资者，都会对该信息理性反应，市场也就表现为理性；如果是坏消息，那么先验信念预期较好的投资者会对该信息反应不足，而预期较差的投资者则反应理性，市场整体的反应就取决于两者博弈的结果。

对于市场整体来讲，我们实证结果也可以很好地解释资产价格泡沫的形成。一般情况下，市场整体未来走势受到市场信息的影响，而且这种市场信息是公共的，能够被大部分投资者所获取。当市场上大部分投资者的先验信念普遍看好市场未来走势时，这些乐观的投资者就会受到确认性偏差的影响而作出非理性反应：在对市场信息进行加工处理时，会对负面信息反应不足，即倾向于忽视负面信息，而过度关注正面市场信息。这又会影响投资者对特定公司发展的预期，使更多的投资者看好各公司的增长前景。这就最终导致整个市场充斥着正面信息，且在正面信息的推动下市场价格不断上涨。而这种价格上涨由于更多地反映了正面信息因而是非理性的，将使资产价格日益偏离基础价值，最终形成资产价格泡沫。对于一个成熟的资本市场来说，避免大涨大跌、保持平稳运行是十分必要的。因此，当市场处于高涨状态时，投资者更应理性地分析各种市场信息（尤其是负面信息），作出理性决策，适时退出市场，防止随波逐流，以免卷入市场的非理性繁荣。

3.5 稳健性检验

为了检验上述研究结果的稳健性，我们进行了如下检验。对于标准化意外盈余（SUE）的计算，选用上市公司年度每股收益 EPS 作为实际盈余的指标，采用随机游走模型来估计预期盈余。根据随机游走模型，年度 t 的预期每股收益就等于上年同期（年度 $t-1$）的每股收益（$EPS_{i,t-1}$）。因此，意外盈余 UE 可以表示为年度 t 的每股收益实际值（$EPS_{i,t}$）与预期值（$EPS_{i,t-1}$）之差：$UE_{i,t}=EPS_{i,t}-EPS_{i,t-1}$。

除了上述计算意外盈余的方法之外，目前学术界也较多采用实际盈余和分析师预测之间的差异来反映。因此，我们又采用后一种方法，重新对投资者确认性偏差进行检验。稳健性检验的结果与上述研究结论基本一致，没有实质性影响，说明研究结论具有良好的稳健性。

3.6 结论与启示

本章以 1995—2010 年沪、深股市所有只发行一种普通股的上市公司为研究对象，定量衡量了投资者对各只股票的先验信念，并结合标准化意外盈余，形成四类投资组合，进而得到各类投资组合在年报消化期后连续 1～12 周的平均累积异常收益率。研究表明：①与国外研究结果不同，中国股市投资者的确认性偏差具有非对称性，其存在依赖于特定的条件。当投资者的先验信念对公司成长机会预期较好时，投资者存在确认性偏差，其对公司相关新信息的处理会受到确认性偏差的影响，从而对好消息理性反应，对坏消息反应不足；当投资者的先验信念预期公司成长机会较差时，投资者往往会对与公司相关的新信息进行理性分析，表现出理性反应。②投资者的信息反应机制是一个复杂的过程，除了与信息类型、市场制度等因素密切相关外，还受到投资者确认性偏差及其先验信念的影响。因此，在分析市场对某一信息的反应时，必须考虑投资者对特定上市公司及市场未来走势的先验信念。

在研究过程中，我们还发现了一些值得进一步挖掘的领域：一是考虑投资者类型（个

体投资者和机构投资者）、公司特征（公司规模、所处行业）等因素，可以更深入地考察投资者确认性偏差的特征；二是可以进一步研究中国资本市场投资者确认性偏差与过度自信之间的关系；三是本书研究发现无论投资者先验信念对公司成长前景预期是高还是低，短期内均没有对与其先验信念一致的信息反应过度，产生这一现象的原因值得进一步研究。

第4章　信息不确定性、投资者认知风险与盈余惯性

4.1　引言

盈余惯性又称为盈余公告后的价格漂移，主要是指在盈余公告后，未预期盈余较高的公司在未来一段时间内的市场回报会显著地高于那些未预期盈余较低的公司。自 Ball 和 Brown（1968）发现盈余惯性这一重要的资本市场异象以来，国内外诸多学者证实了盈余惯性的存在性。

对盈余惯性产生原因进行解释的研究可分为三类：一是基于公司风险定价角度的解释，此观点认为盈余惯性的存在主要是因为承担了额外风险、交易成本和套利成本的结果（Wurgler 和 Zhuravskaya，2002；Chordia 和 Shivakumar，2005；于李胜和王艳艳，2006；孔东民，2008）；二是基于投资心理学角度的解释，此观点认为投资者某种心理因素（如过度自信、框架依赖和异质信念等）会对盈余信息反应不足，导致盈余公告后价格持续向某种方向漂移（Liang，2003；Garfinkel 和 Sokoin，2006；杨德明等，2007；陈国进和张贻军，2009）；三是基于外部环境治理角度的解释，此观点认为媒体关注和市场化制度有助于投资者对盈余信息的解读，使盈余信息快速反映在股价中（于忠泊等，2012）。上述文献为本书研究提供了重要启发，以下三个方面仍有待商榷和完善：①基于公司风险定价的研究假定投资者具有同质信念，这与非完全有效资本市场的现实不符，使对盈余惯性现象的解释有待商榷；②基于投资心理学的研究侧重于考察投资者某一心理因素而没有充分考虑其他心理因素的交叉影响，且其替代指标易与流动性等指标重叠；③基于外部环境治理的研究没有深入分析外部环境如何作用于投资者行为进而影响盈余惯性的机理。

为此，本章从投资者认知风险角度来探究盈余惯性现象的产生原因和形成机制。Merton（1987）首次对投资者认知风险进行了定义，他认为在一个不完全信息的资本市场里，投资者对公司信息进行辨识需要付出认知成本。辨识公司信息要求的认知成本越高，投资者对该类公司的熟悉程度越低，投资者的认知风险就越大。辨识公司信息要求的认知成本越低，投资者的认知风险就越低，对公司新信息的反应也越迅速，并在股价中得以体现。这有别于传统资产定价模型假定市场信息能够迅速被所有投资者获得并使用。传统资产定价模型认为投资者掌握完全信息，公司特有风险能够通过多元化投资被全部分散，因而特

有风险不影响股票风险；而 Merton（1987）的定价模型引入了投资者信息不完全的假定，即投资者并非同质的，使公司特有风险无法通过多元化投资全部分散，因而特有风险对投资者认知风险具有正向调节作用。此外，Merton（1987）还提出了投资者认知风险是由异质波动率、股东人数和公司规模三个因子构成的，并发现投资者认知风险与未来预期收益率正相关。Chen 等（2004）、Bodnaruk 和 Ostberg（2009）、赵静梅和申宇（2011）、雷光勇等（2013）、张英等（2014）对此予以了验证。陶洪亮和申宇（2011）研究发现，投资者认知风险越大，股价暴跌的风险越大，股价暴跌造成的损失也越大。投资者认知风险会引起资本市场暴涨暴跌的主要原因在于投资者由于其认知风险程度高低不同而对市场新信息的反应不同。

在我国资本市场中，公司信息披露不确定性和投资者信息不完全程度较高的现状是否影响投资者认知风险对盈余惯性的解释力需要进一步验证。因此，本章检验中国股市投资者认知风险对盈余惯性的影响以及在不同的信息不确定性程度下两者之间的关系。通过研究发现，投资者认知风险越大，盈余惯性现象就越明显。当盈余信息是好消息时，对于信息不确定性程度越高的上市公司，投资者认知风险与盈余惯性之间的正相关关系越强。此外，投资者认知风险还可以解释市场对好消息和坏消息的反应程度是不对称的。

本书的主要贡献在于：一是从投资者认知风险角度解释了盈余惯性产生的原因，进一步丰富和拓展了盈余惯性的形成机制；二是从信息不确定性角度进一步探讨了投资者认知风险与盈余惯性的关系，有助于更好地解释盈余惯性。

4.2　理论分析与研究假设

Merton（1987）认为在不完全信息市场中，投资者搜集、处理股票的相关信息需要付出认知成本，认知成本越高，投资者认知风险就越大，这就要求股票有更高的溢价水平作为认知风险的补偿，投资者才愿意参与市场；相反，股票认知成本越低，投资者认知风险越小，越容易对该股票的新信息作出反应。赵静梅和申宇（2011）发现认知风险每增加 1%，股票预期收益增加 0.04%，认知风险与股票未来收益正相关。陶洪亮和申宇（2011）认为，当股票受到负面消息冲击时，潜在投资者因预期收益不能补偿认知风险而不愿意接盘，导致卖盘供给远远超过买盘需求，出现短期内暴跌现象。因此，认知风险越大，投资者要求股票溢价水平作为认知风险的补偿也越高，当盈余公告信息发布后，潜在投资者并不会轻易参与股市，从而影响投资者的投资决策和投资行为，导致股价对盈余信息反应滞后。随着时间的推移，知情者交易行为使盈余信息被市场反应，隐藏在背后的真实信息逐渐释放出来并反映在股价中，此时潜在投资者会调整对股价的预期，高估或者低估未来预期价格，导致投资者纷纷参与或者退出市场交易，使股价持续上涨或者下跌。此外，投资者还可能受到过度自信因素影响会放大未来市场预期反应，使股价按照原来方向继续漂移。相反，上市公司盈余信息质量越好，就越能减少投资者认知成本，降低投资者认知风险，投资者需要弥补认知风险的溢价自然也会降低，使他们越容易参与到股票市场中，导致盈余信息能够快速反映在股价上。由此可见，投资者认知风险越大，需要补偿风险的预期价格越高，短期内投资者未预期盈余的市场反应越小，市场对盈余公告信息的调整期就越长，因而在较长时期内盈余惯性现象越显著。于是提出假设 H4 - 1：

H4 - 1：在其他条件不变的情况下，投资者认知风险越大，在短期内会降低市场对盈余信息的反应程度，在长期内盈余惯性现象越明显。

张荣武和曾维新（2013）从投资者异质信念角度考察发现，股票市场对盈余好消息和盈余坏消息的反应程度是不对称的。本章将进一步剖析在公司出现盈余好（坏）消息时，投资者认知风险是如何影响价格漂移的。假设市场只存在两类投资者：知情者和潜在投资者。由前文可知，投资者认知风险补偿与股票预期收益的关系是决定潜在投资者是否进入市场的关键。股票交易可以分为三个时期。T 期：知情者拥有私人信息，能够对盈余公告后的好（坏）消息作出较准确的预期而选择交易，使该期的股价略微上升或者下降。此时，潜在投资者选择观望态度。T + 1 期：对于好消息而言，知情者的私人信息反映在股价上（股价微涨），隐藏的私人信息开始陆续释放出来，股票市场价值进一步放大，潜在投资者有理由相信未来市场价格远比现在股价高，不然知情者不会快速参与市场，未来预期收益远大于补偿认知风险，以致潜在投资者纷纷进入市场，股价也持续走高。对于坏消息而言，当知情者因掌握私人信息而纷纷退出市场时，潜在投资者有理由相信公司负面消息的严重程度超过预期，否则，知情投资者不会立即卖出股票，由于没有人愿意接盘，卖盘供给远远超过买盘需求，隐藏的坏消息从而被快速释放出来，导致股价暴跌。T + 2 期：对于好消息而言，投资者认知风险越大，释放出来的私人信息越多，给投资者的想象空间也越大，并认为在未来存在将股票以更高价格再次转售给更乐观自信的投资者的机会（Hong 等，2006），使这类投资者对未来市场价格预期更高，股价持续走高。对于坏消息而言，不管投资者认知风险大小，由于隐藏的私人信息已经在 T + 1 期释放完毕，很少有投资者再参与市场交易，此时股价会在相对较低的价格下保持平稳，并逐步回归真实价值。由此可见，当投资者认知风险越大，市场对好消息反应程度要明显强于市场对坏消息反应程度。于是提出假设 H4 - 2：

H4 - 2：当盈余信息是好消息时，投资者认知风险对盈余惯性的正向影响程度会明显强于盈余坏消息。

陶洪亮和申宇（2011）以可操纵性应计项目代表信息不确定性，发现信息不确定性与投资者认知风险显著正相关，他们认为企业信息不确定性越大，会额外隐藏更多对公司不利信息，增加投资者对公司的认知成本，投资者认知风险也就越高。可见，企业信息不确定性很可能是导致投资者认知风险解释盈余惯性的诱因。故本书拟从信息不确定性角度研究投资者认知风险对盈余惯性的影响。当盈余公告发布好消息时，信息不确定性越大的企业，管理者利用会计手段放大利好消息，隐藏的不利信息就越多，投资者认知风险也就越大。一旦知情者私人信息被市场反应，正如 Leuz 和 Verechia（2000）认为信息不确定性引致风险溢价，即潜在投资者有理由相信未来股价预期比现在还高，且远大于认知风险补

偿，使潜在投资者纷纷进入市场，股价升高。这时，好消息被企业放大、知情者私人信息被市场反应，使股价偏离其基本价值要明显高于信息不确定性小的企业。由此可见，在盈余好消息出现时，信息不确定性程度越高，投资者认知风险会加大对盈余惯性的影响程度。当盈余公告发布坏消息时，信息不确定性越大的企业，隐藏坏消息就越多，投资者认知风险也就越大，潜在投资者需要弥补的风险溢价就越高。当知情者私人信息被市场所反应使股价下跌时，潜在投资者认为未来预期股价会低于实际股价，从而不愿意接盘，隐藏的坏消息很快被市场释放出来，使股价持续下跌直至封底。相反，信息不确定性越小的企业，管理者对坏消息的盈余管理比较少，隐藏坏消息自然比较少，知情者拥有私人信息与潜在投资者所掌握信息差异并不大，使潜在投资者能够对股价进行合理预期，以致知情者在抛售股票时股价下跌幅度有限。可见，在盈余坏消息出现时，信息不确定性程度越高，投资者认知风险同样会加大对盈余惯性的影响。于是提出假设 H4 -3：

H4 -3：在其他条件不变的情况下，信息不确定性程度越高的上市公司，投资者认知风险与盈余惯性之间的正相关关系越强。

4.3　研究设计

4.3.1　样本选取与数据来源

本章选取 2003 年 1 月 1 日至 2012 年 12 月 31 日我国沪深两市所有 A 股上市公司的日度和月度交易数据以及上市公司半年度、年度财务报告数据进行研究。此外，为了满足研究的需要，需剔除以下数据：①由于需要滞后一期的数据，剔除上市不满两年的公司；②剔除财务数据缺失、明显错误以及年报没有公布相关数据的样本；③鉴于金融行业的特殊性，将银行等金融行业的公司剔除在外；④剔除极端值，对变量低于 1% 和高于 99% 分位数的极端值进行缩尾处理；⑤剔除 ST、*ST 和盈余公告前后股票收益率不全的公司。根据上述筛选标准，最终得到符合条件的样本 12365 个。财务数据来源于 CSMAR 数据库，运用 Stata 软件进行实证分析。

4.3.2　相关度量指标的选择与计算

（1）收益率。国内外学者计量收益率比较常用的两种方法是超额收益法（*CAR*）和连续持有超额收益法（*BHAR*）。孔东民（2008）认为当股价波动较小时应采用 *CAR*，当股价过度反应时则用 *BHAR* 更为恰当。而我国资本市场存在过度反应现象（宋献中和汤胜，2006），因此，我们选取 *BHAR* 作为收益率计算方法。在计算 *BHAR* 时，借鉴 Fama 和 French（1993）对规模和权益账面市值比加以控制。具体计算如下：首先，以公司每年 6 月的流通市值作为公司该年的规模，并按照规模大小进行排序平均分为 5 组。其次，按照相同的方法依据权益账面市值比将公司平均分为 5 组。由每年规模 5 组和权益账面市值比

5组通过交乘方法可将公司平均分为25组，并计算出每年每组等权日平均收益率 $R_{p,t}$。公司 i 在盈余信息公告后不同窗口的 *BHAR* 计算方式如下：

$$BHAR_{i,t} = \prod_{t=0}^{T}(1 + R_{i,t}) - \prod_{t=0}^{T}(1 + R_{p,t}) \tag{4-1}$$

其中，$R_{i,t}$表示公司 i 在 t 时刻考虑现金红利后的股票收益率。T 表示盈余信息公告后3天、30天和60天等不同的窗口期。$R_{p,t}$为25组中公司 t 时刻所在组的平均收益率。

（2）投资者认知风险。我们参照 Merton（1987）提出的公司规模、异质波动率和股东人数3个维度来构建投资者认知风险（*IR*）。计算公式如下：

$$IR_i = \delta \times \sigma_i^2 \times X_i \times (\frac{1 - Q_i}{Q_i}) \tag{4-2}$$

其中，δ 表示风险规避系数，Q_i表示公司 i 股东人数占整个市场股东人数的比值，X_i表示公司 i 的市值与市场总市值的比值，σ_i^2是公司 i 收益率的波动。δ 取常系数2.5（与 Merton 一样，若改变该系数并未影响本书实证结果），Q_i用公司 i 的股东人数除以市场投资者总数得到，X_i用公司 i 的年末流通市值除以市场流通总市值来表示。关于股票收益率的波动 σ_i^2，按股票月收益率数据利用 GARCH（1，1）模型计算出股票收益率的月波动率，然后对该年度12个月的异质性波动率取平均数，得到年平均化的异质性波动率。

（3）信息不确定性。Hutton 等（2009）发现，当公司的操纵性应计项目波动很大时，公司更有可能进行盈余操纵，从而使公司信息不确定性更高。我们参考 Hutton 等（2009）的做法，采用修正琼斯模型的操纵性应计项目的3年累积绝对量（*Opaque*）来衡量信息不确定性，*Opaque* 越大，信息不确定性程度越高。其中，*DA* 表示公司的操纵性应计项目，通过以下修正琼斯模型估计得到。首先对式（4-3）进行分行业分年度回归，然后将估计出来的系数代入式（4-4），得到操纵性应计项目 *DA*。

$$\frac{TA_{i,t}}{A_{i,t-1}} = \alpha + \beta_1 \times \frac{Sale_{i,t} - REC_{i,t}}{A_{i,t-1}} + \beta_2 \times \frac{PPE_{i,t}}{A_{i,t-1}} + \varepsilon \tag{4-3}$$

$$DA_{i,t} = \frac{TA_{i,t}}{A_{i,t-1}} - (\alpha + \beta_1 \times \frac{Sale_{i,t} - REC_{i,t}}{A_{i,t-1}} + \beta_2 \times \frac{PPE_{i,t}}{A_{i,t-1}}) \tag{4-4}$$

$$Opaque_{i,t} = Abs(DA_{i,t}) + Abs(DA_{i,t-1}) + Abs(DA_{i,t-2}) \tag{4-5}$$

其中，*TA* 为总应计项目，等于营业利润减去经营活动产生的现金净流量；*A* 为总资产；*Sale* 为销售收入变化量；*REC* 为应收账款变化量；*PPE* 为固定资产原值。

（4）未预期盈余。采用我国学者常用的会计衡量法来计算未预期盈余。参照吴世农和吴超鹏（2005）的研究，根据不存在漂移的随机游走模型估计未预期盈余（*UE*）和标准化未预期盈余（*SUE*）。具体计算公式为：

$$UE_{i,t} = EPS_{i,t} - EPS_{i,t-2} \tag{4-6}$$

$$SUE_{i,t} = \frac{EPS_{i,t} - EPS_{i,t-2}}{\sigma_{i,t}^2} \tag{4-7}$$

其中，$EPS_{i,t}$为公司 i 在半年度 t 的每股收益，$EPS_{i,t-2}$为公司 i 在 $t-2$（即上年同期）的每股收益，$\sigma_{i,t}$为股票在半年度 t 及其之前4个半年度的未预期盈余 *UE* 的标准差。

（5）异质信念。对于异质信念替代指标的选取，我们参考陈国进和张贻军（2009）的做法，利用 t 日市场换手率来衡量这些市场风险因素导致的交易量，利用公告前 126 个交易日至公告前 7 个交易日的日均换手率来代表流动性需求引起的交易量，在剔除流动性需求和市场因素的影响后，获得调整后的日均换手率（用 TO 表示）衡量异质信念替代变量。其具体计算方法为盈余公告期间交易日的日均换手率减去公告前 126 个交易日至公告前 7 个交易日的日均换手率，$TO_{i,t}$ 计算公式为：

$$TO_{i,t} = \frac{1}{n}\sum_{t=0}^{n}(turnover_{i,t} - turnover_{m,t}) - \frac{1}{120}\sum_{t=-126}^{-7}(turnover_{i,t} - turnover_{m,t}) \quad (4-8)$$

其中 $turnover_{i,t}$ 为公司 i 在 t 日的股票换手率，$turnover_{m,t}$ 为 t 日的市场平均换手率，用盈余公告前 126 个交易日至公告前 7 个交易日的日均换手率代表投资者的流动性需求。

模型中各变量的定义及解释说明如表 4－1 所示。

表 4－1　各变量的定义及解释说明

符号	定义	解释说明
BHAR	连续持有超额收益	采用交乘分组的方法来控制公司的规模效应和权益账面市值比效应
UE（*SUE*）	（标准化）未预期盈余	不存在漂移的随机游走模型的（标准化）未预期盈余
IR	投资者认知风险	Merton（1987）在不完全信息市场下投资者认知风险的表达式
Opaque	信息不确定性	修正琼斯模型的操纵性应计项目的 3 年累积绝对量
TO	异质信念	盈余公告期间交易日的日均换手率减去公告前 126 个交易日至公告前 7 个交易日的日均换手率
Size	公司规模	公告日前一个月股票总市值的自然对数
BM	账面市值比	公告日前一个季度的净资产与流动市值比的对数
Momentum	动量因素	$t-7$ 日前 120 个交易日的日持有收益率的标准差
Liquidity	流动性	$t-7$ 日前 120 个交易日的日均换手率

4.3.3　研究方法和模型设计

本章采用投资组合分析方法和多元回归方法来研究投资者认知风险对盈余惯性的影响，以及基于信息不确定性视角进一步挖掘该影响产生的根源。

首先，运用投资组合分析方法检验不同信息不确定性程度下投资者认知风险对盈余惯性的影响。将每个报告期的样本分别按标准化未预期盈余、投资者认知风险和信息不确定性平均分为五分位数组合，将组合中股票的加权平均收益率作为该组合当期的收益率。计算 5 个报告期的加权平均收益作为该组合在样本期内的收益，权重为每个报告期样本股票的数量。

其次，运用面板多元回归方法进一步检验研究假设。针对 H4－1 和 H4－2，构建模型（4－9）来考察投资者认知风险对盈余惯性的影响以及股票市场对好消息和坏消息的反应程度是否对称。

$$BHAR = \alpha + \beta_1 SUE(UE) + \beta_2 IR + \beta_3 SUE(UE) \times IR + \beta_4 TO + \beta_5 SUE(UE) \times TO + \beta_6 Size + \beta_7 BM + \beta_8 Momentum + \beta_9 Liquidity + \varepsilon \quad (4-9)$$

根据 H4－1，投资者认知风险与短期内盈余惯性显著负相关，与长期内盈余惯性显著正相关。可见，在短窗口中，β_3预期符号为负；在长窗口中，β_3预期符号为正。为了检验 H4－2，根据标准化未预期盈余的正负分为好消息组合和坏消息组合。此外，投资者是有限理性的，不同投资者在获取新信息时容易产生意见分歧（异质信念），从而影响股价，因此在设计模型（4－9）时控制了投资者异质信念。

针对 H4－3，在模型（4－9）的基础上，增加了 *SUE*（*UE*）×*Opaque*×*IR* 以便考察不同信息不确定性程度下投资者认知风险对盈余惯性的影响。构建模型（4－10）如下：

$$BHAR = \alpha + \beta_1 SUE(UE) + \beta_2 IR + \beta_3 SUE(UE) \times IR + \beta_4 Opaque + \beta_5 SUE(UE) \times Opaque + \beta_6 SUE(UE) \times IR \times Opaque + \beta_7 TO + \beta_8 SUE(UE) \times TO + \beta_9 Size + \beta_{10} BM + \beta_{11} Momentum + \beta_{12} Liquidity + \varepsilon \tag{4-10}$$

根据 H4－3，无论是好消息还是坏消息，信息不确定性程度越大，投资者认知风险对盈余惯性的影响程度就越显著。首先，把整体样本分为好消息组合和坏消息组合（划分方法同上）。其次，参照于李胜和王艳艳（2006）做法，把 *Opaque* 设置为虚拟变量，且以可操纵应计项目的中位数为界来确定会计信息质量的高低。当 *Opaque* 数值大于中位数时取值为 1，表示会计信息的不确定性较高、信息质量较差；当 *Opaque* 数值小于中位数时取值为 0，表示会计信息的不确定性相对较低、信息质量较好。最后，根据 H4－3，模型（4－10）中回归系数 β_6预期符号为正。

4.4 实证结果与分析

4.4.1 描述性统计分析

针对主要回归变量，先对全样本作描述性统计，结果如表 4－2 所示。

表 4－2　　变量描述性统计

变量	N	最小值	最大值	均值	标准差
BHAR3	12365	－0.297	0.474	0.000	0.060
BHAR30	12365	－0.506	0.874	0.006	0.071
BHAR60	12365	－0.554	1.206	－0.005	0.131
UE	12365	－2.479	2.410	0.003	0.192
SUE	12365	－2.828	3.925	0.101	1.062
IR	12365	0.000	1.654	0.049	0.100
Opaque	12365	0.000	1.177	0.204	0.157
TO	12365	－1.116	1.929	0.003	0.267
BM	12365	－1.088	2.052	0.090	0.102

续表

变量	N	最小值	最大值	均值	标准差
Size	12365	10.738	19.195	14.316	1.206
Momentum	12365	0.000	0.378	0.023	0.012
Liquidity	12365	0.269	10.997	2.777	2.044

从表 4－2 可以看出，随着窗口期的增加，*BHAR* 的最小值呈逐渐下降趋势，最大值呈逐渐上升趋势，初步表明我国资本市场存在盈余公告后价格漂移现象。

4.4.2 投资组合分析

首先通过投资组合分析方法检验 H4－1。从表 4－3 可以看出，在盈余公告后（0，3）窗口中，随着未预期盈余 *SUE* 组合的增大，连续持有超额收益 *BHAR*3 也不断增大。高低组差异为 0.0237，均值差异 *T* 值检验结果为 13.320，在 1% 的水平上显著不为 0，表明我国上市公司在盈余公告后存在明显的价格漂移现象。此外，随着投资者认知风险 *IR* 组合的增大，连续持有超额收益 *BHAR*3 也有所增加，但高低组差异为 0.007，上升幅度明显不如未预期盈余组合的影响。此外，随着信息不确定性 *Opaque* 组合的增大，连续持有超额收益 *BHAR*3 并没有显示出较强的规律性。

对于长窗口（0，30）和（0，60），其结果大致与前面一致。不同的是，随着 *SUE* 组合和 *IR* 组合的增大，*BHAR*30 和 *BHAR*60 也不断增大，且 *IR* 高低组差异分别为 0.017 和 0.027，明显大于短窗口的差异。由此可见，在长期内，投资者认知风险与盈余惯性具有显著正相关关系，这印证了 H4－1。此外，*BHAR* 60 随着 *Opaque* 组合增大而增大，说明长期来看，信息不确定性与连续持有超额收益正相关。

表 4－3　投资组合分析

*BHAR*3	*Low*	2	3	4	*High*	(*H*－*L*)	*T* 值
SUE	－0.011	－0.007	0.001	0.004	0.013	0.024***	(13.320)
IR	－0.003	－0.001	0.001	0.001	0.004	0.008**	(10.988)
Opaque	0.001	－0.001	0.003	－0.001	－0.000	－0.001***	(－9.780)
*BHAR*30	*Low*	2	3	4	*High*	(*H*－*L*)	*T* 值
SUE	－0.022	－0.014	－0.000	0.001	0.017	0.038***	(4.190)
IR	－0.013	－0.001	－0.007	－0.002	0.004	0.017***	(5.003)
Opaque	－0.013	－0.004	0.001	－0.002	－0.001	0.013***	(6.840)
*BHAR*60	*Low*	2	3	4	*High*	(*H*－*L*)	*T* 值
SUE	－0.023	－0.017	－0.002	－0.001	0.016	0.039	(0.646)
IR	－0.018	－0.002	－0.009	－0.006	0.009	0.027***	(3.953)
Opaque	－0.014	－0.005	－0.003	－0.003	－0.001	0.013	(3.574)

注：***、** 分别表示在 1%、5% 水平上显著。

4.4.3 多元回归分析

(1) 投资者认知风险对盈余惯性影响的实证检验。为了更好地检验 H4 -1，我们运用面板数据进行多元回归分析，如表 4 -4 所示。在进行面板数据回归之前，还需要利用 Hausman 检验方法确定是选择随机效应模型还是固定效应模型。鉴于本章实证模型较多，具体选择哪一类模型在实证结果表格底部的“注”标明。由表 4 -4 可知，在控制了投资者异质信念因素以后，除了列（1）和列（3）的 *SUE*×*IR* 的系数不显著之外，其他 *SUE*×*IR* 或者 *UE*×*IR* 的系数都显著为正，说明我国股市在长短窗口内投资者认知风险与盈余惯性显著正相关，且随着窗口的增大，*SUE*（*UE*）×*IR* 的系数值也在增加。可见，投资者认知风险是影响盈余惯性的重要因素。此外，*SUE*（*UE*）×*TO* 的系数都显著为正。然而，根据假设，对短窗口而言，*SUE*（*UE*）×*IR* 系数预期符号应该为负，这与实证结果全部为正不大相符。之所以出现这种情况，很可能源于盈余公告之前的业绩预告或者消息提前泄露，使盈余信息过早被市场反应。但总体而言，表 4 -4 结果与 H4 -1 基本一致。

表 4 -4　投资者认知风险对盈余惯性的影响

变量	*BHAR3*		*BHAR30*		*BHAR60*	
	(1)	(2)	(3)	(4)	(5)	(6)
Intercept	0.010 (0.156)	-0.012 (0.283)	-0.053** (0.021)	-0.057** (0.014)	-0.077*** (0.004)	-0.081*** (0.002)
SUE	0.006*** (0.000)		0.009*** (0.000)		0.006** (0.013)	
UE		0.022*** (0.000)		0.032*** (0.001)		0.019* (0.068)
IR	-0.004*** (0.004)	-0.004*** (0.006)	-0.017*** (0.000)	-0.017*** (0.000)	-0.022*** (0.000)	-0.022*** (0.000)
SUE×*IR*	0.001 (0.350)		0.003 (0.227)		0.007** (0.013)	
UE×*IR*		0.015** (0.012)		0.024** (0.043)		0.041*** (0.002)
TO	-0.009 (0.115)	0.157*** (0.000)	-0.242*** (0.000)	-0.192*** (0.000)	-0.321*** (0.000)	-0.267*** (0.000)
SUE×*TO*	0.127*** (0.000)		0.277*** (0.000)		0.302*** (0.000)	
UE×*TO*		0.536*** (0.000)		1.649*** (0.000)		1.643*** (0.000)
BM	-0.009 (0.115)	-0.001 (0.966)	-0.011 (0.524)	-0.010 (0.534)	-0.014 (0.457)	-0.013 (0.495)

续表

变量	BHAR3		BHAR30		BHAR60	
	(1)	(2)	(3)	(4)	(5)	(6)
Size	-0.001 (0.561)	-0.001* (0.085)	0.005*** (0.001)	-0.005*** (0.000)	0.007*** (0.000)	0.007*** (0.000)
Momentum	-0.102** (0.026)	-0.079 (0.114)	-0.348*** (0.000)	-0.342*** (0.000)	-0.287*** (0.009)	-0.282** (0.011)
Liquidity	-0.001** (0.023)	0.001** (0.045)	-0.001 (0.305)	-0.001 (0.570)	-0.002*** (0.001)	-0.002*** (0.006)
N	12 365	12 365	12 365	12 365	12 365	12 365
F 值/*Wald* Chi^2	339.97***	27.99***	31.93***	29.21***	31.01***	27.57**
R - Within	0.026	0.023	0.026	0.024	0.026	0.023
R - Overall	0.027	0.023	0.015	0.015	0.014	0.013

注：括号内数字为经过 White 异方差稳健性修正后的 *P* 值；***、**、* 分别表示在 1%、5%、10% 水平上显著。通过 Hausman 检验发现，除了列（1）中 Chi^2 值接受原假设（即采用随机效应模型），其他都拒绝原假设（即采用固定效应模型）。

为了检验 H4-2，我们将继续采用模型（4-9）进行多元回归分析，并按照标准化未预期盈余的正负将样本分为好消息组合和坏消息组合，结果如表 4-5 和表 4-6 所示。

表 4-5　在好消息组合中投资者认知风险对盈余惯性的影响

变量	BHAR3		BHAR30		BHAR60	
	(1)	(2)	(3)	(4)	(5)	(6)
Intercept	0.020* (0.060)	0.021** (0.047)	-0.027 (0.440)	-0.023 (0.505)	-0.065 (0.100)	-0.062 (0.111)
SUE	0.005*** (0.004)		0.008* (0.071)		0.006 (0.191)	
UE		0.007 (0.287)		0.014 (0.434)		0.013 (0.525)
IR	-0.004* (0.087)	-0.005** (0.019)	-0.020*** (0.003)	-0.018*** (0.001)	-0.027*** (0.001)	-0.022*** (0.000)
SUE × IR	0.001 (0.687)		0.006 (0.227)		0.010* (0.061)	
UE × IR		0.013** (0.015)		0.048** (0.046)		0.062** (0.020)
TO	0.215*** (0.000)	0.272*** (0.000)	-0.024 (0.838)	-0.045 (0.645)	-0.007 (0.961)	-0.017 (0.879)
SUE × TO	0.084** (0.043)		0.106 (0.282)		0.056 (0.615)	

续表

变量	BHAR3		BHAR30		BHAR60	
	(1)	(2)	(3)	(4)	(5)	(6)
UE × TO		0.211 (0.334)		1.187 ** (0.031)		0.630 (0.310)
BM	-0.006 (0.462)	-0.003 (0.727)	-0.001 (0.972)	0.007 (0.785)	-0.002 (0.921)	0.004 (0.886)
Size	-0.001 (0.253)	-0.001 (0.314)	0.003 (0.147)	0.003 (0.163)	0.006 ** (0.015)	0.006 ** (0.017)
Momentum	-0.120 ** (0.022)	-0.110 ** (0.038)	-0.392 *** (0.002)	-0.378 *** (0.003)	-0.316 ** (0.028)	-0.297 ** (0.039)
Liquidity	-0.001 ** (0.027)	0.001 * (0.089)	-0.001 (0.945)	-0.001 (0.661)	-0.001 (0.207)	-0.001 (0.453)
N	6 755	6 755	6 755	6 755	6 755	6 755
F 值/*Wald* Chi^2	135.47 ***	100.01 ***	6.69 ***	5.59 ***	7.31 ***	5.54 **
R - Within	0.018	0.016	0.012	0.010	0.012	0.010
R - Overall	0.020	0.015	0.006	0.003	0.006	0.003

注：括号内数字为经过 White 异方差稳健性修正后的 *P* 值；***、**、* 分别表示在 1%、5%、10% 水平上显著。通过 Hausman 检验发现，除了列（1）、列（2）中 Chi^2 值接受原假设（即采用随机效应模型），其他都拒绝原假设（即采用固定效应模型）。

表 4-6　　　　在坏消息组合中投资者认知风险对盈余惯性的影响

变量	BHAR3		BHAR30		BHAR60	
	(1)	(2)	(3)	(4)	(5)	(6)
Intercept	-0.018 (0.343)	-0.013 (0.221)	-0.073 ** (0.045)	-0.077 ** (0.032)	-0.082 ** (0.045)	-0.087 ** (0.033)
SUE	0.004 (0.289)		0.001 (0.927)		-0.007 (0.355)	
UE		0.036 *** (0.000)		0.007 (0.720)		-0.035 (0.152)
IR	-0.001 (0.736)	-0.005 ** (0.020)	-0.014 * (0.071)	-0.016 *** (0.009)	-0.015 * (0.083)	-0.018 *** (0.008)
SUE × IR	0.001 (0.651)		0.006 (0.391)		0.015 * (0.067)	
UE × IR		0.002 (0.987)		0.028 (0.246)		0.073 *** (0.008)
TO	0.005 (0.950)	0.024 (0.589)	-0.221 (0.116)	-0.302 *** (0.003)	-0.488 *** (0.002)	-0.474 *** (0.000)

续表

变量	BHAR3		BHAR30		BHAR60	
	(1)	(2)	(3)	(4)	(5)	(6)
$SUE \times TO$	-0.005 (0.940)		0.356*** (0.005)		0.243* (0.094)	
$UE \times TO$		0.430*** (0.009)		1.571*** (0.000)		1.591*** (0.000)
BM	-0.018 (0.170)	-0.010 (0.183)	-0.043* (0.088)	-0.041* (0.099)	-0.039 (0.177)	-0.035 (0.216)
$Size$	0.002 (0.216)	-0.001* (0.097)	0.007*** (0.006)	0.007*** (0.004)	0.007*** (0.005)	0.008*** (0.003)
$Momentum$	-0.165 (0.130)	-0.038 (0.686)	-0.589*** (0.005)	-0.570*** (0.006)	-0.605** (0.010)	-0.594** (0.012)
$Liquidity$	-0.001 (0.311)	0.004 (0.284)	-0.001 (0.400)	-0.001 (0.410)	-0.002** (0.026)	-0.003** (0.024)
N	5 610	5 610	5 610	5 610	5 610	5 610
F 值/$Wald\ Chi^2$	2.85	97.06***	10.67***	12.89***	7.31***	14.33**
$R-Within$	0.007	0.011	0.024	0.028	0.027	0.032
$R-Overall$	0.005	0.017	0.010	0.019	0.014	0.019

注：括号内数字为经过 White 异方差稳健性修正后的 P 值；***、**、* 分别表示在 1%、5%、10% 水平上显著。通过 Hausman 检验发现，除了列（2）中 Chi^2 值接受原假设（即采用随机效应模型），其他都拒绝原假设（即采用固定效应模型）。

由表 4-5 可知，列（2）、列（4）、列（5）和列（6）中 SUE（UE）$\times IR$ 系数都显著为正，分别为 0.013、0.048、0.010 和 0.062。说明在好消息组合中，无论是短窗口还是长窗口，投资者认知风险与盈余惯性均显著正相关。相反，由表 4-6 可知，只有列（5）和列（6）的 SUE（UE）$\times IR$ 系数显著为正，且列（1）模型的 F 值为 2.85，即整个模型的拟合优度不显著。可见，在坏消息组合中，只有在长窗口（0，60），投资者认知风险与盈余惯性显著正相关。因此，由于投资者认知风险的存在，市场对好消息反应程度要明显比坏消息好，与 H4-2 相符。这主要是因为公司盈余好信息发布后，由于投资者认知风险的存在，潜在投资者只有等到知情者信息被市场反应时才会进入市场，使股价进一步抬高。投资者认知风险越大，需要补偿风险的预期价格越高，对市场反应越迟缓，造成信息调整期越长。相反，对于坏消息，知情者的私人信息会被市场快速反应，这种隐藏坏消息会快速释放出来，潜在投资者因不愿接盘导致股价暴跌。因此，好消息组合中投资者认知风险与盈余惯性的相关性要明显比坏消息组合强。此外，表 4-6 结果显示，坏消息组合在短窗口内投资者认知风险对盈余惯性并没有解释力，这可能与我国上市公司提前发布业绩快报和可能存在公司内幕消息提前泄露有关。

（2）不同信息不确定性程度下，投资者认知风险对盈余惯性影响的实证检验。为了检验信息不确定性是否强化投资者认知风险对盈余惯性的影响，我们首先按照标准化未预期盈余的正负分别划分为好消息组合与坏消息组合，同时在模型（4-9）的基础上增加了 *SUE*（*UE*）×*Opaque*×*IR* 三个变量的交乘项以构建模型（4-10）。根据前文分析可知，无论是好消息组合还是坏消息组合，三个变量的交乘项系数值预期符号都为正。由表4-7可知，在好消息组合中，只有列（3）、列（4）和列（5）的 *SUE*（*UE*）×*Opaque*×*IR* 交乘项系数显著为正，其系数分别为0.054、0.137和0.053，其余都不显著。由此可见，在好消息组合中，信息不确定性大的企业，在长期内投资者认知风险对盈余惯性的影响更为显著。这主要是因为盈余公告出现好消息时，信息不确定性程度越大，投资者认知风险也就越大，需要补偿风险价格就越高，投资者只有在知情者私人信息被市场反应时，他们才考虑是否参与市场。因此，在短期内投资者认知风险对盈余惯性影响并不显著。

由表4-8可知，在坏消息组合中，列（1）、列（3）和列（5）中的 *SUE*（*UE*）×*Opaque*×*IR* 交乘项系数显著为负，其余都不显著。说明无论长窗口还是短窗口，信息不确定性越大的企业，投资者认知风险对盈余惯性的影响反而越小，与H4-3相反。这主要是因为我国证监会要求上市公司提前发布业绩快报，同时存在相关人员泄露内幕消息的可能，导致对坏消息特别敏感的投资者提前对股票作出预期，使盈余坏消息在公告前已经反映在股价上。此外，当出现坏消息时，信息不确定性越大的公司，投资者对股票看空就越严重，股价下跌也就越快。

表4-7　不同信息不确定性下投资者认知风险对盈余惯性的影响（好消息组合）

变量	*BHAR3*		*BHAR30*		*BHAR60*	
	(1)	(2)	(3)	(4)	(5)	(6)
Intercept	0.014 (0.172)	-0.011 (0.533)	-0.049 (0.155)	-0.041 (0.230)	0.068*** (0.002)	-0.089** (0.023)
SUE	0.005*** (0.001)		0.014*** (0.000)		0.015*** (0.000)	
UE		0.016* (0.058)		0.047*** (0.006)		0.045** (0.020)
IR	0.008 (0.405)	-0.008 (0.503)	0.089*** (0.003)	0.086*** (0.001)	0.117*** (0.000)	0.109*** (0.000)
SUE×*IR*	-0.013 (0.254)		-0.048* (0.078)		-0.061** (0.013)	
UE×*IR*		-0.014 (0.659)		-0.167** (0.013)		-0.126* (0.099)
Opaque	-0.003 (0.112)	-0.001 (0.582)	-0.001 (0.898)	-0.001 (0.762)	-0.006 (0.200)	0.003 (0.548)
SUE×*Opaque*	0.003 (0.192)		-0.002 (0.656)		0.001 (0.801)	

续表

变量	BHAR3		BHAR30		BHAR60	
	(1)	(2)	(3)	(4)	(5)	(6)
UE × Opaque		0.016 (0.243)		0.018 (0.523)		0.036 (0.256)
SUE × Opaque × IR	0.016 (0.171)		0.054 * (0.063)		0.053 ** (0.049)	
UE × Opaque × IR		-0.020 (0.578)		0.137 * (0.060)		0.089 (0.283)
TO	0.219 *** (0.000)	0.295 *** (0.000)	-0.001 (0.995)	-0.030 (0.761)	0.038 (0.740)	0.001 (0.992)
SUE × TO	0.081 * (0.054)		0.085 (0.387)		0.047 (0.613)	
UE × TO		0.194 (0.486)		1.032 * (0.065)		0.382 (0.546)
BM	-0.004 (0.616)	0.011 (0.369)	-0.002 (0.951)	0.005 (0.827)	-0.091 *** (0.000)	-0.001 (0.951)
Size	-0.001 (0.463)	0.001 (0.277)	0.003 (0.133)	0.003 (0.163)	-0.004 *** (0.004)	0.006 ** (0.015)
Momentum	-0.117 ** (0.026)	-0.124 * (0.051)	-0.388 *** (0.002)	-0.389 *** (0.002)	-0.321 *** (0.006)	-0.328 ** (0.023)
Liquidity	-0.001 ** (0.028)	0.001 (0.217)	0.001 (0.989)	-0.001 (0.608)	-0.002 (0.764)	-0.001 (0.467)
N	6 755	6 755	6 755	6 755	6 755	6 755
R - Within	0.017	0.016	0.013	0.011	0.010	0.011
R - Overall	0.020	0.013	0.009	0.005	0.016	0.005

注：括号内数字为经过 White 异方差稳健性修正后的 *P* 值；***、**、* 分别表示在 1%、5%、10% 水平上显著。Hausman 检验发现，除了列（1）、列（2）、列（5）中 Chi^2 值接受原假设（即采用随机效应模型），其他都拒绝原假设（即采用固定效应模型）。

表 4-8　　不同信息不确定性下投资者认知风险对盈余惯性的影响（坏消息组合）

变量	BHAR3		BHAR30		BHAR60	
	(1)	(2)	(3)	(4)	(5)	(6)
Intercept	-0.017 (0.347)	-0.015 (0.149)	-0.086 ** (0.015)	-0.097 *** (0.006)	-0.082 ** (0.041)	-0.102 ** (0.012)
SUE	0.005 ** (0.039)		0.002 (0.670)		0.011 ** (0.032)	
UE		0.049 *** (0.000)		0.031 (0.202)		0.040 (0.137)

续表

变量	BHAR3		BHAR30		BHAR60	
	(1)	(2)	(3)	(4)	(5)	(6)
IR	0.025 (0.192)	0.017 (0.114)	0.049 (0.184)	0.065** (0.041)	0.089** (0.032)	0.107*** (0.003)
SUE × IR	0.031 (0.142)		0.026 (0.523)		0.001 (0.989)	
UE × IR		-0.030 (0.675)		-0.054 (0.803)		-0.396 (0.104)
Opaque	-0.003 (0.416)	-0.004** (0.022)	-0.002 (0.715)	-0.004 (0.363)	-0.006 (0.347)	0.002 (0.749)
SUE × Opaque	0.001 (0.746)		0.009 (0.115)		-0.003 (0.700)	
UE × Opaque		-0.013 (0.219)		0.009 (0.755)		0.004 (0.890)
SUE × Opaque × IR	-0.057** (0.046)		-0.143*** (0.008)		-0.200*** (0.001)	
UE × Opaque × IR		-0.085 (0.293)		0.139 (0.565)		-0.078 (0.775)
TO	0.006 (0.930)	0.021 (0.650)	-0.220 (0.117)	-0.308*** (0.003)	-0.484*** (0.002)	0.485*** (0.000)
SUE × TO	-0.002 (0.972)		0.355*** (0.005)		0.250* (0.084)	
UE × TO		0.395** (0.017)		1.511*** (0.000)		1.454*** (0.001)
BM	-0.019 (0.154)	-0.012 (0.149)	-0.044* (0.083)	-0.040 (0.115)	-0.036 (0.207)	-0.032 (0.265)
Size	0.001 (0.245)	0.001 (0.120)	0.006*** (0.006)	0.007*** (0.002)	0.006** (0.013)	0.006** (0.015)
Momentum	-0.175 (0.110)	-0.032 (0.740)	-0.586*** (0.005)	-0.582*** (0.005)	-0.649*** (0.006)	-0.659*** (0.005)
Liquidity	-0.001 (0.341)	-0.004 (0.315)	0.001 (0.458)	-0.001 (0.495)	-0.002** (0.047)	-0.002** (0.043)
N	5 610	5 610	5 610	5 610	5 610	5 610
R - Within	0.008	0.013	0.026	0.028	0.033	0.034
R - Overall	0.007	0.019	0.012	0.018	0.019	0.022

注：括号内数字为经过 White 异方差稳健性修正后的 P 值；***、**、* 分别表示在 1%、5%、10% 水平上显著。Hausman 检验发现，除了列（2）中 Chi^2 值接受原假设（即采用随机效应模型），其他都拒绝原假设（即采用固定效应模型）。

4.5　稳健性检验

为了验证实证结果的可靠性，我们采用两种方法进行了稳健性检验。鉴于篇幅，检验结果不再报告。

（1）在我国股票市场中，国家明确规定上市公司应提前发布业绩快报并预测有关信息，同时我国资本市场还不够完善，内部信息有提早泄露的现象。因此，在原有基础上，我们把连续持有超额收益的时间窗口改为提前 7 个交易日（-7，7）和 3 个交易日（-3，3），考察其结果是否与前文结论相同。

（2）鉴于盈余信息发布后市场走势会对回归结果产生一定影响，我们在模型（4-9）中再引入一个虚拟变量 D 来代表盈余信息发布后的市场走势，当统计期内市场处于上升期，则综合 A 股指数收益为正值，此时 $D=1$。当统计期内市场处于下降期，则综合 A 股指数收益为负值，此时 $D=0$。由此构建回归模型（4-11）如下：

$$BHAR = \alpha + \beta_1 SUE(UE) + \beta_2 IR + \beta_3 SUE(UE) \times IR + \beta_4 D + \beta_5 D \times SUE(UE) + \beta_6 TO + \beta_7 SUE(UE) \times TO + \beta_8 Size + \beta_9 BM + \beta_{10} Momentum + \beta_{11} Liquidity + \varepsilon \quad (4-11)$$

两种稳健性检验的结果与前文实证结果基本一致，进一步佐证了实证研究结论的可靠性。

4.6　结论

本章研究了投资者认知风险对盈余惯性的影响并基于信息不确定性视角进一步挖掘产生这种影响的根源。在控制投资者心理因素后，选取横跨 10 年的沪深两市所有 A 股上市公司为研究对象，通过 3 个维度构造投资者认知风险的替代变量，运用投资组合分析和多元回归方法，检验了中国股市投资者认知风险对盈余惯性的影响以及在不同信息不确定性程度下两者的关系。研究发现：①投资者认知风险与盈余惯性显著正相关；②当盈余公告发布好消息时，投资者认知风险对盈余惯性正向影响会明显大于发布坏消息时；③当盈余公告发布好消息时，信息不确定性越大的企业，其投资者认知风险对盈余惯性的正向作用越显著。此外，对于信息不确定性越小的企业，坏消息组合的投资者认知风险对盈余惯性影响却更加显著，该结论与研究假设不符，这很可能与我国上市公司提前发布业绩快报和可能存在公司内幕消息提前泄露有关。

以上结论表明，在控制投资者心理因素后，投资者认知风险和公司信息不确定性会对盈余惯性产生显著影响。为此，本章提出三点建议：①监管部门应建立完善的公司信息披露机制，促进上市公司适时充分披露信息，使投资者能通过多元化渠道以较低成本获得更多决策有用信息，降低投资者认知风险；②增进媒体的公信力，通过媒体关注和舆论监督促进公司改进信息披露质量；③改善投资者结构，加强投资者教育，引导投资者形成科学合理的价值投资理念与意识，降低投资者意见分歧程度。

第5章　中国股市动量效应与反转效应形成机制研究

5.1　引言

股票市场的动量效应和反转效应一直备受学术界关注。其中，动量效应是指股票的收益率保持原来的运动方向，过去收益率较低的股票在未来获得的收益率仍低于过去收益率较高的股票。反转效应是指过去收益率较低的股票在未来获得的收益率将会高于过去收益率较高的股票。

大多数国外研究认为动量效应和反转效应是股市中普遍存在的现象。De Bondt 和 Thaler（1985）发现在股市进行反向投资，3～5 年后会产生异常收益。Jegadeesh 和 Titman（1993）发现以前 3～12 个月内的赢家组合在后来的 3～12 个月内的收益率依然较高，以前 3～12 个月内的输家组合在后来的 3～12 个月内收益率依然较低。Barberis 等（1998）建立的 BSV 模型以选择性偏差和保守性偏差为基础，阐述了投资者决策模型怎样导致股价变化偏离有效市场假说。Daniel 等（1998）的 DHS 模型以归因偏差和过分自信为基础，分析了股票回报的短期连续和长期反转现象。Hong 和 Stein（1999）的 HS 模型将投资者分为"消息观察者"和"动量交易者"，基于投资者有限理性的视角解释了反应不足和过度反应。Rouwenhorst（1998）、Chan 等（2000）考察了其他国家的资本市场，也证明了动量效应或反转效应的存在性。

国内研究主要集中在这两种现象的存在性方面，研究结论也彼此不同。张人骥等（1998）、沈艺峰和吴世农（1999）不支持股票市场过度反应假设。王永宏和赵学军（2001）发现赢者组合与输者组合都表现出反转效应。周琳杰（2002）考虑了存在卖空机制的情况，发现动量策略组合的形成和持有期限以及股票构成比例的不同都会影响动量策略的收益。吴世农和吴超鹏（2003）发现选取的样本股价存在短期动量现象。还有一些学者对动量效应和反转效应的影响因素进行了研究。徐信忠和郑纯毅（2006）发现规模、风险、换手率、流通股比例、账面市值比等因素可以从一定程度上解释我国股票市场的短期动量效应和长期反转效应。朱战宇和吴冲锋（2005）发现在受到卖空限制的情况下，输者组合股票在长期表现出反转效应的可能性比没有卖空限制时小。钱春海（2010）认为景气循环对较短持有期的策略组合影响较小，对较长持有期的策略组合影响较大。此外，肖军

和徐信忠（2004）发现在 Fama－French 三因素基础上加入协峰度和协偏度因子后，可以提高模型对反转策略超额收益率的解释力；杜兴强和聂志萍（2007）认为 Fama 和 French 的三因素模型对中国股市的反转效应和动量效应解释力度不大。鲁臻和邹恒甫（2007）结合中国政策市背景进行研究，发现既存在中期惯性与长期反转，又存在一个超短期的惯性和短期的反转。

综上所述，现有文献主要集中在检验动量效应与反转效应的存在性，初步分析了动量效应和反转效应的影响因素，但是对中国股市为什么会形成动量效应和反转效应缺乏深入分析。本章在 HS 模型基础上，结合中国股市的结构特征和投资者特殊的行为模式，对动量效应和反转效应的形成机理予以考量。

5.2　中国股票市场特殊性分析

国内学者与国外学者的研究结论存在差异，部分原因在于中国股票市场与国外股市存在较大差异性。国外经典模型直接套用在中国经济环境下得出的结论未必正确。因此有必要从中国股市特殊性出发，对经典模型进行适当扩展使之本土化，以便与中国股市现状更吻合。

在中国股票市场上，机构投资者和中小投资者之间存在着严重的信息不对称。机构投资者可以更深入更及时地了解公司信息，中小投资者获取信息的途径却非常有限。在这种情况下，中小投资者不再关心公司业绩，而更倾向于关注近期股票价格的变化，追随价格趋势进行投资，这类投资者与 HS 模型中的动量交易者相似。另外，我国股市中的庄家模式，也刺激了中小投资者采用“搭便车”策略，在中国这个特殊的股票市场环境下，这也许是一种理性的投资策略。

机构投资者规模较大，具备较强的收集和分析信息能力，比较注重股票基本面变化，相对中小投资者来说比较理性。其中，机构投资者又可以分为两类：一类机构投资者主要关注企业基本信息，注重长期投资，不会根据股价变动短线操作，这与 HS 模型中的消息观察者类似；另一类机构投资者投机性比较强，对中小散户的交易行为比较熟悉，同时还拥有资金、操作上的明显优势，因此该类投资者具备制造趋势的能力，凭借自身的规模和信息优势制造行情来吸引中小投资者眼球，撬动股价波动幅度，在合适的时机反向操作赚取超额利润，我们将这类投资者称为套利惯性投资者。由于套利惯性投资者对股价波动影响较大，且国外模型一般没有考虑，基于此，我们从 HS 模型出发，引入套利惯性投资者，以期提高 HS 理论模型对中国股票市场动量效应和反转效应的解释力。

5.3 模型构建

5.3.1 模型的假设条件

HS 模型有三个重要的假设前提：一是股票市场中存在两类投资者，即消息观察者和动量交易者，他们在市场中的交易行为都遵循“买—持有”原则；二是消息观察者掌握的信息是逐渐扩散的；三是两类投资者在股市中的生存期限不同，动量交易者在股市中生存一段时间后退出市场，消息观察者一直在股市中生存（朱战宇和吴冲锋，2005）。

本模型前三个假设与 HS 模型的假设基本一致，但是增加了套利惯性投资者决策对股价的影响。

（1）股票市场中存在消息观察者、动量交易者和套利惯性投资者三类非完全理性投资者。消息观察者依据掌握的有关股票信息进行预测，而不考虑前期股价变化对当期及今后股价走势的影响，如我国股市投资型机构投资者。动量交易者不关心股票基本面，完全依赖前期股价的变化来进行投资，通过价差赚取利润，如我国股票市场上的中小投资者。套利惯性投资者介于动量交易者与消息观察者之间，他们既有能力收集和处理信息，又能判断股价趋势，尤其是对动量交易者的行为趋势具有一定预测能力。因此，套利惯性投资者可以凭借特殊的能力，制造或引导趋势，获取超常利润，这与我国股票市场中“庄家”特点相类似。

（2）消息观察者和套利惯性投资者获取信息的能力相同。有关某个股票的消息在消息观察者和套利惯性投资者中间是同步逐渐扩散的，一个消息要经过 Z 个时间单位才会被所有消息观察者和套利惯性投资者所掌握。

（3）假设消息观察者和套利惯性投资者一直在股市中生存，动量交易者的“股市寿命”是有限的，为 j 个时间单位，可以合理假设 $j>Z$。

（4）将套利惯性投资者的投资行为划分为三个阶段。第一个阶段，在消息传播结束前的 Z 个单位时间，属于消息的吸收阶段，套利惯性投资者和消息观察者采取相同策略；第二个阶段，消息传播结束后的 $k-Z+1$ 个单位时间，采取趋势交易，制造股价更大波动，吸引更多动量交易行为发生；第三个阶段，采取反向操作赚取超额利润。

（5）弹性参数受投资者规模和风险承受能力及所处市场行情等因素影响，这些因素对弹性参数的影响是正向的。

（6）不考虑违约成本、交易费用等摩擦因素的影响。

5.3.2 股价基本模型

（1）只有消息观察者和套利惯性投资者的模型。在只有消息观察者和套利惯性投资者的情况下，他们都属于信息投资者，假定他们获取信息的能力是相同的，在每个时期 t，

他们对一项风险资产的产权进行交易。在稍后的时期 T，该资产支付一次清偿股利，这次清偿股利的最终价值为：

$$D_T = D_0 + \sum_{j=0}^{T} \varepsilon_j \tag{5-1}$$

所有的 ε 均服从均值为 0、方差为 δ^2 的独立正态分布的随机变量。将所有信息投资者分成 Z 个相等规模的组，从而股利的变化 ε_j 可以表示成 Z 个具有相同的方差 δ^2/Z 的独立的子集：

$$\varepsilon_j = \varepsilon_j^1 + \cdots + \varepsilon_j^Z \tag{5-2}$$

而关于 ε_{t+Z-1} 的信息从时期 t 开始传播，在时期 t，第一组投资者观察到了 ε_{t+Z-1}^1，而第二组投资者观察到了 ε_{t+Z-1}^2，以此类推，第 Z 组投资者观察到了 ε_{t+Z-1}^Z，从而在时期 t，每组投资者均观察到了 ε_{t+Z-1} 的 $1/Z$ 的变化。在时期 $t+1$，信息进行循环交换，最终 ε_{t+Z-1} 在时期 $t+Z-1$ 成为公开信息。Z 在此可以代表信息传播的速度，Z 值越大意味着传播速度越慢。无风险利率设为 0，资产供给固定为 Q。

时期 t 的价格：

$$P_t = D_t + \frac{\{(Z-1)\varepsilon_{t+1} + (Z-2)\varepsilon_{t+2} + \cdots + \varepsilon_{t+Z-1}\}}{Z} - Q \tag{5-3}$$

（2）加入动量交易者的模型。在时期 t，动量交易者进入股市，持有股票 j 个阶段直至时期 $t+j$，设 j 为外生参数（Hong 和 Stein，1999）。动量交易者的指令流 F_t，具有下述形式：

$$F_t = \phi \Delta P_{t-1} \tag{5-4}$$

ϕ 代表动量交易者的弹性参数，其大小与动量交易者的规模和风险承受能力呈正比例关系，同时还受到股票市场行情影响。

在消息传播结束后，套利惯性投资者采取趋势交易，并持有这些头寸 $k-Z+1$ 个阶段，直至时期 $t+k$，使股价延续前期的波动趋势，吸引更多动量交易行为发生，来自套利惯性投资者的指令流：

$$G_t = \mu \Delta P_{t-1} \tag{5-5}$$

μ 代表采取动量交易的弹性参数。

在接下来的 $j-k+1$ 个阶段，套利惯性投资者根据对动量交易者行为的预测，知悉动量交易者会持有股票至 $t+j$ 阶段，套利惯性投资者会采取反向投资策略获利，并持有反向策略直至 $t+j$ 阶段，指令流：

$$H_t = -\omega \Delta P_{t-1} \tag{5-6}$$

ω 代表套利惯性投资者反向交易的弹性参数。套利惯性投资者的弹性参数大小与自身的规模和风险承受能力呈正比例关系，同时还受到股票市场行情的影响。

5.3.3　股价变动分析

（1）假设在时刻 t 有正消息 $\varepsilon>0$ 开始传播。时刻 t，消息观察者和套利惯性投资者观察到正消息$\frac{1}{Z}$的变化，他们将购买股票，该时刻股价可以表示为：

$$P_t = D_t + \frac{1}{Z}\varepsilon - Q \tag{5-7}$$

$$\Delta P_t = \frac{1}{Z}\varepsilon = \alpha > 0 \tag{5-8}$$

$[t+1, t+Z-1]$阶段，消息继续在消息观察者和套利惯性投资者中传播，同时动量交易者根据$\Delta P_t > 0$购入股票，并遵循“买—持有”原则，保持这一交易策略直至$t+j$期末结束。

$$P_{t+m} = D_t + \frac{m+1}{Z}\varepsilon + \phi\sum_{i=0}^{m-1}\Delta P_{t+i} - Q \tag{5-9}$$

$m \in [1, Z-1]$

$$\Delta P_{t+m} = \frac{1}{Z}\varepsilon + \phi\Delta P_{t+m-1} = \alpha + \phi\Delta P_{t+m-1} = \alpha + \phi(\alpha + \phi\Delta P_{t+m-2})$$

$$= \alpha + \phi\alpha + \phi^2\alpha + \cdots + \phi^{m}\alpha = \alpha\frac{1-\phi^{m+1}}{1-\phi} > 0 \tag{5-10}$$

所以在$[t+1, t+Z-1]$消息传播阶段，股价一直上升，表现出动量效应。股价上升是从正消息的传播开始的，正消息传播引起消息观察者和套利惯性投资者购入并引致股价上升，带动动量交易者加入，促使股价进一步拉升。

至$t+Z-1$阶段，正消息被所有消息观察者和套利惯性投资者观察到。

$[t+Z, t+k]$阶段，套利惯性投资者会根据股价变动采取与动量交易者相同的趋势交易，制造更大的股价上升趋势，促使更多的动量交易行为发生。该阶段的股价可以用如下公式表示：

$$P_{t+Z+n} = D_t + \varepsilon + \phi\sum_{i=0}^{Z+n-1}\Delta P_{t+i} + \mu\sum_{c=Z-1}^{Z+n-1}\Delta P_{t+c} - Q \tag{5-11}$$

$n \in [0, k-Z]$

$$\Delta P_{t+Z+n} = \phi\Delta P_{t+Z+n-1} + \mu\Delta P_{t+Z+n-1} = (\phi+\mu)\Delta P_{t+Z+n-1} = (\phi+\mu)^2\Delta P_{t+Z+n-2}$$

$$= (\phi+\mu)^{n+1}\Delta P_{t+Z-1} > 0 \tag{5-12}$$

所以在$[t+Z, t+k]$阶段，股价持续上升，仍表现为动量效应，动量交易者和套利惯性投资者的趋势交易策略使动量效应得以持续。股价动量效应的程度受到弹性参数影响，弹性参数越大，股价波动幅度越大。在股市的不同阶段，市场行情和投资者规模及风险承受能力不同，会使弹性参数发生变化，股价发生动量效应的程度也会不同。

$[t+k+1, t+j]$阶段，动量交易者会持有股票至$t+j$阶段，套利惯性投资者选择此阶段采取反向投资获取利润，股价表示如下：

$$P_{t+k+r} = D_t + \varepsilon + \phi\sum_{i=0}^{k+r-1}\Delta P_{t+i} + \mu\sum_{c=Z-1}^{k-1}\Delta P_{t+c} - \omega\sum_{h=k}^{k+r-1}\Delta P_{t+h} - Q \tag{5-13}$$

$r \in [1, j-k]$

$$\Delta P_{t+k+r} = (\phi-\omega)\Delta P_{t+k+r-1} \tag{5-14}$$

ΔP_{t+k+r}的正负取决于 $\phi-\omega$，设置的弹性参数是会受到投资者规模和风险承受能力及所处市场行情等因素影响的，这些因素对弹性参数的影响是正向的，所处市场行情越好，投资者规模越大，风险承受能力越强，弹性参数就越大。这里我们仅作简化的定性分析。动量交易者和套利惯性投资者处在相同的市场环境，套利惯性投资者（庄家）的规模远大于动量交易者（多为中小投资者、散户），且风险承受能力更强，套利惯性投资者的弹性参数大于动量交易者，$\omega>\phi$，$\phi-\omega<0$，$\Delta P_{t+k+r}=(\phi-\omega)\Delta P_{t+k+r-1}<0$，出现价格下跌，表现出股价反转现象，该反转效应是由于套利惯性投资者作用引发的。在不同股市阶段，由于所处市场环境和投资者规模及风险承受能力不同，投资者的弹性参数会有所不同，$\varphi-\omega$ 大小发生变化，反转效应的程度也会产生差异。

总之，当时刻 t 有一个正消息扩散时，消息观察者和套利惯性投资者入市交易，股价上升；［$t+1$，$t+Z-1$］阶段，动量交易者根据 $\Delta P_t>0$ 购入股票，股价继续上升，表现出动量效应；［$t+Z$，$t+k$］阶段，套利惯性投资者会根据股价变动采取与动量交易者相同的趋势交易，制造更大的股价上升趋势，促使更多的动量交易行为发生，股价持续上升，仍表现为动量效应；［$t+k+1$，$t+j$］阶段，动量交易者会持有股票至 $t+j$ 阶段，套利惯性投资者选择此阶段采取反向投资获取利润，股价下跌，表现为反转效应。本书认为，反转效应是由套利惯性投资者引起的，各阶段动量效应和反转效应的程度受到所处市场环境和投资者规模及风险承受能力等因素影响。

（2）假设在时刻 t 有负消息 $-\varepsilon<0$ 开始传播。时刻 t，消息观察者和套利惯性投资者观察到负消息$\frac{1}{Z}$的变化，此时股价可以表示为：

$$P_t=D_t-\frac{1}{Z}\varepsilon-Q \tag{5-15}$$

$$\Delta P_t=-\frac{1}{Z}\varepsilon=\beta<0 \tag{5-16}$$

［$t+1$，$t+Z-1$］阶段，负消息继续在消息观察者和套利惯性投资者中间传播，同时手中持有股票的动量交易者根据 $\Delta P_t<0$ 选择卖出，没有股票的动量交易者选择不购买股票。

$$P_{t+m}=D_t-\frac{m+1}{Z}\varepsilon+\phi\sum_{i=0}^{m-1}\Delta P_{t+i}-Q \tag{5-17}$$

$$m\in[1,Z-1]$$

$$\begin{aligned}\Delta P_{t+m}&=-\frac{1}{Z}\varepsilon+\phi\Delta P_{t+m-1}=\beta+\phi\Delta P_{t+m-1}=\beta+\phi(\beta+\phi\Delta P_{t+m-2})\\&=\beta+\phi\beta+\phi^2\beta+\cdots+\phi^{m}\beta=\beta\frac{1-\phi^{m+1}}{1-\phi}<0\end{aligned} \tag{5-18}$$

所以在$[t+1,t+Z-1]$阶段，股价一直下跌，表现出股价动量效应。股价下跌是从负消息传播开始的，带动动量交易者加入，引发股价进一步下跌。

至 $t+Z-1$ 负消息被所有消息观察者和套利惯性投资者观察到。

$[t+Z,t+k]$阶段，套利惯性投资者会根据股价变动采取与动量交易者相同的趋势交易，制造更大的股价下跌趋势。

$$P_{t+Z+n} = D_t - \varepsilon + \phi \sum_{i=0}^{Z+n-1} \Delta P_{t+i} + \mu \sum_{c=Z-1}^{Z+n-1} \Delta P_{t+c} - Q \tag{5-19}$$

$n \in [0, k-Z]$

$$\Delta P_{t+Z+n} = \phi\Delta P_{t+Z+n-1} + \mu\Delta P_{t+Z+n-1} = (\phi+\mu)\Delta P_{t+Z+n-1} = (\phi+\mu)^2\Delta P_{t+Z+n-2} = (\phi+\mu)^{n+1}\Delta P_{t+Z-1} < 0 \tag{5-20}$$

所以在$[t+Z, t+k]$阶段，股价持续下跌，仍表现为动量效应，动量交易者和套利惯性投资者的趋势交易策略使动量效应得以持续。

前期股价已持续上升了 k 个阶段，套利惯性投资者选择 $t+k+1$ 阶段采取反向投资策略，以低价购入股票。

$$P_{t+k+1} = D_t - \varepsilon + \phi \sum_{i=0}^{k} \Delta P_{t+i} + \mu \sum_{c=Z-1}^{k-1} \Delta P_{t+c} - \omega\Delta P_{t+k} - Q \tag{5-21}$$

$$\Delta P_{t+k+1} = (\phi - \omega)\Delta P_{t+k} \tag{5-22}$$

$\omega > \phi, \phi - \omega < 0, \Delta P_{t+k} < 0, \Delta P_{t+k+1} = (\phi - \omega)\Delta P_{t+k} > 0$

股价表现出反转效应，该反转效应是由套利惯性投资者作用引发的，股价发生反转效应的程度受弹性参数的影响。

总之，当在时刻 t 有一个负消息扩散时，消息观察者和套利惯性投资者入市交易，股价下跌；$[t+1,\ t+Z-1]$ 阶段，动量交易者根据 $\Delta P_t < 0$ 卖出或选择不购入股票，股价加速下跌，表现出动量效应；$[t+Z,\ t+k]$ 阶段，套利惯性投资者根据股价变动采取与动量交易者相同的趋势交易，制造更大的股价下跌趋势，股价持续下跌，仍表现为动量效应；$t+k+1$ 阶段，套利惯性投资者选择此阶段采取反向投资获取利润，股价上涨，表现为反转效应。各阶段动量效应和反转效应的程度受到所处市场环境和投资者规模及风险承受能力等因素影响。

5.4 结论

本章对 HS 模型进行了拓展，按中国股票市场特殊性将投资者分为消息观察者、套利惯性投资者和动量交易者，重点分析了他们在不同阶段投资行为的差别及其对股价产生的影响。通过测度价差变化，推导股价动量效应和反转效应的出现时机，考察了动量效应和反转效应的形成过程。经过理论分析和逻辑推演，我们发现：①股价波动始于消息观察者和套利惯性投资者观察到消息传播，套利惯性投资者和动量交易者的交易行为加剧了股价动量效应；②套利惯性投资者采取反向交易套利，导致反转效应产生；③股价发生动量效应和反转效应的程度受股票市场环境、投资者规模及风险承受能力等多种因素影响。动量效应和反转效应这两种看似矛盾的现象同时存在，主要是由套利惯性投资者触发，即前期套利惯性投资者对股价动量效应推波助澜，套进大量动量交易者，时机成熟后，反向操作低进高出，促使价格反向变动。

有别于现有文献，我们引入了套利惯性投资者，并将套利惯性投资者的投资行为划分为三个阶段：在消息传播结束前的 Z 个单位时间，属于消息的吸收阶段，套利惯性投资者和消息观察者采取同样策略；消息传播结束后的 $k-Z+1$ 个单位时间，采取趋势交易制造股价更大波动，促使更多动量交易行为发生；第三个阶段，采取反向操作赚取超额利润。第一个阶段、第二个阶段引致股价动量效应，第三个阶段导致股价产生反转效应，这是现有文献很少考虑的。

下篇　应用篇

第6章　投资者异质后验信念对股票价格影响的实证研究

6.1　引言

Miller（1977）指出，在异质信念和卖空限制的前提下，乐观预期投资者能够买入和持有股票，悲观预期投资者却因无法进行卖空交易而不能表达意见。股票价格因主要反映乐观者的预期而被高估，且高估程度与异质预期程度成正比。Harris and Raviv（1993）最早从先验异质性角度解释了交易量的产生是由于两组风险中性投资者对信息的好坏有一致判断，但对好坏程度却存在分歧，结果是股票始终被乐观者持有。Hong and Stein（2003）从有限注意的角度解释了悲观信息一旦被乐观者发觉，并将这种隐藏的悲观信息全部释放出来就有可能造成市场崩溃。Hong 等（2006）研究表明，投资者意见分歧越大的股票，再售期权价值（投机性泡沫）部分也越大，股票收益波动性也就越大。Chemmanur 等（2010）采用实证研究考察了投资者异质信念对公司股票发行价格的影响，结果发现投资者异质信念越大，股票发行的负向价格效应越显著。Beyar 等（2011）认为当外部投资者存在异质信念时，公司股票发行会使外部投资者获得该公司业绩信息更多，对公司前景的信念离差会减小得更多，意味着新信息到达后边际投资者的信念低于证券发行时的信念，从长期看来会带来股票价格的下跌。此外，Chen 等（2002）、Garfinkel（2009）和 Shyu（2012）等实证研究的结论与 Miller 的预测一致。

张维和张永杰（2006）证明资产价格的高估程度依赖于乐观者和悲观者的比例。陈国进等（2008）在卖空限制条件下，验证了异质信念直接导致当期股价高估与股票未来收益负相关。陈国进和张贻军（2009）研究发现，我国投资者的异质信念程度越大，市场（个股）发生暴跌的可能性越大。陈国进等（2009）发现以异质信念为标的再售期权和通胀幻觉都是影响我国股市泡沫的重要因素。孟卫东等（2010）以市场超额收益率正负作为信号的近似值来判断利好和利空消息，对异质后验信念资产定价问题进行了初步探讨。此外，李铁群（2010）认为过度自信是投资者产生异质信念最主要的心理因素。

综上所述，国内外关于投资者异质信念的研究主要从异质先验信念的角度来实证解释金融异象和从有限注意角度分析异质信念传导机制。然而，从异质信念产生的内在因素角度研究其对资产定价影响的文献极为少见。因此，以过度自信程度不同的投资者为切入点，剖析基于对信息获得及其处理引起的异质后验信念的传导机制以及对股票价格的影响，研究发现异质后验信念可以导致股价高估或者低估。该结论与 Miller（1977）"异质信念只会高估股价"的观点不尽相同。

6.2 理论基础与研究假设

张圣平（2002）认为，狭义的信念具体化为人们对事件发生的主观概率，包括先验信念和后验信念，这是相对于个体得到信息前和拥有信息后而言的。先验信念可以看成是对人性的描述，即个体的"世界观"。信息是个体掌握的关于自然状态的"客观知识"。理性的个体在拥有某一信息后，根据先验信念并通常按照贝叶斯法则更新信念进而形成后验信念。在既定的后验信念和风险偏好下，理性个体形成自己的期望效用，然后在财富预算约束下追求期望效用最大化得到个体的需求函数。众多的个体需求按一定的交易制度汇总为证券市场的供求关系，决定证券的市场均衡价格。而任何外生和内生的信念、偏好、信息等的改变，都可能引起新一轮的信念改变和价格更新。

现实中的人是有限理性的，在信息获取或对其进行处理时容易受到认知心理因素的影响，与理性预期产生一定偏差（Kahneman 和 Tversky，1974）。因此，投资者在信息处理时并不是根据贝叶斯法则来更新自己的后验信念，而是根据自身认知心理因素来更新信念。然而，投资者在信息处理时受到众多认知心理因素的影响，若将全部心理因素纳入研究范围会极其复杂，为了简化分析，我们仅考虑投资者在信息处理时只会受到某个认知心理因素的影响。学术界多数认为过度自信在股市上是一种普遍存在的心理现象，会使投资者对已有信息过于自信（Odean，1985；Benos，1998；李心丹，2002）。此外，Yates 等（1989）根据美国和中国的实验比较，发现中国人比美国人的过度自信程度更高。由此可见，过度自信是我国投资者至关重要的认知心理因素。基于此，研究异质信念对股价影响时可以再放松一个假设条件，即市场中只存在不同程度的过度自信投资者，这既符合我国国情，又可以进一步研究过度自信投资者在信息获取或对其进行处理时产生异质后验信念，以此考察对资产定价的影响。

一般而言，金融模型中过度自信通常被理论描述为投资者高估信息精确度，有时甚至更具体地表述如下：对于关注度高的信息，投资者高估该信息的精确度；对于关注度低的信息，投资者会低估该信息的精确度。一方面，投资者会过分依赖自己关注度高的信息而忽视公司的基本面或者其他投资者的信息；另一方面，投资者在分析信息时，会更为注意那些增强信心的信息，较为忽视那些明显伤害自己信心的信息（Gervais 和 Odean，2001）。因此，可以判断不同程度过度自信投资者对信息处理方式不同会产生异质后验信念。为了进一步研究异质后验信念对股价的影响，将盈余信息作为关注度高的信息，将股市背景即牛市、熊市作为关注度低的信息。此外，为了简化分析，将盈余信息好坏划分为利好

（空）消息，且假定盈余信息公布之前股票价格处于均衡状态。

由于严格卖空限制，悲观者被排除在市场之外，在熊市背景下，股票市场上是以少数乐观预期者为主，也就是说，在发布盈余公告之前，股价反映的是乐观预期者的态度。当盈余公告出现利好消息时，投资者会快速掌握这种利好信息，过度自信水平高的投资者会更相信自己关注度高的信息，忽视关注度低的信息，高估该利好信息的精度，导致投资者不同程度购买或继续持有股票，使股价被高估。悲观预期者的过度自信水平越高，其转变为乐观预期者的速度就越快，对该信息精度高估程度越显著，产生意见分歧越大，即产生异质后验信念程度越高，最终使股价被高估程度越显著。此外，多数乐观预期者是由悲观预期者转变而来的，他们产生意见分歧程度要比牛市环境下大，股价被高估程度也就越大。当盈余公告出现利空消息时，过度自信水平越高的投资者会进一步高估这种利空信息精度，同时受到熊市环境的影响，这种隐藏的利空消息会快速在市场中暴露出来，使投资者纷纷退出市场，导致股价被低估。少数乐观预期者的过度自信水平越高，也就是说禀赋这种利空消息越强，退出市场机会就越大，产生意见分歧越大，使形成异质后验信念程度就越高，股价被低估程度也就越显著。此外，在熊市环境下，股市中只有少数乐观者转变为悲观预期者，产生意见分歧程度相对牛市环境下小，导致股价被低估程度也比较小。综上所述，不管在牛市环境还是在熊市环境下，异质后验信念对股价都会产生一致结果。因此，提出如下假设：

H6－1：当盈余公告出现利好消息时，在严格卖空限制条件下，异质后验信念程度越高，当期股价被高估的程度越高，则当期收益率越高。

H6－2：当盈余公告出现利空消息时，在严格卖空限制条件下，异质后验信念程度越高，当期股价被低估的程度越高，则当期收益率越低。

6.3 研究设计

6.3.1 研究方法与思路

首先，运用投资组合分析方法研究异质后验信念对股价的影响。根据意外盈余大小把 $UE>0$ 作为利好消息组合和 $UE<0$ 作为利空消息组合，各组合内按照异质信念大小分别将每个报告期的样本股票平分为 5 分位数组合，将组合中股票的加权平均收益作为该组合当期的收益。计算 5 个报告期的加权平均收益作为该组合在样本期内的收益，权重为每个报告期样本股票的数量。

其次，在控制其他因素的前提下，运用多元回归分析方法，考察盈余公告后 1 个交易日、5 个交易日和 7 个交易日的异质后验信念是否对累计超额收益具有解释作用。

6.3.2 指标选取及计算方法

（1）意外盈余（*UE*）的计算。国内外学者对意外盈余指标的选取，一般采用会计衡量法和市场衡量法。鉴于会计衡量法主要运用单一的 *EPS* 或 *ROE* 指标，很难真实代表上市公司的财务状况。市场衡量法则直接体现了投资者对盈余信息未预期部分的反应程度。因此，我们借鉴 Liu 等（2003）的方法，对意外盈余的衡量采用市场衡量法。

$$UE = \prod_{d=0}^{2}(1 + R_{id}) - \prod_{d=0}^{2}(1 + R_{md}) \tag{6-1}$$

其中，R_{id}为时间 d 的收益率，R_{md}为市场的加权收益率，$d=0$ 为盈余公告日。该方法能直接观测到由盈余公告引起的股票价格变动，且消除了市场大走势对股票价格的影响。若 $UE>0$，则判定该类股票属于好消息组合；若 $UE<0$，则判定该类股票属于坏消息组合。

（2）异质后验信念变量指标选取。异质后验信念反映的是不同过度自信投资者的意见分歧，因而可以选取意见分歧替代指标作为异质后验信念指标。关于意见分歧指标的选取，学者们常用的指标主要有分析师预测偏差、收益波动性和交易量。然而，鉴于中国的分析师预测数据有限和收益波动性包含了风险等其他复杂因素的影响，导致国内学者热衷于参考 Garfinkel 和 Sokobin（2006）的方法，在剔除流动性需求和市场状况的影响后，获得调整后的平均每日换手率（用 *TURN* 表示）衡量意见分歧。以下也采用上述方法作为异质后验信念替代变量。根据假设，分别采用公告日后 1 个交易日、5 个交易日和 7 个交易日的换手率作为盈余公告期间投资者异质后验信念替代变量，具体计算方法为盈余公告期间交易日的平均日换手率减去公告前 66 个交易日至公告前 7 个交易日的日均换手率。

股票 i 在 t 天的调整后换手率 $TO_{i,t}$为：

$$TO_{i,t} = \frac{1}{n}\sum_{t=0}^{n}\left[(turnover_{i,t} - turnover_{m,t}) - \frac{1}{60}\sum_{t=-66}^{-7}(turnover_{i,t} - turnover_{m,t})\right] \tag{6-2}$$

其中，$turnover_{i,t}$为股票 i 在 t 天的换手率（交易的股数与总流通股数之比），$turnover_{m,t}$为 t 天的市场平均换手率，用前 66 天到前 7 天的平均日换手率代表投资者的流动性需求。

（3）盈余公告后累计超额收益（*CAR*）的计算。采用市场调整超额收益法计算累计超额收益，这一方法比“风险调整法”和“均值调整法”更为简便，且保持良好的稳健性。

$$CARN_i = \sum_{t=1}^{n}(R_{i,t} - R_{m,t}) \tag{6-3}$$

其中，$CARN_i$ 包括 $CAR1_i$、$CAR5_i$ 和 $CAR7_i$，分别表示年报公布后 1 个交易日、5 个交易日和 7 个交易日的市场调整累计超额收益，且包含交易日当天。

6.3.3 模型设计

鉴于盈余公告日后，股价呈现持续漂移趋势，即在公告后的几个月内，意外盈余最高的公司股票价格将持续向上漂移，意外盈余最低的公司股票价格将持续向下漂移，这一现象被称为“盈余漂移”。现有研究发现，规模（*Size*）、账面市值比（*B/M*）、收益波动率（*Volatility*）和流动性（*Liquidity*）都是盈余惯性的影响因素。因此，引入这 4 个变量作为控制变量，得到回归方程如下：

$$CAR = \alpha + \gamma_1 \times TO + \gamma_2 \times Size + \gamma_3 \times B/M + \gamma_4 \times Volatility + \gamma_5 \times Liquidity + \varepsilon \tag{6-4}$$

其中，账面市值比（B/M）为公告日前一个季度的净资产与流动市值比的对数；规模（$Size$）为公告日前一个月股票总市值的自然对数；收益波动率（$Volatility$）为 $t-7$ 开始前 120 天日收益率的标准差；流动性（$Liquidity$）为 $t-7$ 开始前 120 天日换手率的均值。

6.4　实证检验结果与分析

6.4.1　样本选取及描述性统计

所选用的数据为中国股票市场 2006 年 1 月 1 日至 2010 年 12 月 31 日上海证券交易所 A 股日度和月度交易数据以及上市公司年度财务报告数据。同时，剔除 ST、ST*、极大值、极小值、意外盈余为 0 的数据和年报公布前后股票收益与交易量数据不全的股票，共得到 3266 个数据样本。样本区间覆盖了完整的牛市和熊市。数据来源为国泰安 CSMAR 数据库和 Wind 数据库。样本各变量的描述性统计如表 6－1 所示。

表 6－1　全样本研究变量的描述性统计

	N	最小值	最大值	均值	标准差
$CAR1$	3266	－0.258	0.272	－0.007	0.049
$CAR5$	3266	－0.287	0.526	－0.003	0.079
$CAR7$	3266	－0.375	0.548	－0.001	0.088
$TO1$	3266	－0.065	0.255	0.019	0.031
$TO5$	3266	－0.058	0.220	0.016	0.025
$TO7$	3266	－0.061	0.189	0.015	0.024
B/M	3266	－2.737	0.530	－0.389	0.422
$Size$	3266	12.297	22.335	15.235	1.297
$Volatility$	3271	0.000	0.119	0.029	0.016
$Liquidity$	3271	0.011	0.399	0.034	0.013

6.4.2　投资组合分析

根据上述投资组合方法得到结果如表 6－2 所示。

表 6－2　异质后验信念的投资组合分析结果

异质后验信念组合	各个组合加权平均日收益率（%）				
	1（低）	2	3	4	5（高）
$UE>0$	3.02	3.11	2.46	3.63	3.83
$UE<0$	－3.35	－2.96	－3.04	－3.27	－4.30

注：该收益率为盈余公告当天和第二天收益率。

从表6-2可以看出，各个组合的平均收益率存在明显差异。当 $UE>0$ 时，即出现利好消息时，总体上来看，异质后验信念程度越高，组合加权平均收益率也越高，二者具有明显的正相关关系；当 $UE<0$ 时，即出现利空消息时，异质后验信念程度越高，组合加权平均收益率越低，二者具有明显的负相关关系。

6.4.3 多元回归分析

为了进一步考察在牛市、熊市环境下异质后验信念对股票价格的解释作用，首先以盈余公告日后两个交易日作为时间窗口，把总体样本按照 *UE* 正负号分为利好子样本和利空子样本。把2006—2007年样本作为牛市子样本，2009—2010年样本作为熊市子样本。此外，鉴于2008年初是跌入波谷的开端，个体投资者往往处于未知状态，将其单独作为一个子样本进行研究。

表6-3 异质后验信念对累计超额收益回归结果（利好子样本：$UE>0$）

模型	牛市			熊市		
变量	*CAR1*	*CAR5*	*CAR7*	*CAR1*	*CAR5*	*CAR7*
intercept	-0.035 (0.254)	0.007 (0.906)	0.066 (0.309)	-0.017 (0.520)	-0.007 (0.866)	0.040 (0.429)
TO1	0.459*** (0.000)			0.552*** (0.000)		
TO5		0.890*** (0.000)			1.009*** (0.000)	
TO7			0.920*** (0.000)			1.263*** (0.000)
B/M	-0.017** (0.023)	-0.015 (0.280)	-0.010 (0.531)	-0.006* (0.059)	-0.008 (0.154)	-0.007 (0.267)
Size	0.005** (0.017)	0.003 (0.440)	-0.001 (0.872)	0.001 (0.309)	0.002 (0.351)	0.000 (0.897)
Volatility	-0.413*** (0.003)	-0.453* (0.099)	-0.413 (0.186)	-0.666*** (0.000)	-1.045*** (0.000)	-1.265*** (0.000)
Liquidity	-0.118 (0.448)	-0.015 (0.960)	-0.075 (0.821)	0.667*** (0.001)	0.494 (0.119)	0.418 (0.266)
N	510	510	510	562	562	562
Adj. R-Sq	0.083	0.055	0.041	0.247	0.172	0.168
F	10.241***	6.895***	5.375***	37.869***	24.277***	23.705***

注：***、**、*分别表示显著性水平为1%、5%和10%。

从表6-3利好子样本可以看出，上市公司发布盈余公告后一周内，无论在牛市还是在熊市环境下，异质后验信念（*TO1*、*TO5*、*TO7*）的回归系数都为正，*P* 值为0，在1%

水平上显著，与预期一致，即异质后验信念与累计超额回报率显著正相关。这表明：其一，异质后验信念程度越高，当期股价被高估的程度越高，则当期收益率越高；其二，股价对异质后验信念作出的反应具有一定持续性。这与理论分析的结论相吻合。从横向上来看，熊市的 *TO*1、*TO*5、*TO*7 各自的系数都明显要比牛市大，且都在高水平通过显著性检验。从纵向上来看，无论在牛市还是在熊市环境下，*TO* 系数随着交易时间延长而增大，异质后验信念对股票收益的作用力越来越强。这主要是因为股市投资者以赚取价差或红利为目的，一旦他们掌握的利好消息在股价上得以反应，他们会受到过度自信心理影响，对自己禀赋信息更加自信，认为存在更多乐观自信投资者以更高价格购买该股票，以致在一段时期内异质后验信念程度越高，股价被高估程度也就越高。

从表6－4利空子样本可以看出，在牛市环境下，*TO*1 的回归系数为负，*P* 值为0，在1%水平上显著；*TO*5、*TO*7 的回归系数都为正，*P* 值分别为0.185和0.001，只有 *TO*7 在1%水平上显著。在熊市环境下，*TO*1 的回归系数为负，*P* 值为0，在1%水平上显著；*TO*5、*TO*7 的回归系数分别为负和正，*TO*5 的 *F* 值不显著，*TO*7 在1%水平上显著。说明在盈余信息发布后，在短期内随着异质后验信念程度增强，当期收益会不断减少。这是因为受到我国环境制度因素的约束，证监会要求上市公司提前发布业绩快报，投资者会对利空信息提前作出反应，使悲观预期者提早退出市场，导致股价对利空消息的反应非常短暂。此外，由于隐藏的利空消息很快在股市中释放出来，以致更多投资者开始关注和预测未来股市发展趋势。因此，表6－4中牛市 *TO*7 显著为正，熊市 *TO*7 显著为负。

表6－4　异质后验信念对累计超额收益回归结果（利空子样本：UE＜0）

模型	牛市			熊市		
变量	*CAR*1	*CAR*5	*CAR*7	*CAR*1	*CAR*5	*CAR*7
intercept	−0.031** (0.047)	0.001 (0.968)	−0.022 (0.528)	−0.028** (0.042)	0.004 (0.885)	0.022 (0.492)
*TO*1	−0.231*** (0.000)			−0.230*** (0.000)		
*TO*5		0.153 (0.185)			0.197** (0.046)	
*TO*7			0.482*** (0.001)			−0.474*** (0.000)
B/M	0.025*** (0.000)	0.028*** (0.003)	0.020* (0.070)	0.004** (0.025)	0.001 (0.686)	−0.001 (0.853)
Size	0.000 (0.754)	−0.002 (0.376)	−0.001 (0.830)	0.001 (0.368)	−0.001 (0.339)	−0.003 (0.101)
Volatility	0.023 (0.792)	0.067 (0.710)	−0.011 (0.958)	0.138** (0.028)	−0.123 (0.327)	0.358** (0.014)

续表

模型	牛市			熊市		
变量	*CAR*1	*CAR*5	*CAR*7	*CAR*1	*CAR*5	*CAR*7
Liquidity	-0.114 (0.273)	-0.238 (0.245)	-0.180 (0.441)	-0.183* (0.088)	-0.302 (0.138)	-0.128 (0.607)
N	693	693	693	820	820	820
Adj. R - Sq	0.079	0.022	0.030	0.051	0.004	0.031
F	12.838***	4.179**	5.256***	9.780***	1.600	6.199***

注：***、**、*分别表示在1%、5%、10%水平上显著。

从表6-3和表6-4可以看出，利好子样本的*TO*1、*TO*5和*TO*7显著相关性要比利空子样本高，说明投资者对好消息与坏消息作出的反应是不对称的，即投资者对好消息作出的反应要强于坏消息。这是由于我国股票市场受卖空限制约束，悲观预期者不能卖空而被排除在市场之外，股价反映乐观预期者的态度。当出现好消息时，投资者会受过度自信心理因素的影响，认为在未来可能存在将股票以更高的价格再次转售给更乐观自信的投资者的机会，从而使股价进一步抬高。当出现坏消息时，股市上投资者会受过度自信的影响快速把悲观者隐藏信息释放出来，股价会出现明显下降，但是这种释放因制度环境约束而变得短暂。

从表6-5可以看出，当*UE*>0时，*CAR*1的*F*值显著，且*TO*1系数显著为正，*CAR*5、*CAR*7的*F*值均不显著；当*UE*<0时，全部*F*值显著，且*TO*全部显著为负。可能是因为美国2008年暴发的次贷危机波及我国，使实体经济快速下滑，股市也一度下挫，造成了投资者高度恐慌，而这时投资者会更加关注未来经济发展趋势，而不是关注短暂的盈余公告信息。因而即使上市公司发布的盈余公告是利好消息，市场上出现乐观预期者也是相当少的，以致异质后验信念与累计超额收益相关性较差，且缺乏一定持续性。

表6-5　　　　异质后验信念对累计超额收益回归结果（2008年）

模型	*UE*>0			*UE*<0		
变量	*CAR*1	*CAR*5	*CAR*7	*CAR*1	*CAR*5	*CAR*7
intercept	0.073** (0.042)	-0.003 (0.958)	0.083 (0.249)	-0.098*** (0.001)	-0.154*** (0.002)	-0.204*** (0.000)
*TO*1	0.329*** (0.000)			-0.223** (0.016)		
*TO*5		0.520*** (0.007)			-0.381** (0.031)	
*TO*7			0.728*** (0.004)			-0.527** (0.016)
B/M	-0.003 (0.661)	0.001 (0.902)	-0.002 (0.867)	0.007 (0.163)	0.005 (0.558)	0.009 (0.363)

续表

模型	UE > 0			UE < 0		
变量	CAR1	CAR5	CAR7	CAR1	CAR5	CAR7
Size	−0. 002 (0. 294)	0. 004 (0. 262)	−0. 001 (0. 886)	0. 005 *** (0. 008)	0. 008 *** (0. 007)	0. 011 *** (0. 003)
Volatility	−0. 269 (0. 285)	−0. 057 (0. 898)	−0. 547 (0. 308)	0. 651 *** (0. 001)	1. 172 *** (0. 001)	1. 079 *** (0. 008)
Liquidity	−0. 026 (0. 781)	−0. 132 (0. 402)	−0. 268 (0. 155)	−0. 812 *** (0. 002)	−1. 660 *** (0. 000)	−1. 209 ** (0. 018)
N	256	256	256	425	425	425
Adj. R − Sq	0. 046	0. 017	0. 016	0. 046	0. 046	0. 035
F	3. 472 ***	1. 864	1. 845	5. 125 ***	5. 087 ***	4. 115 ***

注：***、** 分别表示在 1%、5% 水平上显著。

在我国股票市场中，国家明确规定上市公司应提前发布盈余公告的日期，并预测有关信息，同时我国资本市场不够完善，内部信息有提早泄露的现象。因此，以盈余公告发布第 1 个交易日为时间窗口计算意外盈余可能不太准确，故我们还研究了以盈余公告日前 2 个交易日、前 7 个交易日作为时间窗口计算意外盈余，结果表明以盈余公告日前 7 个交易日为时间窗口的异质后验信念与累计超额收益相关性不是很显著，而以盈余公告日前 2 个交易日为时间窗口的相关性却比之前分析要显著得多，说明我国盈余信息对股价已在正式公告之前作出了反应，这符合我国国情。

6.4.4　稳健性检验

为了增强实证分析的可靠性，采用两种方法进行稳健性检验。①异质后验信念的估计窗口由［−66，−7］依次变成［−96，−7］、［−126，−7］进行类似的实证分析，其基本结论不变。②2006—2010 年样本数据不以牛熊市为背景，单独分年度（2006，2007，2008，2009，2010）进行类似的分析，结论仍成立。

6.5　结论

以盈余公告信息作为投资者关注度高的信息，以调整后换手率作为异质后验信念的替代变量，运用多元回归方法，直接验证了在中国股票市场上投资者异质后验信念对股票价格的影响。研究表明：当盈余公告出现利好消息时，异质后验信念程度越高，当期股价被高估的程度越显著；当盈余公告出现利空消息时，异质后验信念程度越高，当期股价被低估的程度越显著；在盈余公告前投资者就对盈余信息作出了反应，但对好消息与坏消息的反映程度不同。

第7章　投资者过度自信与股票价格：基于经济周期视角的经验证据

股市成交量和股票价格蕴含着股市交易过程中的主要信息，两者之间的关系是金融市场微观结构研究的热点，但传统的量价关系的研究大多建立在完全理性市场假设前提下，且主要局限于股市成交量和股票价格变化的同期关系或基于信息经济学对成交量及股票收益可预测性之间的探讨。国内外金融市场波动现状及相关研究均表明，认知偏差中的自我归因偏差将市场历史收益与投资者过度自信之间有机联系起来，即历史收益与投资者过度自信正相关。当市场中的投资者存在过度自信现象时，历史收益便会在一定程度上经由过度自信效应作用于交易量，但这些研究主要是从市场微观结构的角度对投资者心理与资产定价之间的作用机理进行探索，尚未系统地考虑宏观经济因素对投资者心理预期产生的动态影响。行为金融学通过分析金融市场主体在市场行为中的偏差和异象，来寻求不同市场主体在不同环境下的心理反应及决策行为特征。宏观经济大环境作为一个外部因素，也必然会对投资主体心理预期产生影响。因此，从经济周期这一视角来研究投资者过度自信心理与股票价格的关系具有重要的理论意义与实践价值。

7.1　文献回顾与研究路径

过度自信是指由于受到诸如信念、情绪、偏见和感觉等主观心理因素的影响，人们常常过度相信自己的判断能力，高估自己成功的概率和私人信息的准确性。Moore 和 Healy（2008）研究发现，过度自信者在面对困难的任务时信心更强，面对简单的任务时信心则相对较低。Benos（1998）认为，过度自信投资者所获得的收益往往低于其预期。Odean（1998）提出的“过度自信理论模型”表明，投资者会因其内生的过度自信偏差影响而进行过度交易，这一行为往往会导致财富损失。Barber 和 Odean（2000）通过实证研究发现：过度交易会大大降低投资者的收益率，其根源在于投资者存在过度自信的倾向，从而导致过高的交易量和交易成本。这些研究均采用欧美发达资本市场上的数据，其结论是否适用于中国资本市场有待进一步检验。

国内学者对证券市场投资者过度自信心理偏差的研究，侧重于从微观角度对个体投资者与机构投资者的过度自信导致过度交易行为进行理论分析和实证检验。李心丹等

(2002) 根据中国某证券营业部 7894 位个体投资者在一定期间的交易数据进行实证检验，结果验证了我国个体投资者存在过度自信认知偏差以及过度交易损害了投资者财富的结论。陈其安等（2009）在假设机构投资者存在过度自信心理的条件下，验证了机构投资者过度自信程度与股票价格波动性及成交量显著正相关。王春峰等（2010）建立“状态依赖过度自信模型”，从信息流动机制和微观机理两个角度，验证了私人信息的冲击对交易量具有正向作用、历史收益与交易量正相关这两个假说。

上述研究证实了过度自信在股票市场上是一种普遍存在的心理偏差，投资者在证券市场上进行交易并建立私人股票池时，往往倾向于过度自信，从而频繁地进行交易，这一非理性行为严重损害了投资者财富。投资者过度自信心理偏差是一种抽象的心理状态，无法对其进行精确量化，但可通过投资行为予以体现。

实体经济运行过程中存在繁荣—衰退—萧条—复苏的周期性规律。经济学家将经济周期定义为经济运行中周期性出现的经济扩张与经济紧缩交替更迭、循环往复之现象。关于我国经济周期的划分，目前学术界仍然存在争议。高春华和李亚伟（2009）就 GDP、利率和货币供应量对股票市场的影响进行了分析，研究发现：股市产生初期，股市经常背离宏观经济形势，但是 2005 年股权分置改革后开始的大牛市，明显地反映出经济周期与股票市场的相关性。王成勇（2012）运用多机制半参数平滑转换回归模型和估计算法对我国宏观经济运行周期进行了研究，将我国经济增长这一非线性结构分为四个阶段：扩张阶段、衰退阶段、收缩阶段、恢复阶段。纵观上述研究，国内外学者主要致力于分析如何划分经济周期以及各经济周期阶段的特征，虽然涉及股市周期和经济周期之间关系的讨论，但对二者关系的形成原因并没有深入探究。我们根据 Odean（1998）提出的收入效应假设，采用修正后的 Statman 等（2006）提出的模型建立向量自回归模型（VAR），研究了不同经济周期阶段下投资者的过度自信程度，模型结果表明经济周期会影响投资者心理，进而对股票价格产生影响，同时利用脉冲响应函数对两者之间因相互扰动所做出的反应进行了动态分析。

7.2　理论分析

7.2.1　经济周期理论

经济周期是一种宏观经济现象，经济运行的恢复阶段是过渡状态，它有缓慢回复到紧缩阶段和快速跃升到扩张阶段两种趋势，其原因是政府部门制定的促使经济走出紧缩阶段的宏观经济政策的力度不好控制并具有惯性，且宏观经济政策对经济运行态势的影响效应有 3 个季度左右的滞后期。经济周期作为整个经济系统的宏观背景，往往是投资者对经济前景进行预期的出发点和主要依据。由于过度自信心理偏差的存在，投资者会不同程度地偏离“理性人”的理性预期，进行不理性的决策，从而导致股票价格偏离基础价值，出现股市周期与经济周期不同步现象。

投资者心理偏差在不同经济周期阶段激发下呈现出不同态势，特别是在繁荣和萧条阶段表现尤为显著。张连城（2009）指出，我国最近一轮经济周期的波峰是2007年，从2008年开始进入新一轮收缩阶段。图7－1为运用Census X12季节调整法调整后的我国2003—2011年6月的季度GDP增长率波动趋势图（数据来源于国家统计局数据库）。2007年我国的GDP增速达到波峰，2008年经济发展速度开始下滑，于2009年年初达到波谷。

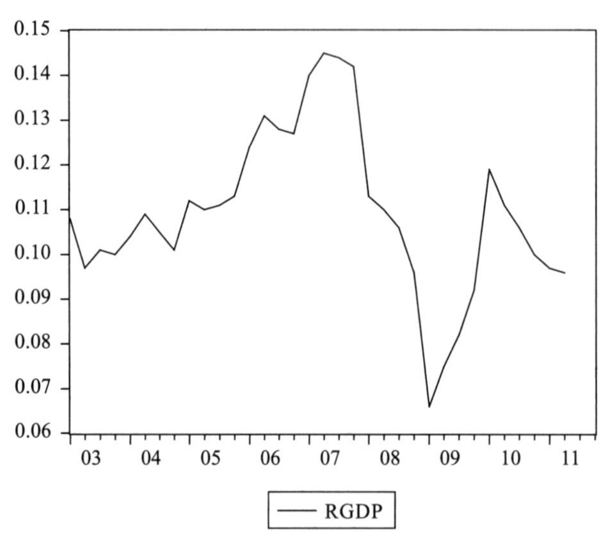

图7－1 经济增长率波动趋势

以图7－1为依据，我们运用波峰—波谷两阶段法，将2003—2011年视为一个经济周期进行分析，以2007年底为经济周期转折点，2003—2007年为经济周期的扩张阶段，2008—2011年为经济周期的紧缩阶段，以此揭示投资者过度自信心理偏差的作用机理及对投资者决策行为的影响，进而廓清经济周期视角下投资者过度自信心理偏差对股票价格的传导机制。

7.2.2 经济周期对投资者过度自信心理偏差的影响

投资者普遍存在的过度自信是一种内生的心理偏差。投资者行为偏差一方面归因于投资者自身的心理偏差，另一方面归因于不确定的外部环境（如整个宏观经济形势走向）。投资者内生的过度自信心理偏差来源于对信息的处理，而宏观经济信息也是其决策的重要影响因素。经济处于扩张期时，投资者对股市的心理预期高，从而选择进入股市进行投资；经济处于紧缩期时，则降低自己对股市的心理期望，选择抛售手中持有的股票。投资者普遍认为只有经济周期真正进入扩张阶段，股市才能进入真正意义上的牛市阶段。当经济周期处于扩张阶段时，投资者会从媒体报道、政府公告等各种媒介获得关于宏观经济形势的消息，结合自己的私人信息进行加工，形成对经济周期所处阶段的判断，此为信息输入加工过程。此时，过度自信心理会让投资者高估股票价格，并过分相信自己能获得高于

平均水平的投资回报率，形成一种信息输出过程，在行为上体现为大量买入自己看好的股票，从而提高股市成交量，换手率也会相应上升。经济处于紧缩期时，投资者对经济形势的心理预期较低，认为自己面临的不确定性和风险增大，过度自信心理波动幅度随之加剧，因而大量抛售手中持有的股票，但这种过度自信心理在之后一段时间会逐渐理性回归，对股市成交量的影响程度也逐步下降。总体而言，投资者过度自信心理在经济紧缩期更为敏感。

人们总是习惯于根据当前宏观经济状况对未来经济运行态势进行预测。除了经济基本面等客观因素外，经济周期性波动也会对人们的主观心理属性产生显著影响，这是导致股价非理性波动的重要根源。当波动幅度远超基本面因素支撑时，股价变动则是投资者主观属性随着经济周期波动进而影响投资决策所致。人类的心理活动是一个复杂的过程，不同时期投资主体的过度自信心理会随着经济周期的波动表现出阶段性特征。张荣武等（2011）通过理论分析证明了经济周期诱发投资者心理偏差变化的原因在于经济周期改变了资产基本面，而随着宏观经济环境的改变，相应伴随着投资者的心理变化，包括投资倾向、风险偏好和对股票未来收益的预期，而这些变化导致投资者过度自信心理偏差强度与方向的改变。

同时，股票市场也会对微观主体（即投资者）的投资行为产生相应影响。Statman 等（2006）研究表明，过去的高股价会增加投资者的过度自信水平，而投资者过度自信水平的提高反过来又会对股价产生推动作用。股价作为一种公共信息会反馈给投资者，当公共信息肯定了投资者决策行为时，投资者过度自信水平会进一步提高，从而推动股价进一步上涨；当公共信息否定了投资者先前决策时，过度自信投资者并不会立即改变先前的过度自信心理偏差及交易决策，只有当同样性质的消息不断地传递给投资者时，才会使投资者过度自信水平下降，其交易决策才可能发生反转。因此，股票价格会对股票市场运行状态和投资者过度自信水平产生重要影响。上述理论分析过程如图 7－2 所示。

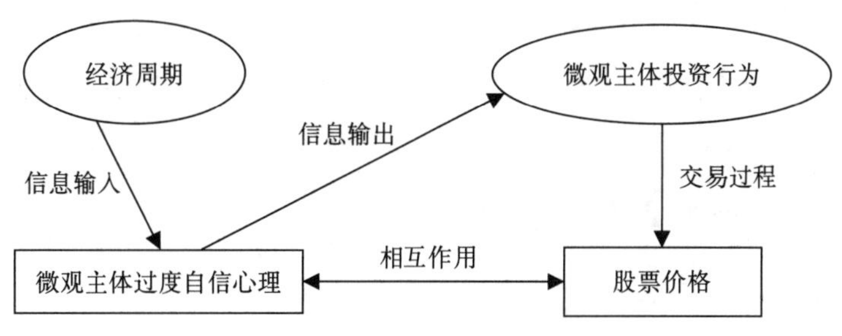

图 7－2　过度自信心理与股票价格传导机制

7.2.3　过度自信心理偏差对股票价格的影响

股票市场的行为主体是投资者，包括个体投资者、机构投资者及庄家等股市参与者。投资者交易行为影响股票价格，而投资者心理又影响投资者行为。因此，研究过度自信心理对股票价格的影响有其现实意义。中国股市“721”法则是一条铁律，过度自信心理偏差的普遍存在可能是其重要根源。同时，“全民炒股论”又助推了投资者过度自信，这一心理偏差的存在对人们投资决策的影响使投资者的实际投资决策偏离“理性经济人”框架，从而对一些金融异象能作出更合理的解释。比如，在投资中存在过度交易现象，而投资者频繁交易所获收益却不足以抵偿为此所付出的成本。Barber 和 Odean（2000）的研究显示，样本中交易次数最多的投资者的平均收益也最低。显然，理性经济人是不应该进行过度交易的。然而，由于人们存在过度自信倾向，深信自己的信息能在交易中获利，而这些所谓的信息其实并不具备投资获利的价值，从而导致过度交易的存在。

过度自信心理使投资者过度交易，股市成交量高。Odean（1998）提出的收入效应假设认为，股票市场的当前交易量与过去的收益可能是高度相关的，由于收入的产生或提高会使投资者进一步高估自己的知识、能力、运气或所拥有的信息，促使投资者进行交易活动，从而影响证券市场成交量。Statman 等（2006）对美国股票市场进行研究后发现：当前整体股票市场的收益率提高 1% 会使当前整个市场的交易量提高 1.2%，同时也导致下一个星期市场交易量提高 55.4%，这一研究结果与 Odean（1998）的观点一致。这说明在成熟的股票市场中存在着投资者过度自信影响成交量的现象。过度自信是一种心理偏差，在投资者行为上则体现为过度交易或者说高成交量。心理学和经济学的研究表明，过度自信投资者比理性投资者更倾向于过度交易，其投资决策的置信区间更窄。由于缩小了自己对股价的概率分布范围，因而过度自信投资者会错误地认为明天价格的分布会达到交易发生所需的条件，于是他们就在信息不足的情况下作出了交易决策。这样，股票市场上的交易行为就增加了，而过度自信投资者犯错的概率也随之增加。

7.3 数据描述与研究方法

Statman 等（2006）提出一个验证股票市场当期成交量与前期收益率相关关系的模型：$V_t = \alpha + \sum_i \beta_{t-i} R_{t-i} + \varepsilon$。在 Odean（1998）收入效应假设的基础上，我们借鉴 Statman 等（2006）模型，建立 VAR（Vector Autoregression）模型如下：

$$V_t = \alpha + \sum_i \beta_{t-i} P_{t-i} + \sum_j \lambda_{t-j} V_{t-j} + \varepsilon \qquad (7-1)$$

$$P_t = \alpha + \sum_i \beta_{t-i} P_{t-j} + \sum_j \lambda_{t-j} V_{t-j} + \varepsilon \qquad (7-2)$$

V_t 表示 t 期上证股市成交量；P_t 表示 t 期上证综指收盘价；β、λ 为待估参数；α 为常数项；ε 为残差项。

我们将上证股市成交量作为投资者过度自信程度的代理变量，采用上证 2003 年 4 月 1 日至 2011 年 5 月 31 日的日度高频数据，共 1983 个样本。按照波峰—波谷两阶段法，将 2003 年 4 月 1 日至 2007 年 12 月 31 日划分为中国本轮经济周期的扩张阶段，将 2008 年 1 月 1 日至 2011 年 5 月 31 日划分为紧缩阶段，通过向量自回归模型检验经济周期不同阶段股市成交量对于前期股票价格与前期股市成交量的反应程度。

由于 VAR 模型要求数据必须是平稳的，因此首先要对上证综指收盘价与上证股市成交量进行单位根检验。对成交量 V 这一时间序列进行平稳性检验的结果如表 7－1 所示。

表 7－1　　成交量序列的 ADF 检验结果

		各显著水平临界值		
	ADF 检验	1%	5%	10%
V	－4.124	－3.433	－2.863	－2.567

可见，成交量序列 ADF 检验 t 统计量在绝对值上分别大于各显著水平下临界值，因此在 1%、5%、10% 显著水平下均拒绝原假设，说明成交量序列为平稳序列。

对上证综指收盘价原始数据进行平稳性检验，接受原假设，数据不平稳。我们将其进行一阶差分，平稳性检验结果如表 7－2 所示。

表 7－2　　上证综指收盘价序列的 ADF 检验结果

		各显著水平临界值		
	ADF 检验	1%	5%	10%
$D(P)$	－44.247	－3.433	－2.863	－2.567

经差分处理后的上证综指收盘价序列 ADF 检验 t 统计量在绝对值上分别大于各显著水平下临界值，因此在 1%、5%、10% 显著水平下均拒绝原假设，说明经差分处理后的上证综指收盘价序列为平稳序列。

7.4　实证结果与分析

首先对上证综指的成交量与收盘价进行 Granger 因果检验，结果如表 7－3 所示。

表 7－3　　Granger 因果检验结果

零假设	F－统计量	概率
成交量不是收盘价的 Granger 原因	5.545	0.004
收盘价不是成交量的 Granger 原因	91.083	1.5E－38

双向检验结果均显著拒绝零假设，这表明成交量与上证综指收盘价存在很强的相互引导关系，验证了我国股票市场上投资者会根据自己得到的股价信息进行决策，其内生的过度自信心理会导致过度交易。

根据不同经济周期阶段对成交量、收盘价这些平稳序列，建立一个滞后阶数为 2（根据 AIC 和 SC 信息准则确定最优滞后阶数）的 VAR 模型，得到的模型估计结果如表 7－4 所示。

表 7-4　　　　向量自回归结果

因变量	常数项	*T* 值	滞后阶数	成交量	*T* 值	收盘价	*T* 值
经济扩张阶段							
成交量	1099558	2.893*	-1	0.724	25.172*	66073.51	11.287*
			-2	0.247	8.694*	-6699.379	-1.101
收盘价	-1.841	-0.956	-1	5.42E-07	3.716*	-0.011	-0.361
			-2	-4.14E-07	-2.878*	-0.0943	-3.057*
经济紧缩阶段							
成交量	13846969	6.510*	-1	0.629	18.457*	116140.9	9.244*
			-2	0.255	7.716*	-3371.57	-0.260
收盘价	-15.339	-2.567*	-1	2.31E-07	2.413*	-0.018	-0.522
			-2	-1.29E-07	-1.383	-0.060	-1.643

注：* 表示显著性水平为 10%，表中的收盘价是其一阶差分形式。

模型大多数参数显著，解释效果较好。当经济周期处于扩张阶段时，滞后一期的收盘价对当期的成交量相关系数为 66073.51，滞后二期系数为 -6699.379；而当经济周期处于紧缩阶段时，滞后一期的收盘价对当期的成交量相关系数为 116140.9，滞后二期系数为 -3371.57。模型结果表明我国股市投资者过度自信心理普遍存在，同时股价对投资者过度自信心理影响逐步递减，经济扩张期投资者过度自信心理波动程度要低于经济紧缩期，这解释了宏观经济向好时我国会有大量新股民入市，但一旦经济开始下滑，大盘指数下跌，便会出现投资者疯狂“杀跌止损”的现象。对投资者来说，宏观经济回暖和向好的局面会大大提高个人投资者对股市投资回报的期望值，投资者在对经济形势这一信息进行加工时，会显著增加投资股市的信心和兴趣，居民储蓄转为投资的意愿增强，进入股市的资金也将持续增加，过度交易行为极易产生，体现为高成交量和高换手率。当宏观经济开始下滑时，投资者会降低对股市投资回报的预期，观望者不会贸然进入股市，股民因恐慌心理抛售手中处于跌势的股票。经济周期作为一个宏观因素，通过影响投资者心理预期来影响投资行为，从而对股票价格产生影响。同时，由表 7-4 可知，滞后一期的成交量对收盘价的影响及收盘价对成交量的影响均小于滞后二期，说明投资者过度自信心理在经历一段时间后会逐步回归理性。

以下引入脉冲响应函数，揭示不同经济周期阶段模型中内生变量之间由于相互扰动所做出的反应，从而考察 VAR 模型的动态特征。鉴于股市数据的高频性，脉冲响应追踪时期数设置为 30，脉冲响应函数曲线如图 7-3、图 7-4 所示。横轴代表滞后阶数，纵轴代表信息冲击的响应程度。图中实线部分为计算值，虚线部分为响应函数值加或减两倍标准差的置信带。根据图 7-3 左边的脉冲响应函数曲线可知，当经济周期处于扩张期，成交量在受到收盘价一个单位正向的标准差的冲击后，在滞后期内的冲击效应为正，成交量上升，这一正的冲击在第二期达到最大（5），在第三期趋向于 0，之后基本无波动而稳定在 0 区域，验证了投资者内生的过度自信心理在短期内受股价影响，但之后便趋向理性。从

图 7 -3 右边的脉冲响应函数曲线看，收盘价对成交量扰动立即作出响应，第一期的响应大约为 1.5E +06，在第二期达到最大（4.00E +06）且为正向，之后成交量对收盘价的扰动缓慢减少且为正向。图 7 -4 左边的脉冲响应函数与图 7 -1 响应趋势大致相同，但其扰动在第三期后仍有轻微波动，扰动效应较经济扩张期显著。图 7 -4 右边脉冲响应函数曲线中，收盘价对成交量第一期扰动大约为 4.00E +06，于第二期达到最大（10.00E +06），之后迅速减少且为正向，说明经济紧缩期投资者过度自信波动程度更高，与上文 VAR 模型实证结果一致。

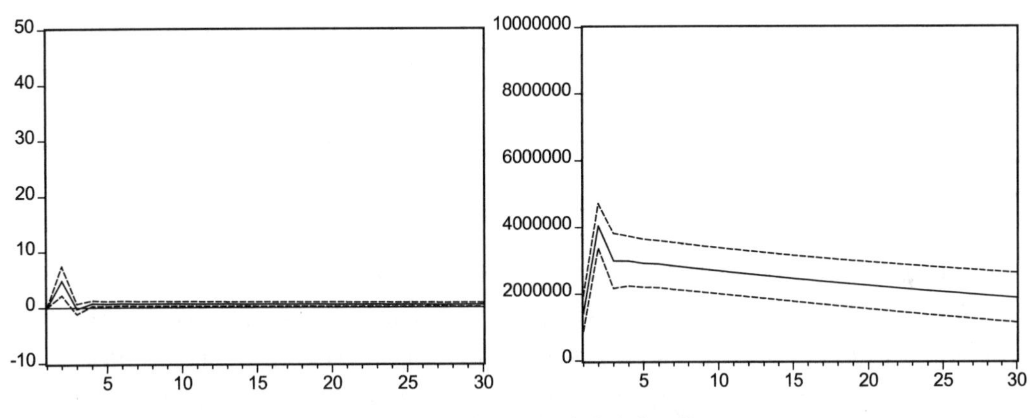

图 7 -3　经济扩张期脉冲响应函数

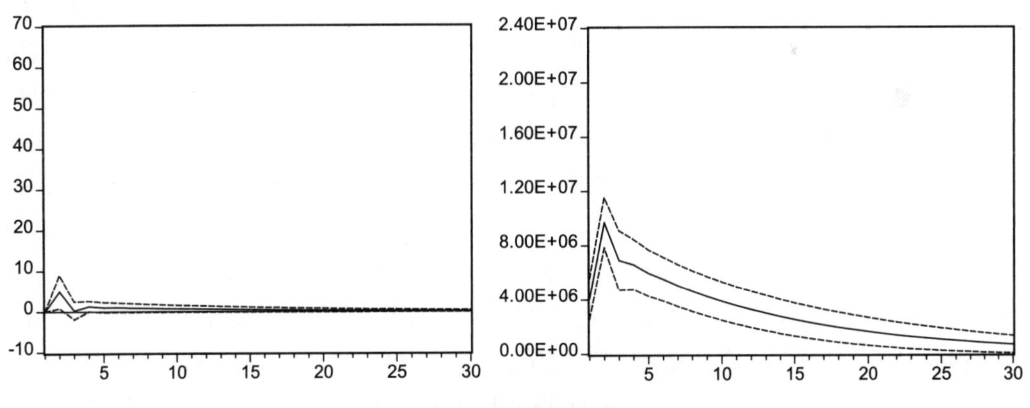

图 7 -4　经济紧缩期脉冲响应函数

本章以经济周期为视角，在运用 VAR 模型对我国经济周期不同阶段投资者过度自信心理偏差进行研究的基础上，利用脉冲响应函数研究了投资者过度自信与股票价格之间的动态影响关系。研究结果表明：我国股票市场普遍存在过度自信心理；经济周期处于扩张阶段时，投资者过度自信显著，而经济周期处于紧缩阶段时，投资者过度自信波动程度较之扩张期更高；过度自信心理在不同的经济周期阶段对股票价格产生了不同的影响。本书提供了一条研究经济周期影响投资者过度自信心理进而作用于股票价格的技术路线，扩展和深化了行为资产定价研究范畴。

第 8 章　普通投资者关注对股市交易量价影响：基于百度指数的实证研究

8.1　引言

互联网、云计算和信息行业的纵深发展开启了大数据（big data）时代，大数据的反作用正在给当今社会带来巨大变革。数据已渗透到当今每一个行业和业务职能领域，成为至关重要的生产要素。在经济、商业及其他领域中，决策将日益基于数据与分析而非经验与直觉作出。如何快速挖掘、高效存储、精准分析与合理运用大数据时代产生的海量数据，是组织、企业和个人提高核心竞争力和科学决策水平的重要标志。

在我国证券市场中，普通投资者占比高，而资本市场的本性是“逐利”，如何选择股票并获利则成为他们关注的焦点。考察普通投资者的决策过程、信息加工过程以及关注度与股票市场量价之间的作用机制，不仅有利于丰富资产定价理论研究，而且有利于个体投资者发现其决策过程的非理性之处，从而不断优化投资决策。

互联网是当代社会极为重要的信息源，网络数据是组织、企业和个人的一种核心资产与战略资源。大数据时代产生海量数据，然而个体的注意力是一种稀缺资源，两者的矛盾凸显出注意力分配的重要性。作为人的一种主观抽象行为，关注难以进行精确量化，对关注的深度研究也就遇到了瓶颈。以百度指数衡量的普通投资者关注能较为准确地反映投资者对某一事物的主观关注程度，使对关注与股票市场之间作用机制的研究更具解释力和预测力。

本章的创新之处在于：①首次以上证 180 指数样本股为研究对象，以百度指数用户关注度衡量普通投资者关注度。现有研究主要是借助心理学上的注意力、媒体发布的信息，以及股票市场公开信息等方式来度量普通投资者关注，客观指标难以准确测量普通投资者关注度这一主观资源。同时，以互联网搜索引擎数据来衡量投资者关注度的研究较少，我们采用上证 180 指数样本股作为研究样本，能较为准确地测度市场中大部分投资者的关注方向。②从互联网搜索引擎这一独特视角进一步揭示普通投资者信息反应机制对股票市场的影响。虽然现有文献对投资者注意力与股票市场之间的作用机制进行了较多研究，但大多数学者仅单一研究了当期关注对股票市场价格收益的影响。然而，投资者在不同期间对信息的关注程度不同，对股票市场价格收益的影响也会不同。我们深入研究了当期和滞后

一期的普通投资者关注对股票市场价格收益的影响，能够更充分合理地解释现实股票市场中的价格反转现象。

8.2　文献回顾与研究路径的提出

8.2.1　投资者关注度量指标

投资者关注（investors' attention）是投资主体在知觉系统和反应系统共同作用下对捕捉到的信息的一种积极加工。关注被定义为一种信息输入的主观活动，个体的关注能力能够反映信息输入的程度并能够满足人们对信息的需求（Kahneman 和 Tversky，1973）。

投资者关注度的准确衡量一直是学术界的一大难题。人的眼球在一段时间内看到的信息碎片数量可以度量关注度，即用一段时间内个体注意到的碎片总数量来衡量注意力，令“关注度 = 时间 × 单位时间信息碎片数量”（Posner 和 Petersen，1990）。作为投资者关注度的一个间接衡量标准，媒体发布的信息数量能在一定程度上反映投资者的关注方向，媒体对某只股票信息发布频率越高，则投资者对该股票关注程度也越高。相关研究分别以含有该公司名称的新闻标题作为衡量某只股票被媒体关注的程度（Chan，2004）、以广告费支出的多少来衡量上市公司股票被投资者关注的程度（Grullon 等，2004）以及以媒体覆盖度（权威报纸上的文章数量）反映上市公司曝光度（Fang 和 Peress，2009）。这些研究均基于投资者被动接受他们易于获知的信息这一假设，以被动关注度作为投资者关注的替代变量。以股票市场的内部指标间接衡量关注度的研究也不在少数。股票市场自身发布公告前 3 个月的平均换手率可以衡量投资者关注度，将所有股票分成高、低不同的关注组，可以考察其换手率在荐股公告前后的变化，即投资者关注度的变化（Gervais 和 Kaniel，2001）。

基于互联网搜索的研究在近年来得到越来越多学者的关注。搜索数据具有重要价值，将搜索数据应用于市场研究中，以此来预测市场收益和公司未预期盈余是一个有价值的研究方向（Da 等，2013）。搜索量指数是指某一关键词在谷歌搜索引擎中被搜索的程度，将股票代码作为搜索关键词，能将每只股票的搜索量指数定义为量化了的该股票的投资者关注度（Ding 和 Hou，2011）。谷歌搜索在美国市场占有率达到 70% 以上，基于此，使用 Google 趋势并以通货膨胀为关键词的搜索指数，能够反映散户投资者对通货膨胀的预期（Guzman，2011）。同样，谷歌趋势对股票代码的搜索量指数可以度量个体投资者对股票关注程度（Thomas 和 Jank，2011）。

从上述文献来看，现有研究是通过心理学上的注意力、媒体发布的信息以及股票市场公开信息等方式来度量投资者关注，这类研究是以一种客观指标来测量投资者关注度这一主观资源。然而，现实股票市场变化莫测，诸多因素的存在使市场表现非常复杂，媒体发布的公开信息并非一定能为投资者所捕捉，因此，被其忽视掉的信息不可能被投资者加工并最终反映在股票成交量或股票收益中。以股市成交量或换手率来度量投资者关注度则更为牵强，因为这些指标的影响因素过多，单纯以此作为投资者关注的替代变量不具有说服力。因此，近年来对投资者关注的研究中，出现了一种较为科学的指标来衡量投资者对信息的主动关注程度，即搜索量指数。

8.2.2 基于互联网的普通投资者关注对股票市场量价的影响

互联网在信息搜集过程中扮演着举足轻重的角色，基于互联网搜索的关注度会对证券市场产生重要影响。涨停股会在短期内吸引投资者目光，进而产生高企的买入量，原因在于当期股票的高收益吸引了投资者的高度关注（Seasholes 和 Wu，2007）。互联网搜索引擎体现了投资者关注导向，加快了信息搜寻速度，扩大了信息搜寻广度，以搜索量指数度量的投资者关注与整个股票市场之间的收益和波动存在显著相关性（Dzielinski，2012）。百度指数可度量个体投资者关注度，这种量化了的投资者关注可以在一定程度上解释股票异常收益，且在中国股票市场中，主板信息有效性强于创业板及中小企业板（Zhang 等，2013）。投资者关注对基于信息公布后的股价产生负向效应，同时上市公司管理层易于对盈余公告作出反应，管理者的反应也会在一定程度上体现在股票市场各项指标中（权小锋和吴世农，2010）。谷歌趋势提供的关键词周度搜索量数据也是一种注意力度量指标，行为财务金融学的投资者关注理论能系统解释 IPO 市场存在的三种异象，即首日超额收益、热销市场与长期反转，这三种异象均与投资者关注的变化有关（宋双杰等，2011）。媒体对上市公司当期关注度越高，会导致其下期股票平均收益率下降，由于“过度关注弱势”的存在，媒体效应会逐渐减弱，高关注度的股票收益将因反应过度发生反转（饶育蕾等，2010）。以创业板上市的 196 只股票为搜索样本，将百度指数样本关键词搜索量作为投资者关注度的替代变量，以此结合股票市场量价表现进行研究，揭示出投资者关注在当期能对市场价格造成正向压力，在非交易日期间，投资者关注会对下一交易日股票集合竞价时的价格跳跃产生显著影响（俞庆进和张兵，2012）。

上述研究将互联网搜索量数据应用于财务金融领域，以此考察投资者关注对股票市场的影响，其不足之处体现在：以市场指数作为搜索关键词是从整体上来衡量投资者关注，但股票市场投资者个体存在显著差异，且不同股票的关注程度也不一致，将其进行整体研究不具有解释力。以创业板股票作为研究对象则无法反映整个股市的情况，创业板上市公司大多为中小型企业，主要是创新型企业，行业较为单一，无法反映中国股市整体状况，因此研究对象过于狭隘。故本书采用上证 180 指数能较为充分地反映整体市场的关注情况，更加贴近现实，使研究结论更具说服力。

8.3 理论分析与研究假设

在中国证券市场上，投资主体通常被分为机构投资者和普通投资者两大类，普通投资者往往倾向于通过自行收集信息来辅助决策，情绪控制能力较差，容易出现从众行为，对

股票未来收益预期常常偏离实际，各种内在缺陷使其常常陷入认知陷阱而作出非理性决策。作为现实生活中的一种稀缺资源，普通投资者无法关注到证券市场上每一家上市公司的所有信息，而是倾向于搜集较为熟悉的上市公司的信息。普通投资者关注对股票市场影响机理如图 8 - 1 所示。

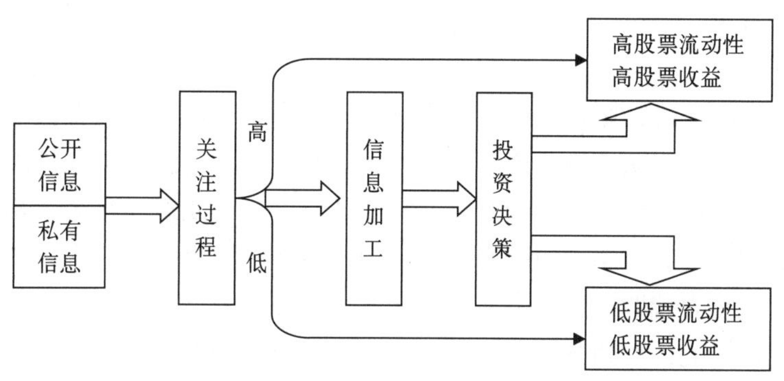

图 8 - 1　普通投资者关注对股票市场的影响机理

普通投资者获取的信息可分为两大类：公开信息和私有信息。在现实生活中，普通投资者接触到的公开信息指的是大众传媒传播的信息，如报纸、电视、网络所发布的新闻，信息覆盖面较广，包括宏观经济状况、行业信息、上市公司基本情况等。客观上来讲，这类信息可以被所有投资者关注到，因为信息传播源是一致且公开的。私有信息指的是普通投资者通过自己的私人渠道收集到的相关信息，并非在市场上公开传播，不能为所有投资者所获知。由于我国市场经济正处在新兴加转轨的阶段，证券市场存在诸多不完善的地方，无论是制度还是信息公布机制均无法较好地解决信息不对称问题，且我国股市存在着内幕交易、关联方交易等情况，同时媒体曝光的关于上市公司舞弊和欺诈行为的新闻也触动投资者的神经。因此，普通投资者不可能完全依赖公开信息来作出投资决策，也会通过私人渠道获知更真实的信息来辅助决策。此外，信息的内容在一定程度上会影响投资者关注程度，如特定的爆炸性消息往往会在短期内迅速凝聚投资者目光。

在资本市场上，信息被普通投资者关注可以分为两种情况：一是充分关注；二是有限关注。充分关注是指普通投资者因某个特定的引人注意的事件而对相关上市公司股票过度反应，使其股价偏离基本面。中国股市被很多学者称为“政策市”，即政府或监管机构发布的信息往往易于引起一个行业大震动，关注的有限性又决定了投资者无法知晓所有信息，从而在股票市场进行博弈时容易出现对市场反应不足的情况，进而反映在股价和成交量上。普通投资者的经济行为常常包含着理性和非理性因素，理性因素在于他们可通过自身的专业学识、经验等内在积累对信息作出理性加工，非理性因素则是我们常说的灵感、直觉等心理因素，两者共同作用于整个信息决策过程和经济行为。投资者关注的对象是信息，信息数量会随着时间的延长而不断膨胀，然而各种因素决定了人的注意力是有限的，因此普通投资者必须学会合理分配自己的注意力资源。赫拉克利特有句名言“人不能两次踏入同一条河流”，说的虽然是辩证唯物主义的哲理，但从心理学角度而言，人的注意力也是随时随地在永恒变化的，人不可能将自己的注意力同时集中于两个或两个以上的客观事物上。此外，投资者在决策过程中可能因自身信息处理能力有限而将复杂的信息进行简单化处理，导致非理性决策。

信息加工处理过程总体而言可以分为两步。首先，投资者接收初始信息，并对信息进行初步判断和辨别，筛选出有效信息；其次，根据上一步过滤得到的信息进行深度加工。从整个过程可以看出，普通投资者将注意力分配在不同的信息上，这种注意力分配将最终决定投资行为。

信息加工过程结束后，则进入决策行为阶段，简言之，普通投资者通过买入卖出股票构建自己的投资组合。股票市场是建立在实体经济基础上的一种虚拟经济表现形式，是由资金、时间与人类意志等组成的，因此普通投资者对信息的注意自然会影响股票市场及股价。人控制着一切资金和筹码，而时间为能量的积累和耗散提供了一个重要平台，股市此起彼伏的波动变化代表着股市所有参与者各式各样的注意力合力运行轨迹，记录着市场参与者的心路历程。因此，股票价格和流动性指标均包含了普通投资者关注的影响。普通投资者关注对经济行为的影响，最终会在股票收益及流动性指标上得以体现。

当普通投资者聚焦于某只股票的信息，容易因注意力集中而驱动交易行为，导致成交量和换手率提高，以及随后的股价波动。标准金融学假设市场完全有效，股票价格是均衡价格，信息完全对称，关注现象并不会单独影响股价，因为股价会完全反映其真实价值。然而，这种假设在现实股票市场中并不完全成立。对于普通投资者关注和股票市场流动性之间的作用机制，学者们主要基于以下两个层面进行研究：

一是注意力驱动交易行为。普通投资者对某一股票信息的聚焦，会使其在股票市场上进行频繁买卖。心理学研究为此提供了理论支撑，即个体对信息的关注程度越高，信息被加工的频率就越高，大脑获取的刺激越多，个体据此作出反射行为的概率也就越大。

二是过度交易。行为财务金融学的一个重要结论是投资者普遍是过度自信的，且中国普通投资者过度自信程度相对偏高。过度交易指的是投资者对自己所获知的信息过于自信而高估信息的准确性，在这种情况下，他们会对信息作出非理性反应，股票市场高成交量的部分原因即源于此。

由于个体的注意力是有限的，在面对海量信息时，会在不同的信息之间配置有限的注意力，从而引起注意力驱动交易行为，导致股票市场流动性变化。同时，对单个投资者而言，其决策的备选范围相对有限，对于股市中的若干股票，能吸引投资者关注并买入的始终是少数股票，卖出股票也仅限于其持有的股票。当投资者对某只股票产生较高的关注度时，则易于产生交易压力。

对于投资者而言，股票交易量隐含着不能被直接观察到的信息，尤其是市场不够明朗的时候，交易量就是明确的市场信号，当投资者对股票高度关注时，高市场流动性会吸引更多投资者关注，从而使股票流动性更强。据此，本章提出以下假设：

H8-1：在控制其他因素的条件下，普通投资者关注度与股票流动性正相关。

在普通投资者高占比的中国股票市场，上市公司发布的公告易于引起投资者高度关注，这些公告内容往往涉及并购、红利分配、业绩预告等重大内容，影响股票未来收益。

短期而言，普通投资者会因为对这类信息的聚焦而作出投资决策，造成市场过热的假象，这种情况在中国股市屡见不鲜。相关研究表明，中国股市存在显著的“羊群效应”，人们往往容易随大流而作出大众化的投资决策，现实中某只热门股会突然受到众多投资者的追捧，并非因为其良好业绩消息发布，而是由于该只股票的交易量大增，股票收益率在短期得到一定程度的提升。然而，股票价格最基础的支撑是基本面价值，拥有高投资者关注度的股票会在一段时间后发生价格反转，收益率会逐渐回落至正常情况。

股票市场的重大消息或者市场变化，都会给投资者带来强烈刺激，尤其是对股市变化特别敏感的普通投资者，爆炸性信息的发布会受到高度关注。股票信息包括国家宏观层面的经济和政策以及微观层面的企业自身经营发展情况，而企业对外发布的正规信息需要个体投资者自行搜索才能发现。由于中国股市信息披露机制并不完善，普通投资者在股市博弈中往往处于劣势地位，当他们对某只股票高度关注时，会在短期内形成一种买入压力，这种买入行为将导致股票价格在短期内上涨，但是普通投资者常常伴随着过度自信的非理性心理，关注部分股票消息的机会成本是忽视其他股票消息，这种由高关注度支撑的股票价格将在长期内下跌，回归真实价值。用图 8 -2 可以模拟该过程。

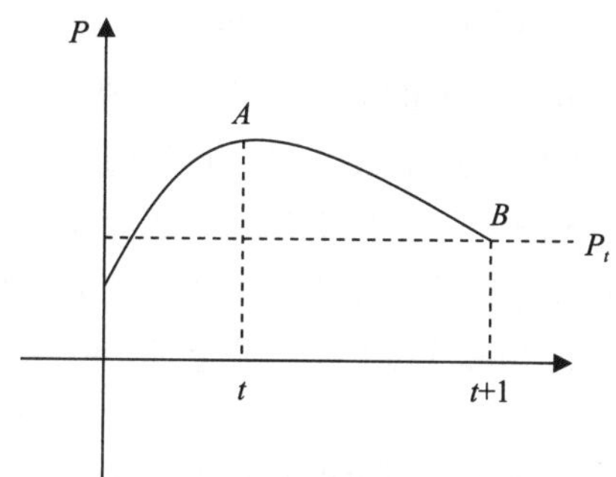

图 8 -2　股票收益反转过程

在图 8 -2 中，横坐标表示时间，纵坐标表示股价，假设 A 点表示股票在 t 期受到投资者高度关注，投资者对股票的追捧会导致股价大幅上涨，但随着市场逐渐恢复理性，股票已经无法再持续产生正的收益，从而使股价在 $t+1$ 期回落至真实价值 P_t，即落在 B 点。此过程亦符合中国股市普通投资者大多倾向于进行短线操作的现状，因此由当期高关注度产生的正向收益将于近期内发生反转。于是，本章提出以下假设：

H8 -2：在控制其他因素的条件下，普通投资者关注对当期股票收益产生显著正向影响，但该影响会在近期发生反转。

8.4　研究设计

8.4.1　样本选择与变量定义

对于普通投资者关注的度量，学术界提出了利用媒体发布的新闻数量、东方财富网股吧发帖数量以及股市公开指标等作为关注的替代变量，较之这些外部数据而言，投资者主动搜索的数据更能体现注意力的真实导向，因此也有学者引用谷歌趋势的搜索量指数进行相关研究，然而对中国股市的研究，谷歌数据并不具代表性。2010 年 3 月，谷歌宣布退出中国大陆市场，将搜索服务转移至香港，同时根据 CNCC 数据中心对国内主流搜索引擎的统计分析，百度搜索在中国内地的市场占有率一直处于遥遥领先的地位。以 2011 年 12 月的数据为例，百度搜索市场占有率为 83.41%，搜狗以 6.7% 位居第二，而谷歌的市场占有率仅为 5.48%，因此采用百度指数这一搜索量指数作为衡量普通投资者关注的指标更具有说服力。

我们选取的样本均来自上证 180 指数样本股。上证 180 指数样本股均是一些规模大、流动性好、行业代表性强的股票，这类股票更易受到普通投资者的关注。百度指数这一服务到 2006 年才开始应用，大多数以股票简称为搜索关键词的搜索量数据至 2008 年才开始被抓取，鉴于百度指数的可获得性，对于时间区间的选择，选取 2009 年 1 月至 2011 年 12 月的月度数据，以获取足够多的市场截面数据。样本量中剔除了具有双重或多重意义的股票简称关键词的样本（如白云机场，搜索量的数据中可能包含大量的非投资意向的搜索），同时剔除了样本期间内的 ST 股、样本期间内被剔除出上证 180 指数的股票以及搜索数据缺失的股票，共得到 114 个 A 股市场上的股票样本。百度指数数据的具体搜集过程如下：进入百度指数后，输入股票简称作为搜索关键词，同时输入选择期间，点击确定后，将出现用户关注度及媒体关注度折线图，每一时点对应一个关注度数据，将每日数据收集好后计算其月度平均数据，以此作为百度指数月度关注度。其他研究变量数据均来自色诺芬数据库，本书考察的样本数量范围实际涵盖了大部分上证 180 指数的样本股，可以保证研究结果可靠性。

基于以上分析，将选取百度指数中的用户关注度作为关注度的替代变量，为使数据更加平滑，本书构建了普通投资者关注指标：

$$AT_{i,t} = \log(Numberindex_{i,t}) \quad i = 1, 2, \cdots, N; t = 1, 2, \cdots, T \tag{8-1}$$

研究变量如表 8-1 所示。

表 8-1　变量定义表

	变量表示	变量定义
因变量	$RET_{i,t}$	第 i 只股票第 t 期收益率
	$ARET_{i,t}$	第 i 只股票第 t 期超额收益率
	$ABSARET_{i,t}$	第 i 只股票第 t 期绝对值超额收益率
	$TVOL_{i,t}$	第 i 只股票第 t 期成交量
	$DTRD_{i,t}$	第 i 只股票第 t 期换手率
自变量	$AT_{i,t}$	第 i 只股票第 t 期普通投资者关注度
控制变量	$SCA_{i,t}$	第 i 只股票第 t 期取对数后的公司市值
	$PB_{i,t}$	第 i 只股票第 t 期市净率
	$MRE_{i,t}$	沪市市场指数第 t 期收益率

8.4.2　模型设计

由于市场可能存在交易量放大而股票价格在盘中调整的情况，因而收益率指标并不能很好地衡量市场交易活动的强弱程度，为此，选择成交量和换手率两个指标，研究普通投资者关注对市场交易活动的影响。参考俞庆进和张兵（2012）提出的改进 Fama 三因素模型，我们构建模型如下：

$$MARIND_{i,t} = c_i + \beta_1 AT_{i,t} + \beta_2 SCA_{i,t} + \beta_3 PB_{i,t} + \beta_4 MRE_{i,t} + \varepsilon_{i,t} \qquad (8-2)$$

此处 $MARIND_{i,t}$ 为第 i 只股票第 t 期的市场指标，这里分别代表换手率和成交量。

面对股票市场中众多的股票，普通投资者在选股过程中，往往会对几只股票有初步的购买意向，他们会不断搜集信息验证自己的决定，进而作出相应的投资行为。在获取信息之后，有时不会在当期作出即时反应，因为信息在整个搜集加工过程中需要时间，因此当期普通投资者关注与滞后期普通投资者关注所引起的股票市场表现可能不同，这对于研究股市反转现象具有一定解释意义。

为此，我们构建了以月度收益率为被解释变量，以普通投资者关注度、公司规模、市净率以及市场组合收益率为解释变量的面板回归模型。由于需要检验普通投资者关注度是否会导致股票收益产生反转效应，对于普通投资者关注变量分别选取当期和滞后一期进行研究，构建了两组模型：

$$RET_{i,t} = c_i + \beta_1 AT_{i,t} + \beta_2 SCA_{i,t} + \beta_3 PB_{i,t} + \beta_4 MRE_{i,t} + \varepsilon_{i,t} \qquad (8-3)$$

$$RET_{i,t} = c_i + \beta_1 AT_{i,t-1} + \beta_2 SCA_{i,t} + \beta_3 PB_{i,t} + \beta_4 MRE_{i,t} + \varepsilon_{i,t} \qquad (8-4)$$

8.5　实证结果

采用 LLC 检验对数据进行单位根检验，结果如表 8 -2 所示。

表 8 -2　　单位根检验结果

*Levin, Lin & Chu t**	*AT*	*ABSARET*（%）	*ARET*（%）	*RET*（%）
Statistic	-20.874**	-50.659**	-50.445**	-51.966**
Pro. **	0	0	0	0
*Levin, Lin & Chu t**	*DTRD*（%）	*MRE*（%）	*PB*	*SCA*
Statistic	-226.208**	-49.147**	-29.923**	-27.232**
Pro. **	0	0	0	0

注：** 表示在 5% 的水平上显著，* 表示在 10% 的水平上显著。

由表 8 -2 可知，变量的 *LLC* 检验的 *P* 值均为 0，上述序列均拒绝存在单位根的零假设，因此这些时间序列均为平稳，变量之间为同阶单整。

模型（8 -2）的 Hausman 检验结果如表 8 -3 所示。

表 8-3 Hausman 检验结果

TVOL	*Coefficients*			
	fe	*re*	*Difference*	*S. E.*
AT	0.843	0.823	0.02	0.006
SCA	-0.159	-0.087	-0.072	-0.019
PB	0.009	0.005	0.004	0.001
MRE	0.948	0.958	-0.01	0.007
$Chi^2(1)=35.74$	$Prob>chi^2=0.000$			
DTRD	*Coefficients*			
	fe	*re*	*Difference*	*S. E.*
AT	1.521	1.085	0.436	0.156
SCA	-1.663	-0.921	-0.742	0.329
PB	0.11	0.066	0.045	0.016
MRE	6.979	6.953	0.026	0.079
$Chi^2(1)=33.13$	$Prob>chi^2=0.001$			

由表 8-3 可知，模型中 Hausman 统计量的值分别为 35.74、33.13，参数整体检验 *P* 值均小于 0.05，说明随机效应模型的假设无法满足，个体效应与回归变量是相关的，所以采用固定效应模型比较合适，模型的回归结果如表 8-4 所示。

表 8-4 面板回归结果

Panel 1				$F(4, 3989)=60.32$ $Prob>F=0.000$		
DTRD	*Coef.*	*Std. Err.*	*t*	$P>\|t\|$	95% *Conf.*	*Interval*
AT	1.521	0.273	5.58 **	0	0.987	2.056
SCA	-1.663	0.361	-4.60 **	0	-2.371	-0.955
PB	0.11	0.022	5.13 **	0	0.068	0.152
MRE	6.979	0.505	13.83 **	0	5.989	7.968
C	14.426	3.449	4.18 **	0	7.665	21.187
Panel 2				$F(4, 3989)=435.1$ $Prob>F=0.000$		
TVOL	*Coef.*	*Std. Err.*	*t*	$P>\|t\|$	95% *Conf.*	*Interval*
AT	0.843	0.023	36.09 **	0	0.797	0.889
SCA	-0.159	0.031	-5.13 **	0	-0.22	-0.098
PB	0.01	0.002	5.21 **	0	0.006	0.014
MRE	0.948	0.043	21.92 **	0	0.863	1.033
C	7.804	0.296	26.36 **	0	7.224	8.385

注：** 表示在 5% 的水平上显著。

由表 8-4 可知，两个模型的 *F* 统计量分别为 60.32、435.1，且其 *P* 值均为 0，说明

参数整体上比较显著。回归结果中，在控制了公司规模、市净率以及市场组合收益率等因素影响后，*AT* 的系数分别为 1.521、0.843，说明普通投资者关注对市场流动指标具有显著正向效应。在其他影响流动性的因素中，市场组合收益率也对股票流动性产生较大影响，说明投资者在决策时会考虑整个市场的总体状况，当市场好转时，投资者对股市形成乐观预期，加大买入行为频率，提高了股市流动性；当市场低迷时，投资者会对股市形成悲观预期而持币观望，降低了股市流动性。

普通投资者面对股票池中众多股票时需要构建证券投资组合，往往会对几只股票有初步购买意向，随后通过百度搜索引擎去搜寻详细的决策信息，对信息进行加工后才会在股市中进行买卖从而导致换手率或成交量增大，而不是因高换手率或高成交量才吸引更多普通投资者关注。该研究结果验证了 H8-1，也说明在我国股票市场上基于关注而进行投资的人数所占比例相对较大，由此产生高关注带来高市场流动性的现象。

由表 8-5 可知，模型中 Hausman 统计量的值分别为 49.38、119.39，参数整体检验 *P* 值均为 0，说明随机效应模型的假设无法满足，个体效应与回归变量是相关的，因此采用固定效应模型比较合适，模型的回归结果如表 8-6 所示。

表 8-5　　Hausman 检验结果

RET	*Coefficients*			
	fe	*re*	*Difference*	*S. E.*
AT	0.028	0.094	0.019	0.009
SCA	0.034	-0.005	0.039	0.015
PB	0.005	0.002	0.004	0
MRE	1.149	1.137	0.012	0.004
Chi^2 (1) =49.38	$Prob > chi^2$ =0.000			
RET	*Coefficients*			
	fe	*re*	*Difference*	*S. E.*
LAG_ AT	-0.122	-0.046	-0.075	0.009
SCA	0.135	0.016	0.119	0.015
PB	0.004	0.003	0.001	0
MRE	1.034	1.093	-0.059	0.006
Chi^2 (1) =119.39	$Prob > chi^2$ =0.000			

表 8-6　　面板回归结果

Panel 1				F (4, 3989) =796.7　*Prob* > *F* = 0.000		
RET	*Coef.*	*Std. Err.*	*t*	$P>\|t\|$	95% *Conf.*	*Interval*
AT	0.029	0.011	2.50 **	0.013	0.006	0.051
SCA	0.034	0.015	2.24 **	0.025	0.004	0.064
PB	0.005	0.001	5.10 **	0	0.003	0.006
MRE	1.149	0.021	54.14 **	0	1.107	1.19
C	-0.449	0.145	-3.10 **	0.002	-0.733	-0.165

续表

Panel 2				F (4, 3644) =793.68 Prob > F =0.000		
RET	*Coef.*	*Std. Err.*	*t*	*P* > | *t* |	95% *Conf.*	*Interval*
LAG_ AT	-0.122	0.012	-10.55 **	0	-0.144	-0.099
SCA	0.135	0.015	8.86 **	0	0.105	0.165
PB	0.004	0.001	4.15 **	0	0.002	0.005
MRE	1.035	0.023	45.56 **	0	0.99	1.079
C	1.27	0.648	1.960 **	0.05	0	2.539

注：** 表示在5%的水平上显著。

由表8-6可知，两个模型的 F 统计量的值均较高，相应的 P 值均为0，模型整体参数非常显著，在控制了市场组合收益率、个股规模、市净率等因素后，当期普通投资者关注对当期收益率有显著正向影响，一个单位的关注度能带来0.029个单位的超额收益率，而上期普通投资者关注度对当期收益率有显著负向影响，一个单位的关注度带来-0.122个单位的超额收益率，下降了0.151个单位，说明普通投资者关注度的正向影响会在近期内发生反转。

就市场整体角度而言，实证结果也可以更好地解释股价被高估或低估现象。一般情况下，股票市场发布的信息是公开的，理论上而言能被所有投资者获知，当市场整体普遍对某只股票高度关注，且基于信息判断对市场形成乐观预期，此时股票价格会上涨，但是这种高股价可能是一种泡沫，因此投资者此时的决策其实是非理性的。买股票就是买上市公司未来的优秀业绩，只有拥有良好的发展前景和优秀业绩的上市公司才能持续支撑起高股价，但是市场所传递的、被普通投资者关注到的信息有时并不能明确分辨其属性，这依赖于个人判断，因此原先仅由高关注度而产生高收益的股票会在后期发生反转。

本书先假设普通投资者对股票有一个初步购买预期，随后对信息进行关注并加工再作出投资行为，信息经过有限理性投资者的聚焦后将使投资者坚定初步决策信念，从而提高买入频率，因此在当期股票会表现出正向超额收益。仅由普通投资者关注带来的超额收益是短暂的，这种现象会在一定时间内发生反转，说明滞后的关注将使原先的超额收益回落。同时，反转现象也说明普通投资者关注独立于其他市场基本面信息而对市场产生影响，如果这种正向的价格压力是公司基本面信息带来的，那么这种价格压力有着实际的需求支撑，便不会在短期内产生如此显著的反转现象。股票反转现象是股票市场中的一种异象，在以新闻数量衡量普通投资者关注的相关研究中，反转现象同样存在，不同之处在于百度指数度量的是一种主观意愿上的搜索，能更准确地衡量注意力，而新闻数量只是一种客观数据。普通投资者对某个信息过度反应，进而频繁交易，造成市场繁荣现象，后入市的普通投资者则会加剧对该股票的追捧，造成短期市场繁荣，然而持续一段时间后，这种繁荣会减弱甚至消失，市场会逐渐回归理性，股票价格将向真实价值回归。在有限的投资者关注下，高关注度在当期会带来投资者购买力量，从而产生正向价格压力，出现关注度溢价，由于这种关注度并没有基本面信息支撑，普通投资者在获取其他相关信息后，可能

意识到价格中包含关注度溢价，便会出售股票获取溢价收益。因此，前期关注度越高，随后价格回落幅度越大。

8.6　稳健性检验

为了检验上述研究结论的稳健性，以变量替换的方法进行检验。对于普通投资者关注度的衡量指标，我们选用和讯网上证 180 指数样本股的新闻篇数来进行度量。和讯网是一家同时拥有互联网新闻信息服务许可证、信息网络传播视听节目许可证及证券投资咨询资质的网站，月均覆盖用户超过 6000 万，全年覆盖用户过亿，其中股民覆盖率为 79%，成为中国财经网站领袖。选择和讯网的新闻发布数量几乎能覆盖主流媒体发布的财经信息，同时还避免了信息重复计量。最终检验结果虽然在具体数值上略有差异，但是模型参数整体检验仍旧显著，普通投资者关注能独立对股票市场产生影响，高关注度会带来高交易量，普通投资者关注在当期能够对市场造成正向的价格压力，而这种压力将很快发生反转。故研究结论具有良好的稳健性。

8.7　结论

搜索引擎的广泛应用促使互联网成为普通投资者获取信息的重要渠道。百度指数体现关键词被搜索的频率，在一定程度上表征着投资者对信息的关注程度。本章以上证 180 指数样本股为研究对象，以百度指数用户关注度衡量普通投资者关注度，揭示了普通投资者关注对股票流动性及股票收益的影响机制。通过实证研究，得出以下结论：

（1）在控制其他影响因素后，普通投资者高关注度将伴随高市场流动性，外部信息刺激会驱动注意力导向，而注意力会驱动投资者作出交易行为，同时由于内生的过度自信的存在，普通投资者会提高决策行为频率，导致股票高成交量现象。单只股票的高流动性是基于普通投资者对此聚焦形成的高关注度而产生的，一旦这种关注减弱或者消失，股票成交量或换手率也会相应降低。

（2）当期普通投资者关注对股票收益有正向影响，但这一现象会在一段时间后发生反转。由关注产生的正向超额收益能在当期得到迅速反应，但是长期的正向超额收益需要良好的基本面支撑，随着大量信息逐渐传播并被普通投资者准确消化，这种正向超额收益会在持续一段时间后逐渐消失，股票价格会恢复至基本价值，甚至产生负向收益。

第9章　投资者有限注意视角下并购重组公告的短期财富效应研究

由于市场的不成熟和信息披露制度的不健全，并购重组信息经常遭遇提前泄露，成为内幕交易者提前炒作对象，进而引发股票价格和交易量的异常波动（周嘉南和黄登仕，2011；李小晗和朱红军，2011）。然而，市场中的投资者往往是有限注意的，仅考虑引起其注意力的那部分信息，并不能对所有可得信息进行全面处理。因此，在面临并购重组信息时，投资者就会反应过度或反应不足，加剧股票价格和交易量波动的异常性。虽然现有研究认为并购重组会导致短期财富效应，但并未以有限注意为研究视角作出解释。由此引申出两个问题：一是有限注意如何影响投资者处理并购重组信息？二是如何解释并购重组短期财富效应变动？

9.1　文献综述与研究假设

作为市场中的利好消息，并购重组信息通常向投资者传递并购重组能够产生协同效应，使投资者对并购双方形成良好预期，进而在公告日后增持股票。而信息披露制度的不完善与市场机制的不成熟，导致市场提前对并购重组信息作出反应，使内幕交易泛滥（Keown 和 Pinkerton，1981；Holdernees 和 Sheehan，1985；Eyssell 和 Arshadi，1993；杜兴强和聂志萍，2007；唐雪松和马如静，2009）。一旦并购重组信息演化为内幕信息，内幕交易者就会大肆炒作，引起股票产生异常交易量和收益率。“动量交易者”因“随价而行”进行买卖决策，与此同时，“噪音交易者”会关注以“小道消息”形式传播的并购重组信息。

公告日前，内幕交易者最先获得刚泄露的并购重组信息。此时，内幕交易者并不会拉升股价（除非并购重组信息已距公告时间不远），而是通过压低股价以期低价吸收股票筹码，赚取超额利润。当筹码足够多时，内幕交易者就会拉抬股价，增加超额收益率（江斌，2002）。随之，动量交易者也会作出买入决策，助推并购重组信息在市场中扩散，被噪音交易者获知。随着内幕交易者拉升股价的力度日益增强，动量交易者就会不断增多，市场中的噪音情绪亦会越来越重。因此，越是临近公告日，这三者所代表的投资势力产生的交互叠加效应越强，投资者的关注度和参与度也会随之增加，助推了异常收益率的提

高。在这一过程中，内幕交易者无疑扮演了至关重要的角色。

并购重组信息在公告日后便会成为公开信息，没有信息优势的内幕交易者就会逐渐放弃投机炒作，抛售股票，赚取超额收益。随着内幕交易者相继卖出股票并积累到一定数量时，股价便呈现下跌态势。但相较于内幕交易者来说，动量交易者和噪音交易者受非理性因素影响并作出卖出决策的速度会慢得多，从而延滞了股价下跌速度。然而，不知情交易者仍然将并购重组信息视为利好信息，选择买入股票，也就进一步减缓了股价下跌趋势。内幕交易者在公告日前扮演市场主力角色，在公告日后一段时间里依旧是市场主力。因此，内幕交易者相继卖出股票引发的股价跌势会超过其他类型投资者股票交易而延缓的股价下行压力。因而在公告日后股价总体上呈现下跌趋势，并且越临近公告日，股价大幅下跌的可能性越大。于是提出以下假设：

H9－1：公告日前后，主并公司股票因不同投资者有限注意程度的不同而产生短期财富效应，且越临近公告日，短期财富效应越显著。

于李胜和王艳艳（2010）指出，信息披露所产生的经济后果往往会受到投资者注意力分配方式的影响。与周内其他时间相比，周五和周末发布的盈余公告更容易导致强烈的价格漂移，原因是投资者很少关注周五和周末发布的信息，一旦关注到，就会过度反应（Bagnoli 等，2005）。管理层倾向于选择周五发布价值高驱动的并购公告，投资者注意力此时较为分散，使公告日的短期收益率与公告日后的长期收益率呈现出显著为负的价值效应（Louis 和 Sun，2009）。在我国，投资者关注在股市上表现出明显的“周历效应”，投资者容易关注周二、周三与周四的盈余公告，忽视周一、周五和周六的盈余公告（谭伟强，2008）。正是投资者注意力的这种周历分布特征，导致盈余公告后价格漂移的周历效应（陆江川和陈军，2011）。对于并购重组公告，投资者的关注度也会因不同周历日发布而不同，进而使股票异常收益率和异常交易量不同，这无疑会加剧短期财富效应。据此，提出如下假设：

H9－2：并购重组公告存在周历效应，即主并公司短期财富效应随投资者注意力周历日的变化而显著变动。

不同周历日发布的并购重组公告因投资者关注度不同使股票异常收益率和异常交易量产生差异。周历等时间因素、不同事件乃至同一事件不同方面都会影响投资者的注意力。知觉的信息输入受制于关注度系统被激活程度，从而导致对信息的理解产生差异（Rebok，1987）。换言之，即使关注程度相同，不同的激活程度也会引起对信息的理解存在较大差异。即使拥有专业技能的财务分析师，在面对复杂的财务信息披露时，因有限注意往往仅对部分而不是信息的全部内涵予以解读和反映（Hirst 和 Hopkins，1998）。由于有限注意的影响，投资者对内容相同而形式不同的信息披露，也会作出不同决策（Hirshleifer 和 Teoh，2003）。投资者因有限注意而倾向于遵循简单的种类决策规则，往往关注公司所在行业却忽视公司本身（Peng 和 Xiong，2006）。所以，投资者因有限注意的影响对信息往往只是有限吸收与处理，难以对市场所有信息进行全面兼顾，也无法对同一信息全面兼顾，使因关注度不同而作出不同的投资决策。

内幕交易者由于提前获知并购重组信息而操纵股价，动量交易者则“随价而动”，噪音交易者因“小道消息”参与交易。显然，对于不同来源的信息，投资者会产生不同的投资动机，而动机的产生在于对所关注信息的解读。公司规模影响并购的短期与长期股价，并购增加小规模公司财富却减少大公司财富（Moeller 等，2003）。与其他因素相比，公司规模对并购短期财富效应更为关键。超额收益率波动缓慢的是并购规模小于 10% 的子样本，超额收益率波动最为剧烈的是并购规模在 10% ~50% 的子样本，超额收益率不显著的是大于等于 50% 的子样本（杜兴强和聂志萍，2007）。相对于大公司而言，小公司的股价更易受到并购事件的影响，即小规模公司股票更易被炒作（朱滔，2006）。可见，面对并购重组信息时，投资者会因主并公司特征的不同而给予不同的关注程度。为此，可以根据公司的治理、财务、规模、行业特征和控制人类型作为公司特征，来验证投资者不仅关注并购重组短期炒作效应，而且关注主并公司特征，从而促使短期财富效应更为显著。于是提出如下假设：

H9 -3：对于并购重组信息，投资者会对主并公司特征予以有限关注，引起短期财富效应更为显著。

9.2 数据来源、样本选取与研究设计

9.2.1 数据来源

数据来自 CSMAR 数据库，收集整理出如下数据：①2002—2011 年，发布并购重组信息公告的沪深两地上市 A 股公司，在公告日前 150 个交易日到公告日后 30 个交易日的日个股收益率 $R_{i,t}$。②2002—2011 年，发布并购重组信息公告的沪深两地上市 A 股公司，公告日前 150 个交易日到公告日后 30 个交易日的日个股交易股数 $V_{i,t}$。③通过 CSMAR 数据库，整理出各上市公司 2002—2011 年的年报、中报和季报的公布日期、配股说明书发布日期、红利分配决案公告日期。④从 CSMAR 上市公司并购重组研究数据库和上市公司财务指标分析数据库中，收集了并购重组年度的期初总资产、权益净利率、董事会持股比例、资产负债率、实际控制人的性质、营业收入增长率、公司前 10 位大股东持股比例的平方和、流通股比例和行业类型等相关数据。其中，行业分类沿用中国证监会（1998）制定的行业分类标准，把上市公司划分为 13 大类。

9.2.2 样本选取

本章中“并购重组”的内涵是广义的，涵盖资产收购、股权转让、吸收合并、资产剥离、资产置换、股份回购及债务重组。选用 2002—2011 年沪深两地上市 A 股公司所发生的并购重组事件为样本，并剔除银行等金融类上市公司。同时要求并购重组事件满足下列标准才能作为样本，否则予以剔除：①事件日的界定。选取首次宣告日作为事件日。②事

件日的调整。因周末或节假日停市、公司重大事件停牌等情况而无法取得首次公告日当天的交易数据时，将事件日顺延至首次公告日后产生交易的第一天，最多只能往后顺延两天，如仍无法取得数据，则删除此样本。③估计期与事件期的选择。估计期选为［-150，-30］，事件期选为［-30，30］，且事件期内的交易数据要尽可能连续。在此基础上，进一步放宽选样标准，［-30，-1］的时间间隔的天数之和应当小于等于 10 天，［-1，0］的时间间隔休市时可大于 2 天，否则间隔的天数之和小于 2 天，［2，30］的时间间隔的天数之和应当小于等于 10 天，［0，1］的时间间隔也需调整。就估计期而言，只要估计期可以取满 120 天的数据即可。④对重大事件予以剔除。同一家公司如果在某次并购重组信息事件期内，再一次发布诸如增发配股、其他并购重组事件等公告时，就剔除该样本。同时，研究对象选取为并购重组总体活动时，同一家公司在同一日若发生多起并购重组事件时，就当作同一事项，但在研究不同并购类型时，就剔除该事项。最终得到符合条件的 2316 个并购重组公告作为研究样本。采用 Stata 11.0 进行实证分析。

9.2.3　研究设计

（1）计算指标。以事件研究法来分析并购重组短期财富效应。计算指标通常采用异常收益率（Abnormal Return，AR）和累计异常收益率（Accumulated Abnormal Return，CAR），计算模型常用的有市场模型、市场调整模型、均值调整模型。陈汉文和陈向民（2002）实证结果表明，在不同情况下，相较于市场模型而言，均值调整模型对事件研究有诸多优点。我们对异常交易量（*CAV*）采用类似均值调整模型的计算方法，并运用 Dellavigna 和 Pollet（2005）的度量方法。由于篇幅所限，不再详细介绍异常收益率和交易量的计算公式。

（2）变量定义与模型设定。依据中国证监会 1998 年发布的《中国上市公司分类指引》中的行业分类，剔除了保险业和金融业，得到了 12 个行业变量。除 *CAR* 和 *CAV* 以外的变量定义及说明见表 9-1。

表 9-1　　变量定义及说明

变量简写	变量说明及计算方法
ROE	权益净利率，即净利润除以股东权益平均余额
LIABILITY	资产负债率，即总负债除以总资产
SALEGROETH	营业收入增长率，（本年营业收入-上年营业收入）/上年营业收入
BOARDSHARE	董事会持股比例
HER_10	公司前 10 位大股东持股比例的平方和
FLOAT	流通股比例，即公司流通股股数/公司总股数
LANASSET	总资产对数值
INADAY	投资者易疏忽的日期，若并购重组日为星期一、星期五、星期六，INADAY 为 1，否则为 0
CONTYPE	实际控制人性质，国有取 1，非国有取 0
INDUSTRY	哑变量，属于某行业取 1，否则取 0
YEAR	控制年份虚拟变量

为了检验 H9－2 和 H9－3，构建模型如下。

模型 1：

$$CAR = \alpha_0 + \alpha_1 ROE + \alpha_2 LIABILITY + \alpha_3 SALEGROWTH + \alpha_4 BOARDSHARE + \alpha_5 HER\_10 + \alpha_6 FLOAT + \alpha_7 LANASSET + \alpha_8 INADAY + \alpha_9 CONTYPE + \alpha_{10} CAV + \sum IND + \sum YEAR + \varepsilon \quad (9-1)$$

模型 2：

$$CAV = \beta_0 + \beta_1 ROE + \beta_2 LIABILITY + \beta_3 SALEGROWTH + \beta_4 BOARDSHARE + \beta_5 HER\_10 + \beta_6 FLOAT + \beta_7 LANASSET + \beta_8 INADAY + \beta_9 CONTYPE + \sum IND + \sum YEAR + \varepsilon \quad (9-2)$$

9.3 实证结果与分析

9.3.1 检验结果

表 9－2 结果表明，主并公司在公告日前后存在显著的异常交易量与异常收益率。分别以 4 个窗口对 *CAR* 进行计算，发现 *CAR*(－30，－1)占整个事件期的比重为 72.41%，即公告日前异常收益率大幅度上升，并购重组信息已被提前泄露。*CAR*(－2，－1)占公告日前 30 天与整个事件期超额收益率的比重分别为 38.10% 与 27.59%，验证了 H9－1。换言之，在公告日前，越临近公告日，财富效应越明显。同时，*CAR*(0,1)占公告日后 30 天与整个事件期超额收益率的比重分别为 26.67% 与 13.79%，而 *CAR*(－2，－1)与 *CAR*(0,1)的差额为 0.004，占 *CAR*(－2，－1)的比重为 50%，即在公告日后，异常收益率主要集中在公告日附近。但是，相对于公告日前大幅度上升的异常收益率正向财富效应而言，大幅度下降的公告日后的异常收益率意味着负向的财富效应。

表 9－2　　异常收益率和异常交易量描述性统计

	平均值	t－统计量	标准差	最小值	最大值
CAR(－30，－1)	0.021	8.014***	0.124	－0.412	1.292
CAR(－2，－1)	0.008	8.682***	0.042	－0.149	0.332
CAR(0,1)	0.004	2.597***	0.073	－0.379	2.380
CAR(2,30)	0.011	3.671***	0.150	－0.585	1.937
CAV(－2，－1)	0.030	4.300***	0.327	－1.313	2.432
CAV(0,1)	0.015	1.782*	0.398	－2.458	2.952

注：***、* 分别表示在 1% 和 10% 水平上显著，双尾检验。

为进一步检验 H9－1，分别对 *CAR* 的 4 个窗口取日平均值，得到 *ACAR*(－30，－1)、*ACAR*(－2，－1)、*ACAR*(0,1)、*ACAR*(2,30)，并以 *AR*(0)表示公告日当天超额收益率。表 9－3 说明这些变量在统计上显著大于 0。图 9－1 显示，*ACAR*(－2，－1)最大，*ACAR*(2,30)最低，甚至低于 *ACAR*(－30，－1)。表明公告日前并购重组信息已被泄露，且

越接近公告日，由内幕交易引起的短期炒作行为就会越突出，投资者关注度越高。同时 $CAV(0,1)$ 较 $CAV(-2,-1)$ 相差0.015，表明在公告日前内幕交易者短期炒作效应最为强烈，投资者关注度也达到了最大值。如图9-1所示，公告日前，异常收益率在越临近公告日时，涨幅越大；公告日后，异常收益率越临近公告日时，降幅越大。此外，图9-1说明在内幕交易和投资者有限注意的双重影响下，市场仅产生了短期财富效应，犹如“昙花一现”（杨安华，2006），对股价难以产生长期影响。

表9-3　　异常收益率日均值描述性统计

	平均值	t-统计量	标准差	最小值	最大值
$ACAR(-30,-1)$	0.001	8.014***	0.006	-0.021	0.065
$ACAR(-2,-1)$	0.004	8.682***	0.021	-0.075	0.166
$AR(0)$	0.003	3.948**	0.036	-0.290	0.175
$ACAR(0,1)$	0.002	2.597***	0.037	-0.190	1.190
$ACAR(2,30)$	0.001	3.671***	0.005	-0.021	0.069

注：***、** 分别表示在1%和5%水平上显著，双尾检验。

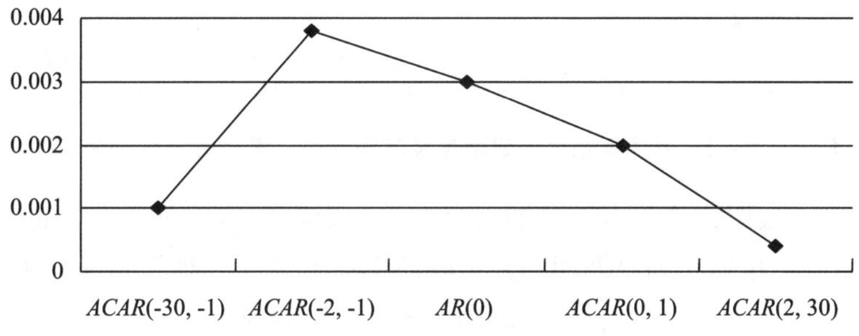

图9-1　异常收益率日均值的平均值

由表9-4可知，就总样本来说，公告日选择在星期二、星期三和星期四发布的样本超过50%，星期六占19.47%，星期五占18.48%，星期一占5.01%。毋庸置疑，公司并购重组公告日所表明的星期日期分布特征和多数研究盈余公告日得出的结论一致（谭伟强，2008；于李胜和王艳艳，2010；权小锋和吴世农，2010；陆江川和陈军，2011），即并购重组公告日的公布存在“星期偏好”与“扎堆偏好”（周嘉南和黄登仕，2011）。星期一、星期二、星期三和星期四有显著异常交易量，而星期五和星期六的异常交易量并不显著。图9-2显示，公告日在星期二的数量最多、星期一的最少；异常交易量在星期四最大、星期一最小。在星期三和星期四，两条折线走势不同，而在其他周历日走势大致相同。说明投资者注意力存在明显的周历分布特征，在星期三和星期四对并购重组公告关注度较高。值得注意的是，公司在发布并购重组公告时机选择上存在相机倾向，也可以说，公司常常在投资者关注度较高时，选择少发布或不发布并购重组公告。

表 9－4　　并购重组公告日及其异常交易量 $CAV(0,1)$ 周历分布情况

星期	公告日数量	比重（%）	平均值	t－统计量	标准差	最小值	最大值
星期一	116	5.01	－0.177	－3.206***	－0.177	－2.184	0.782
星期二	504	21.76	0.036	2.197**	0.036	－1.875	1.193
星期三	422	18.22	0.031	1.735*	0.031	－2.458	1.280
星期四	395	17.06	0.051	2.652	0.051	－2.078	2.293
星期五	428	18.48	－0.001	－0.013***	－0.001	－2.366	2.952
星期六	451	19.47	0.008	0.482	0.008	－1.386	1.412
合计	2316	100	—	—	—	—	—

注：***、**、* 分别表示在 1%、5% 和 10% 水平上显著，双尾检验。

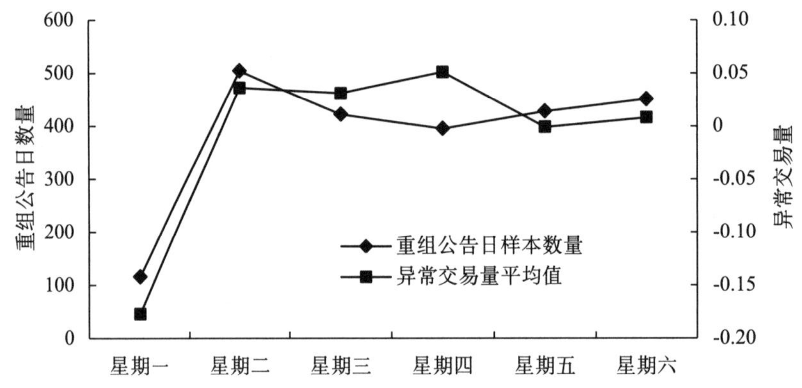

图 9－2　并购重组公告日数量及其异常交易量周历分布情况

然而，表 9－5 表明，星期五、星期六存在正向财富效应（显著为正的异常收益率），而星期一、星期二、星期三和星期四的异常收益率却不显著，即市场对星期五和星期六发布的并购重组公告存在过度反应，进而加剧了短期财富效应。

表 9－5　　$CAR(0,1)$ 周历情况

星期	平均值	t－统计量	标准差	最小值	最大值
星期一	0.005	0.924	0.060	－0.200	0.242
星期二	0.007	1.355	0.119	－0.214	2.380
星期三	0.001	0.153	0.059	－0.379	0.219
星期四	0.002	0.647	0.049	－0.180	0.223
星期五	0.005	1.853*	0.053	－0.190	0.279
星期六	0.005	1.874*	0.052	－0.203	0.217

注：* 表示在 10% 水平上显著，双尾检验。

依据上述分析，投资者因注意力周历分布特征，对并购重组公告的关注也存在周历效应。而公司会据此相机选择发布并购重组公告，尤其是投资者过度反应星期五和星期六发布的公告，加剧了短期财富效应，从而证实了 H9－2。

9.3.2　多元检验

在进行多元检验前，首先对各变量进行描述性统计，结果见表 9－6，由于篇幅所限，不再说明描述性统计结果。表 9－7 反映了 *CAR*(－2，－1) 和 *CAR*(0,1) 进行回归检验的结果。显然，*CAR*(－2，－1) 和 *CAR*(0,1) 是并购重组信息引发市场投资者反应最为强烈所产生的累计收益率，其回归结果能更合理地揭示股票异常收益率的成因。与治理特征相比，财务特征更能引发股票异常收益率的产生。权益净利率和销售增长率的回归系数显著为正，而资产负债率的回归系数不显著，说明发布并购重组信息时，成长能力与营利能力强的公司更能推动股价短期内上涨，但资本结构没有明显影响股价。针对治理特征，董事会持股比例的回归系数为负，表明效率低的董事会与低信息披露质量的公司更加容易导致并购重组信息泄露、内幕交易等，引发市场短期炒作，反之亦然。而流通股比例与前十大股东持股比例的回归系数不显著，说明股权集中度与并购重组信息泄露不存在显著关系。

表 9－6　　公司特征各变量描述性统计

变量	样本数	平均值	标准差	最小值	最大值
ROE	2279	0.066	0.263	－4.552	3.663
LIABILITY	2315	0.562	0.659	0.021	20.247
SALEGROWTH	2274	0.357	2.022	－1.000	77.81
BOARDSHARE	2316	0.020	0.085	0.000	0.742
HER_10	1999	0.184	0.131	0.004	0.760
FLOAT	2316	0.585	0.245	0.080	1.000
LANASSET	2316	9.407	0.543	4.929	12.078

表 9－7　　解释累计异常收益率的回归结果

	CAR(－2，－1)	*CAR*(0,1)
CONSTANT	0.060*** (2.60)	0.056** (2.45)
ROE	0.009** (1.96)	0.009** (2.05)
LIABILITY	0.002 (0.34)	0.002 (0.35)
SALEGROWTH	0.001** (1.99)	0.001** (1.98)
BOARDSHARE	－0.025* (－1.94)	－0.024* (－1.83)
HER_10	0.014 (1.43)	0.015 (1.55)

续表

	CAR(-2, -1)	CAR(0,1)
FLOAT	-0.003 (-0.47)	-0.003 (-0.44)
LANASSET	-0.007 ** (-3.10)	-0.007 *** (-2.95)
INADAY	0.002 (1.17)	0.002 (0.96)
CONTYPE	0.002 (0.85)	0.002 (0.88)
CAV(-2, -1)	0.007 ** (2.76)	
CAV(0,1)		-0.006 ** (-2.56)
INDUSTRY	控制	控制
YEAR	控制	控制
F 值	1.95 ***	1.69 **
Adj R - squared	0.014	0.010

注：***、**、* 分别表示在 1%、5% 和 10% 水平上显著。

针对 1% 水平上公司规模系数显著为负，说明异常收益率与公司规模负相关。控制人类型和星期变量的回归系数都不显著，表明异常收益率与公司实际控制人性质、周历日都不存在显著关系。比较而言，房地产业，制造业，建筑业，批发和零售贸易，信息技术业，农、林、牧、渔业，电力、煤气及水的生产和供应业等七大行业在并购重组公告日前后更容易诱发异常收益率。

回归系数方面，公告日前异常交易量显著为正，而公告日及第二日异常收益率显著为负，表明在公告日前，内幕交易蔓延，引发更多投资者关注，显著提升了市场交易量，且异常交易量主要表现为股票买入的交易量。特别是在公告日附近，因投资者竞相购买使异常收益率逐步提高。而在公告日后，内幕交易者退出导致公司股价大跌。动量交易者、噪音交易者亦选择卖出策略。此时，异常交易量集中表现为股票卖出的交易量，由此导致异常收益率因投资者抛售股票而显著降低。可见，短期炒作效应而非价值效应引起了投资者对并购重组信息的关注，从而初步验证了 H9 -3。

为了更深入地考察投资者有限注意，我们根据模型 2，分别得到模型 3、模型 4 和模型 5。与模型 2 的变量相比，模型 3 不包括治理和财务特征，模型 4 没有涵盖治理特征，模型 5 没有财务特征。从表 9 -8 可以看出，异常交易量的回归分析结果整体具有较好的显著性，模型 2 能够很好地解释异常交易量。

表 9-8　　解释累计异常交易量 *CAV*(0,1) 的回归结果

变量	模型 3	模型 4	模型 5	模型 2
CONSTANT	-0.458 ** (-2.50)	-0.432 ** (-2.20)	-0.497 ** (-2.49)	-0.493 ** (-2.30)
ROE		0.063 (1.47)		0.060 (1.44)
LIABILITY		-0.012 (-0.22)		0.006 (0.10)
SALEGROWTH		-0.001 (-0.04)		-0.001 (-0.03)
BOARDSHARE			0.144 (1.29)	0.196 (1.63)
HER_10			0.126 (1.44)	0.126 (1.43)
FLOAT			0.007 (0.13)	0.014 (0.27)
LANASSET	0.052 *** (3.03)	0.049 ** (2.55)	0.052 *** (2.73)	0.050 ** (2.35)
INADAY	-0.056 *** (-3.53)	-0.057 *** (-3.42)	-0.057 *** (-3.13)	-0.058 *** (-3.22)
CONTYPE	-0.007 (0.40)	0.005 (0.25)	0.011 (0.52)	0.006 (0.31)
INDUSTRY	控制	控制	控制	控制
YEAR	控制	控制	控制	控制
F 值	3.18 ***	2.69 ***	2.86 ***	2.46 ***
Adj R-squared	0.020	0.019	0.023	0.021

注：***、** 分别表示在 1% 和 5% 水平上显著。

表 9-7 显示，公司财务特征和治理特征能影响异常收益率，但表 9-8 的结果说明，投资者对其并不关注。其中，资产规模的回归系数显著为正，表明公司的规模越大，投资者的关注度越高，反之亦然。这一结果与表 9-7 中异常收益率和公司规模呈负相关的结论不一致。此外，与表 9-7 结果不一致的是，模型 2 至模型 5 中行业变量的回归系数均不显著，表明主并公司的行业特征未能引起投资者关注。同时，控制人类型变量的回归系数不显著，说明主并公司的实际控制人性质未能引起投资者关注。相对于星期一、星期五和星期六而言，投资者在星期二、星期三和星期四表现出更高的关注度，印证了投资者注意力分散程度存在周历分布特征。

以上分析表明，公司异常收益率受到公司的财务状况、治理水平和行业属性的正向影响，但这些揭示公司股票基本面的信息，却未能引起投资者足够关注。然而，周历日的不同导致投资者关注度的差异，说明投资者受情绪影响呈现出非理性。投资者关注度与主并公司规模正相关，与异常收益率和公司规模负相关形成了对照。这些无疑说明了有限注意投资者习惯于遵循简单的种类决策规则，常常忽视特定公司的实际状况。由此可见，在面临并购重组信息时，基于有限注意的投资者往往仅关注公司局部特征，难以全面关注股票基本面信息，从而验证了 H9 -3。

9.4 研究结论与政策建议

本书采用事件研究法对并购重组公告所引起的短期财富效应变动进行了实证研究，结果表明：①累计异常收益率和累计异常交易量在公告日前后剧烈波动，说明投资者更关注短期炒作效应而非价值效应，进而导致并购重组产生短期财富效应。②投资者的注意力具有明显的周历分布特征，并购重组公告在不同周历日发布，受到投资者关注的程度不同。公司管理阶层也会据此择机发布并购重组公告，强化了投资者注意力的周历分布特征。③投资者因有限注意往往只关注公司局部特征而难以对基本面信息进行全面关注，加重了市场过度反应程度，进而使短期财富效应更为显著。

针对以上研究结论，我们提出以下建议：

首先，监管部门应建立和完善重大信息披露机制，某些重大信息的提前违规披露，不仅会导致内幕交易频发、股价波动异常，更重要的是内幕交易频发会导致投资者因心理偏差而盲目跟风，产生“羊群效应”，增大股价波动幅度和市场泡沫。因此，监管部门应建立对重大信息的适时跟踪和监控制度。

其次，上市公司应建立健全有效的内部控制制度，进一步提高信息的透明度，保证信息的相关性、真实性、完整性和及时性。一方面保证公司对外披露的重大事项信息的真实性、相关性和完整性；另一方面努力降低由于延迟披露而出现泄露的风险，确保公司对外所披露信息的及时性（张继德和郑丽娜，2012）。

最后，投资者应加强价值投资教育力度，减少投机心理等非理性行为。中小散户投资者因自身专业知识缺乏，加以资金和信息处于劣势，容易出现心理偏差，产生跟风动机。因此，中小散户投资者应加强自身教育工作，树立价值投资理念，最大限度地调整自身心理弱点和认知偏差，在选取合理投资策略和技巧的基础上获取最大投资收益。

通过优化监管环境、优化上市公司的内部控制制度、增强投资者价值投资理念等三方面的措施，使我国资本市场更趋于有效和规范，达到优化资本市场环境、规范上市公司资本运作和有效保护投资者权益的目的。

第10章 非国有股东治理对国企股价同步性影响的实证研究

10.1 引言

中国经济已由高速增长阶段转向高质量发展阶段，增强经济创新力与竞争力十分重要。国有企业在中国具有举足轻重的地位：一是国企经营着国防军工、资源、公共产品与服务等事关国家安全、经济命脉、民生福祉等重要业务（王东京，2019）；二是国企在中国经济总量中占比较大。党的十八届三中全会将国企混改纳入全面深化改革的顶层框架，党的十九大报告再次提出“深化国有企业改革，发展混合所有制经济”的指导思想。混合所有制改革是国企改革的突破口并已成为当前国企改革的重心。深化国企混改并充分发挥非国有股东的治理优势，对国企长远发展和经济高质量增长至关重要。

股价同步性是指上市公司股价在资本市场中随市场大环境“同涨同跌”的现象（Roll，1988）。中国资本市场的股价同步性十分突出（Morck 等，2000；Jin 和 Myers，2006），既阻滞了资源配置效率提升（Wurgler，2000），又妨碍了投资者尤其是中小投资者保护，对资本市场健康有序运行产生了消极影响。因此，抑制股价同步性也就成为推动中国资本市场健康发展的重要内容。现有文献对股价同步性形成机制有两种相对的观点：一种观点认为股价反映企业有效交易信息，信息传递效率影响股价同步性（Morck 等，2000），股价与企业信息联系紧密（Hutton 等，2009）；另一种观点则认为非理性是影响股价同步性的关键因素（West 等，1988；Hu 和 Liu，2013）。随着资本市场逐渐成熟、监管机制不断完善以及新媒体迅速发展，有效信息传递对股价同步性的影响日益显著。相关研究表明，有效信息传递效率与股价同步性负相关。然而，中国资本市场股价同步性的形成机制尚未形成定论，基于更多不同视角研究其成因并提出靶向对策具有重要意义。

公司治理是影响股价同步性的重要因素（Farooq 和 Ahmed，2014；Anh 等，2020）。不同股权集中度对股价同步性可能产生不一样的影响。第一大股东持股比例增加可能以牺牲中小股东利益的方式获取非效率收益而限制信息披露，当该比例增加到一定水平时则会促进更多公司特质信息披露，引起股价信息含量变化（Gul 等，2010）。企业控制权与现金流权分离程度提升至控股股东具备过度控制权时，可能为掩盖自身利用过度控制权攫取私利的非效率行为而降低信息披露程度，进而影响股价同步性（Boubaker 等，2014）。董事会规模和独立性会对企业信息透明度产生影响，从而导致股价同步性变化（Huu 等，2020）。高管年龄和任期缓解了会计信息透明度与企业股价同步性的关系（Neifar 等，2019）。为了规避激进避税的决策风险，企业可能降低财务报告信息透明度（Feng 等，2019）。现有文献发现，企业股权结构、董事会状况、高管个人特征、管理层决策等方面，会通过影响企业信息透明度进而导致企业股价同步性的波动。所有者缺位引发内部人控制、预算软约束加剧经营效率低下等国企痼疾，使高管具有较强动机与较大空间操纵信息披露，降低企业信息透明度。在举国纵深推进国企混改的现实背景下，深入探讨非国有股东治理对国企股价同步性的作用机制及其经济后果，具有重要的理论与实践价值。

本书选取 2013—2019 年中国 A 股上市国企作为样本，探讨非国有股东治理对国企股价同步性的影响机制。研究发现：非国有股东治理通过提高国企信息透明度进而抑制股价同步性，且非国有股东在高管超额在职消费相对更高、经营业绩相对更低的国企中发挥的监督与激励作用更为显著。当非国有股东话语权更高、股东多样性更丰富时，非国有股东能够更充分地发挥治理功效。经济后果检验表明，非国有股东参与国企治理促进了权益资本成本降低，改善了国企权益融资环境。

边际贡献主要体现在：第一，研究了非国有股东治理对国企股价同步性的影响机制，检验了非国有股东治理通过影响国企股价同步性进而影响权益资本成本，丰富了非国有股东治理的经济后果研究。第二，检验了企业信息透明度在非国有股东治理与国企股价同步性影响机制中的中介作用，并从高管超额在职消费与企业绩效角度细化了非国有股东治理对股价同步性的影响研究，丰富了股价同步性形成机制检验。第三，从非国有股东话语权与股东多样性角度更全面地剖析了不同条件下非国有股东治理效果的差异，并在国企混改加速推进情境下提出了非国有股东治理效率提升方略。

10.2　理论分析与研究假设

现代企业两权分离产生了由股东作为委托人、经理人作为代理人的委托－代理关系。根据 Jensen 和 Meckling（1976）提出的委托－代理理论，股东和经理人的目标函数并不完全一致。当经理人出于自利目的作出有损于股东的决策时就产生了第一类代理问题。

政府受人民所托成为国企代理持股者，国企经理人进一步受托对国企实际业务进行经营决策，实际所有者缺位，内部人控制问题逐渐浮现，国企经理人更容易为寻求私利而作出有损股东效率决策的可能，第一类代理问题突出。国企作为社会经济与人民福祉的重要支柱，肩负着诸多社会责任，经济利益并非唯一经营目标，在发展过程中弊端逐渐显现：其一，在行政化管理体系下，较为固定的高管薪酬促使国企管理层更可能利用职务之便谋求更多私利而进行超额在职消费（权小锋等，2010），从而有较强动机操纵信息披露以掩盖非效率行为。其二，国企总体经营效率较低，管理层为了更漂亮的经济成绩单以迎合绩

效考评，存在操纵信息披露的动机。国企的公司治理问题引发了股价同步性外溢。在股票二级市场中，中小投资者对信息的捕捉能力较弱，当散户为主的投资者越来越难以了解国企真实经营特质、股价与公司业绩逐渐脱钩，拉高了股价同步性。

国企混改本质上是通过引入非国有股东优化股权结构，通过非国有股东参与国企治理提升治理效率与经营活力（曹越等，2020；Wang 和 Tan，2020；Guan 等，2021）。从国企视角来看，引入非国有股东在一定程度上改善了所有者缺位问题，更好地满足市场化经营思想及经营机制要求，实现经营活力提升和高质量发展。从非国有股东视角来看，其逐利本质使其具有参与国企混改的动机：一是依靠国企特殊背景来拓展各类关系网络与提高社会影响力；二是有进入部分垄断行业以获取更多收益的意愿；三是可以分享国企丰厚经济基础带来的未来收益。因此，无论对国企还是非国有股东而言，适配的国企混改方案能够实现财务及经营协同效应。

非国有股东参股国企，改善了所有者缺位现状，缓解了第一类代理问题。产权理论认为“有恒产者有恒心”，非国有股东的逐利目的明确，参股国企之后必会有改善公司治理、提振经营绩效和监督制衡的动力，进而提升企业信息透明度和降低股价同步性。从“监督”的视角考察，鉴于非国有股东处于相对弱势地位，为避免第二类代理问题出现会加强对自身产权保护力度；非国有股东参股强化了对混改国企高管决策行为的监督，内部人为掩盖非效率行为而进行信息披露操纵的空间变窄。基于“激活”的视角考察，非国有股东为获取更为丰厚的未来收益有运用市场化经营理念激活国企的动机，力图打破国企经营僵局（方明月和孙鲲鹏，2019；Guan 等，2021），提升企业经营效率和市场竞争力。综合来看，在国企中引入非国有股东参与治理，缓解了所有者缺位带来的内部人控制问题，既监督了国企，降低了管理层操纵信息披露的空间，也激活了国企，缓解了管理层操纵信息披露的动机。因此，随着混合所有制改革的纵深推进，非国有股东在混改企业中的持股比例逐步提升，治理作用日益凸显，越来越多的企业特质信息融入市场并通过交易反映在股价中，抑制了股价同步性。鉴此，提出以下假设：

H10－1：非国有股东参与国企治理程度越高，对股价同步性的抑制作用越强。

国企混改打破了传统的治理结构与治理机制，提升信息环境透明度。非国有股东治理不仅能够促进低效率国企重新确立经济目标，提升经营效率和信息披露意愿，而且加强了对国企高管非效率行为的监督力度，降低非效率决策的可能性。近年来，中国市场交易机制逐步健全，企业特质信息传递对股价同步性的影响逐步提升。在信息透明度更高的条件下，投资者对企业真实经营情况的掌握更全面，通过各类交易将企业特质信息融入股价中，降低了企业股价随市场大环境同涨同跌的概率。鉴此，提出以下假设：

H10－2：非国有股东治理能够提升国企信息透明度，且信息透明度是非国有股东治理与国企股价同步性两者关系的中介变量。

内部人控制可能导致国企高管在职消费问题突出（权小锋等，2010；Chen 等，2010；Quan 等，2010），而高管超额在职消费程度更高的国企可能伴随较高的股价同步性。在行政化的管理制度下，国企高管薪酬受到较严格的管控，业绩敏感性相对更差（Firth 等，

2006；Kato 和 Long，2006；Ke 等，2012）。除了寻租晋升外（黎文靖，2012），通过在职消费以获取私利可能成为国企高管追逐的目标（Murphy 等，1993）。在超额在职消费相对较高的国企中，高管为了掩盖其在职消费行为以及由此给企业经营带来的不利影响，有更强的动机减少企业信息披露，股价中包含的企业特质信息可能更少，从而助推股价同步性（Xu 等，2014）。

非国有股东参股强化了对国企内部人监督，缓解了所有者缺位带来的内部人控制问题，压缩了企业高管做出非效率决策行为的空间，降低了国企高管不顾及股东利益进行超额在职消费的可能性。随着国企混改的纵深推进，非国有股东对高管超额在职消费更高的国企发挥的治理效应更为显著，通过提升信息透明度进而抑制股价同步性。鉴此，提出以下假设：

H10-3：相较于高管超额在职消费较低的国企，在高管超额在职消费较高的国企中非国有股东对股价同步性的抑制作用更为显著。

在传统治理结构与治理机制下，国企存在经营活力缺乏和业绩较差等突出问题，而业绩相对较差的国企可能伴随较高的股价同步性。国企肩负的社会责任相对较重，政府隐性担保拉高了国企杠杆（吴秋生和独正元，2019；Chen 等，2019），预算软约束削弱了管理层改善经营质量的积极性（Lin 和 Tan，1999；Megginson 等，2014）。因此，在传统经营机制下，国企经营效率与盈余质量尚存在较大提升空间（方明月和孙鲲鹏，2019；He 等，2015；Firth 等，2007）。对国企高管严格的任期业绩考评制度关乎其职业发展，加之国企内部人控制问题突出，因此，相对于业绩较好的国企，业绩相对更差的国企高管有更强动机进行选择性披露，信息透明度受阻抬高了股价同步性。

非国有股东治理提高了国企经营活力和高管披露企业真实经营情况的意愿，从而改善信息透明度和抑制股价同步性。国企混改的目标就是要通过引入非国有股东，全面增强国有经济竞争力、创新力、控制力、影响力和抗风险能力，实现混改企业治理效率的显著提升。改善经营业绩是国企混改的根本动因，也是治理效率的重要评价指标。在国企混改推进过程中，预算软约束被削弱，行政化的管理体系被逐步打破，部分高管薪酬与企业发展质量有机关联（蔡贵龙等，2018；Zhang 等，2020；Guan 等，2021），提高企业经济效益逐渐成为经营活动的关键目标。非国有股东参股国企后，提振了经营动力和经营绩效，降低了高管操纵信息披露的动机。随着混合所有制改革的纵深推进，非国有股东对业绩较低国企所发挥的治理效应更为显著，改善了国企经营业绩和管理层信息披露意愿，强化了企业特质信息与股价的关联性。鉴此，提出以下假设：

H10-4：相较于绩效较好的国企，非国有股东在绩效较差的国企中对股价同步性的抑制作用更为显著。

10.3　研究设计

10.3.1　样本选择与数据来源

党的十八届三中全会将混合所有制改革确定为深化国企改革的重要方向，国企混改加速推广。基于此，本书选取 2013—2019 年上市国企作为样本，研究非国有股东治理对国企股价同步性的影响机制。对样本数据进行如下筛选：①剔除金融行业企业；②剔除 ST、*ST 的企业；③剔除前十大股东中国有股东持股比例为 0 的企业；④剔除有缺失值以及在变量计算过程中出现无意义值（例如作为分母的变量为 0）的观测值；⑤剔除年交易周数低于 30 周的观测值；⑥将所有连续变量在上下 1% 水平上进行缩尾处理。国企的股东持股与人员任职数据皆根据上市公司年度报告手工收集，企业注册地数据来自 WIND 数据库，企业参股股东种类根据 RESSET 数据库中相关股东数据进行手工整理，其他数据来自 CSMAR 数据库，经过筛选最终得到 6354 个观测值。

10.3.2　实证模型与变量

参考温忠麟和叶宝娟（2014）的中介效应检验方法，本书构建了模型（10－1）、（10－2）和（10－3）。

$$SYNCH_{i,t} = \alpha_0 + \alpha_1 Nonsoe\_Shr_{i,t} + \alpha_2 Controls_{i,t} + \alpha_3 \sum Year_t + \alpha_4 \sum Ind_k + \varepsilon_{i,t} \tag{10-1}$$

$$Trans_{i,t} = \lambda_0 + \lambda_1 Nonsoe\_Shr_{i,t} + \lambda_2 Controls_{i,t} + \lambda_3 \sum Year_t + \lambda_4 \sum Ind_k + \varepsilon_{i,t} \tag{10-2}$$

$$SYNCH_{i,t} = \vartheta_0 + \vartheta_1 Trans_{i,t} + \vartheta_2 Nonsoe_{Shr_{i,t}} + \vartheta_3 Controls_{i,t} + \vartheta_3 \sum Year_t + \vartheta_4 \sum Ind_k + \varepsilon_{i,t} \tag{10-3}$$

据此，从企业信息透明度的角度，检验国企混改对股价同步性影响效应的传导机制。第一步，回归模型（10－1）检验非国有股东治理对国企股价同步性的影响，若系数 α_1 显著为负，中介检验第一步成立。第二步，回归模型（10－2）检验国企混改对企业信息透明度的影响，若系数 λ_1 显著为正，说明国企混改能够提高企业信息透明度，中介检验第二步成立。第三步，回归模型（10－3），若系数 ϑ_1 显著为负，说明企业信息透明度在国企混改与股价同步性关系中的中介效应成立。此外，若 ϑ_2 不显著，则企业信息透明度在非国有股东治理与股价同步性关系中起到了全部中介传导作用，否则为部分中介传导效应。

非国有股东持股比例（*Nonsoe_ Shr*）：从巨潮资讯网收集了样本国企 2013—2019 年年报，获取股东持股情况数据。参考蔡贵龙等（2018）的研究，采用前十大股东中非国有股东持股比例（*Nonsoe_ Shr*1）衡量样本企业的非国有股东持股比例。

股价同步性（*SYNCH*）：借鉴 Gul 等（2010）与 Xu 等（2013）的研究，采用模型（10－4）与模型（10－5）分别对相关交易数据进行回归。其中，$R_{i,w,t}$ 表示周个股回报率，$R_{m,w,t}$表示A股的综合市场回报率，$R_{l,w,t}$表示剔除本企业的所在行业周平均收益率。采用2012年中国证监会行业分类标准对企业进行分类，i、w、t分别表示企业、周数与年份。经过回归计算得出模型的拟合优度$R_{i,t}^2$，即i企业股票第t年的股价同步性指标。为了使指标能够参与OLS回归检验，再进行模型（10－5）运算，得出$SYNCH_{i,t}$，值越大表明股价同步性越高。

$$R_{i,w,t} = \theta_0 + \theta_1 R_{m,w,t} + \theta_2 R_{l,w,t} + \theta_3 R_{m,w-1,t} + \theta_4 R_{l,w-1,t} + \varepsilon_{i,t} \quad (10-4)$$

$$SYNCH_{i,t} = \ln\left[R^2/(1-R^2)\right] \quad (10-5)$$

在模型中加入企业规模（*Size*）、财务杠杆（*Lev*）、上市年限（*Age*）和每股经营活动现金流量净额（*CFO*）作为控制变量，并控制行业（*Ind*）和年份（*Year*）的影响。同时，还在模型中加入第一大国有股东持股比例（*Soe_ Top* 1）作为控制变量，控制国有股东在其中的影响，以增强实证模型的解释力与可靠性。

信息透明度（*Trans*）：借鉴辛清泉等（2014）与Lang等（2012）的研究，基于盈余质量、深交所评级、分析师跟踪人数、分析师盈余预测准确度以及审计质量五个方面所构建的综合指标，衡量企业信息透明度。

（1）盈余质量：盈余质量反映了高管盈余操控情况，直接受公司治理影响，很大程度上体现了企业信息透明度。采用DD模型计算企业盈余质量（Dechow和Dichev，2002）。

$$\frac{TCA_{i,t}}{(Asset_{i,t-1}+Asset_{i,t})/2} = \rho_0 + \rho_1\frac{CFO_{i,t-1}}{(Asset_{i,t-1}+Asset_{i,t})/2} + \rho_2\frac{CFO_{i,t+1}}{(Asset_{i,t-1}+Asset_{i,t})/2} + \rho_3\frac{\Delta REV_{i,t}}{(Asset_{i,t-1}+Asset_{i,t})/2} + \rho_4\frac{PPE_{i,t}}{(Asset_{i,t-1}+Asset_{i,t})/2} + \varepsilon_{i,t} \quad (10-6)$$

其中，模型（10－6）中TCA为企业总流动应计利润＝营业利润－经营活动产生的现金流量净额＋折旧摊销，$Asset$为企业总资产，CFO为经营活动产生的现金流量净额，ΔREV为企业营业收入变动额，PPE为固定资产净额，i与t分别为企业和年份。据此，分行业与年度回归，计算当期及前4年的回归残差，综合得出标准差并取其相反数作为企业当期的信息透明度指标，该项目值越大说明企业信息透明度越高。

（2）深交所评级：深交所每年对深市上市公司信息披露质量从优至差分别作出A、B、C、D相应评级。据此，为企业赋值4、3、2、1，值越大表示企业信息透明度越高。

（3）分析师跟踪人数：对企业当期盈余做出预测的分析师人数，值越大表示信息透明度越高。

（4）分析师预测准确度：取当期跟踪该企业的分析师群体所预测的盈余中位数减去实际盈余，再除以年度每股股价，其结果绝对值为分析师预测盈余误差度。采用误差度的相反数表示准确度，其值越大表示企业信息透明度越高。

（5）审计质量：若企业聘请国际四大出具审计报告，则认为信息透明度高。企业综合信息透明度（*Trans*）等于上述5个指标的样本百分等级平均值，若某上市公司一个或多个指标存在缺失值，则用剩余变量百分等级的平均值替代。基于前人相关研究，我们认为综合运用上述五个指标计算的企业信息透明度充分包含了各类评价因素。

H10－3的分组变量为高管超额在职消费（*Unperks*）。借鉴Luo等（2011）和权小锋

等（2010）的研究方法对国企高管超额在职消费进行度量，即采用模型（10－5）对样本数据分行业与年度进行回归获得正常在职消费的预测值，实际在职消费与其差额为超额在职消费值，值越高表示高管超额在职消费水平越高。取样本中位数代表样本国企高管超额在职消费的总体水平，并将低于总体水平之下的样本划分为高管超额在职消费低组，反之划分为高管超额在职消费高组。

$$\frac{Perks_{i,t}}{Asset_{i,t-1}}=\mu_0+\mu_1\frac{1}{Asset_{i,t-1}}+\mu_2\frac{\Delta\ sale_{i,t}}{Asset_{i,t-1}}+\mu_3\frac{PPE_{i,t}}{Asset_{i,t-1}}+\mu_4\frac{Inventory_{i,t}}{Asset_{i,t-1}}+\mu_5 LnEmployee+\varepsilon_{i,t} \tag{10-7}$$

其中，*Perks* 为扣除董监高年薪总额、无形资产、坏账准备和存货跌价准备后的管理费用余额，$\Delta sale$ 为营业收入变动额，*Asset* 为企业总资产，*PPE* 为固定资产净额，*Inventory* 为存货额，*LnEmployee* 为企业员工规模即员工人数对数，i 与 t 分别为企业和年份。

H10－4 的分组变量为企业绩效。采用企业总资产利润率（*ROA*）衡量企业绩效。由于绩效衡量受到行业性质影响，因此取行业中位数作为分组标准，将绩效处在行业中位数之下的样本划分为低绩效组，反之划分为高绩效组。

变量定义如表 10－1 所示。

表 10－1　　变量定义

变量类型	变量名称	变量符号	变量定义
因变量	股价同步性	*SYNCH*	采用模型（10－2）与模型（10－3）计算得出
自变量	非国有股东持股比例	*Nonsoe_Shr*1	前十大股东中非国有股东持股比例
中介变量	企业信息透明度	*Trans*	借鉴 Lang 等（2012）和辛清泉等（2014）研究，通过对企业盈余管理水平、深交所评级、分析师跟踪人数、分析师预测准确度及审计质量共 5 个方面所构建的综合指标衡量
分组变量	高管超额在职消费	*Unperks*	借鉴 Luo 等（2011）和权小锋等（2010）的研究方法计算得出，高于中位数的样本为高组，否则为低组
	企业绩效	*ROA*	采用企业总资产利润率衡量，高于行业中位数的样本为高组，否则为低组
控制变量	企业规模	*Size*	企业总资产对数
	财务杠杆	*Lev*	负债总额/资产总额
	第一大国有股东持股比例	*Soe_Top* 1	第一大国有股东持股比例
	上市年限	*Age*	年份－企业上市年份
	每股经营活动现金流量净额	*CFO*	经营活动产生的现金流量净额/总股本
	行业	*Ind*	行业虚拟变量
	年份	*Year*	年份虚拟变量

10.4 实证结果与分析

表 10 - 2 是核心变量的描述性统计结果。超额在职消费高组样本的股价同步性均值比超额在职消费低组的高，绩效低组的股价同步性均值比绩效高组的高，一定程度上反应了前文的分析，即在高管非效率行为相对更高、盈利状况相对更差的国企中，高管操纵信息披露动机更强，股价同步性更高。

表 10 - 2　　　　描述性统计

变量	样本类型	*N*	平均值	标准差	最小值	最大值
R^2	全样本	6354	0.472	0.186	0.048	0.883
SYNCH			-0.145	0.864	-2.993	2.021
R^2	超额在职消费高组	3177	0.473	0.186	0.048	0.883
SYNCH			-0.140	0.862	-2.993	2.021
R^2	超额在职消费低组	3177	0.471	0.186	0.048	0.883
SYNCH			-0.150	0.865	-2.993	2.021
R^2	绩效高组	3172	0.468	0.185	0.048	0.883
SYNCH			-0.162	0.858	-2.993	2.021
R^2	绩效低组	3182	0.475	0.188	0.048	0.883
SYNCH			-0.128	0.869	-2.993	2.021
*Nonsoe_Shr*1	全样本	6354	0.130	0.118	0.005	0.629
Trans	全样本	6354	0.381	0.195	0.005	0.975
Size	全样本	6354	22.895	1.400	19.940	27.099
Lev	全样本	6354	0.507	0.204	0.070	0.960
Age	全样本	6354	15.113	6.278	1	27
CFO	全样本	6354	0.543	1.023	-3.261	5.716
Soe_Top 1	全样本	6354	0.380	0.160	0.016	0.789

采用 OLS 最小二乘法对模型进行回归。表 10 - 3 是非国有股东治理对股价同步性影响的检验结果。列（1）为采用非国有股东持股比例（*Nonsoe_Shr*1）衡量非国有股东参与国企治理的程度，并运用模型（10 - 1）对样本数据进行回归，非国有股东持股比例（*Nonsoe_Shr*1）回归系数在 1% 水平上显著为负，说明非国有股东参与国企治理的程度越高，对股价同步性的抑制作用越强，H10 - 1 得以验证。为提高结论的可靠性，进一步对 H10 - 1 进行以下稳健性检验：

（1）更换变量衡量方式。一方面，本书采用第一大非国有股东持股比例（*Nonsoe_Shr*2）与非国有股东股权制衡度（*Mixbalance*）作为替代衡量样本国企中非国有股东参与国企治理程度的变量，值越大表示非国有股东持股比例越高，即参与度越高。借鉴杨兴全等

（2020）的研究，非国有股东股权制衡度（*Mixbalance*）为前十大股东中非国有股东与国有股东持股比例的差额。替换变量后对 H10－1 进行再回归检验，结果如表 10－3 的列（2）与列（3）所示，所得结论与前文保持一致。另一方面，杨志强等（2016）从股权混合度（*Mixrate*）出发定义了国企混改程度，即采用企业中国有股东持股比例与非国有股东持股比例之比（当企业前十大股东中国有股东持股比例大于非国有股东持股比例，*Mixrate*＝非国有股东持股比例/国有股东持股比例；反之，*Mixrate*＝国有股东持股比例/非国有股东持股比例）来衡量混合所有制改革情况。我们借鉴该研究，采用股权混合度重新定义非国有股东参与国企治理情况，对非国有股东治理与股价同步性的关系进行再次检验，结果如表 10－3 的列（4）所示，所得结论与前文保持一致，核心假设得到再次验证。

（2）滞后一期检验。非国有股东治理效应除了在当期体现外，也可能存在滞后性。为了全面检验非国有股东参股国企的治理效果，我们将解释变量与控制变量滞后一期，即采用 2013—2019 年非国有股东持股比例及相关控制变量对 2014—2020 年样本国企股价同步性数据进行再回归检验，以增强实证结果的说服力。回归结果如表 10－3 的列（5）所示，非国有股东持股比例（*Nonsoe_Shr*1）的回归系数仍显著为负。

（3）缓解内生性问题。非国有股东可能选择公司治理较好、股价同步性更低的国企入股，由此实证检验中可能存在样本自选择的内生性问题。为了降低其影响，采用 Heckman 两阶段法对样本进行再回归检验。在第一阶段的回归中，我们选择了前十大股东中国有股东的持股比例（*Soe_Top* 10）、第一大国有股东持股比例（*Soe_Top* 1）以及市场化进程（*Marketization*）三个可能影响非国有股东参与国企治理程度的因素，作为第一阶段回归的工具变量。对非国有股东持股比例（*Nonsoe_shr*1）中位数以上的样本企业赋值为 1，否则为 0，生成新变量为非国有股东持股比例高低（*Nonsoe_shr*3）。在第一阶段采用 Probit 模型对相关变量进行回归并生成逆米尔斯值，将其作为控制变量参与第二阶段的回归检验，回归结果如表 10－3 的列（6）与列（7）所示，缓解了可能存在的样本自选择问题后所得结论不变。因此，核心假设的实证检验结果稳健，所得结论可靠。

表 10－3　　非国有股东治理对国企股价同步性影响的检验结果

变量	（1） *SYNCH*	（2） *SYNCH*	（3） *SYNCH*	（4） *SYNCH*	（5）滞后一期 *SYNCH*	（6）第一阶段 *Nonsoe_shr*3	（7）第二阶段 *SYNCH*
*Nonsoe_Shr*1	－0.954*** （－10.40）				－0.665*** （－7.434）		－1.094*** （－11.33）
*Nonsoe_Shr*2		－0.936*** （－7.604）					
Mixbalance			－0.376*** （－6.214）				
Mixrate				－0.275*** （－6.844）			

续表

变量	(1) SYNCH	(2) SYNCH	(3) SYNCH	(4) SYNCH	(5) 滞后一期 SYNCH	(6) 第一阶段 Nonsoe_shr3	(7) 第二阶段 SYNCH
Size	0.151*** (16.82)	0.145*** (16.08)	0.132*** (15.08)	0.135*** (15.31)	0.149*** (16.47)		0.158*** (17.38)
Lev	−0.436*** (−8.159)	−0.412*** (−7.691)	−0.399*** (−7.427)	−0.409*** (−7.583)	−0.525*** (−9.678)		−0.438*** (−8.215)
Age	−0.00388** (−2.437)	−0.00278* (−1.750)	−0.00123 (−0.778)	−0.00231 (−1.456)	−0.00394** (−2.485)		−0.00520*** (−3.243)
CFO	−0.0256*** (−2.623)	−0.0282*** (−2.884)	−0.0272*** (−2.786)	−0.0257*** (−2.615)	−0.0163* (−1.755)		−0.0261*** (−2.680)
Soe_Top 1	−0.524*** (−7.425)	−0.370*** (−5.483)	−0.634*** (−6.555)	−0.382*** (−5.265)	−0.490*** (−6.851)	0.355* (1.756)	−0.251*** (−2.685)
Soe_Top 10						−3.335*** (−17.11)	
Marketization						0.0735*** (8.188)	
lambda							−0.216*** (−4.585)
Ind	Yes	Yes	Yes	Yes	Yes	Yes	Yes
Year	Yes	Yes	Yes	Yes	Yes	Yes	Yes
Constant	−3.156*** (−16.09)	−3.160*** (−15.98)	−2.967*** (−15.19)	−2.898*** (−14.86)	−3.404*** (−17.36)	0.603*** (4.438)	−3.156*** (−16.11)
R^2	0.293	0.287	0.285	0.286	0.307	0.116	0.295
R^2-adj	0.290	0.284	0.282	0.283	0.304		0.292
N	6354	6345	6345	6345	6212	6352	6352

注：***、**、*分别表示在1%、5%和10%的水平上显著；括号内为 t 值。

表10－4的列（1）与列（2）为基于企业信息透明度的非国有股东持股比例对股价同步性影响机制的检验结果。企业信息透明度是非国有股东治理与国企股价同步性两者关系间的一个中介变量，即非国有股东参与国企治理程度越高，越能促进企业信息透明度提升，抑制股价同步性，H10－2得以验证。

不同高管超额在职消费水平下非国有股东治理对股价同步性的影响机制，采用模型（10－1）对样本进行分组回归检验，结果如表10－4的列（3）与列（4）所示：高管超额在职消费高组与高管超额在职消费低组的回归结果中，非国有股东持股比例（*Nonsoe_Shr*1）的回归系数皆显著为负。进一步地，对回归样本分别进行组间邹检验，结果显示组间差异显著。根据两组回归系数分析可得，非国有股东对国企股价同步性的抑制作用在高管超额在职消费较高的企业中相对更显著，H10－3得以验证。高管超额在职消费是企业内部人的

非效率行为，分析结果说明非国有股东参与国企治理，对改善内部治理、降低高管非效率行为发挥了积极作用。

不同绩效水平下非国有股东治理对股价同步性的影响机制，采用模型（10－1）对样本进行分组回归检验，结果如表 10－4 的列（5）与列（6）所示：在高业绩组与低业绩组的回归结果中，非国有股东持股比例（*Nonsoe_Shr*1）的回归系数都显著为负。进一步地，对回归样本分别进行邹检验，结果显示高业绩组和低业绩组的组间差异显著。根据回归系数分析可得，非国有股东对股价同步性的抑制作用在绩效较差的国企中更显著，H10－4 得以验证。非国有股东具有天然的逐利本性，为提升国企经营活力和扭转经营僵局发挥了重要作用。分析结果说明非国有股东参与国企治理，对提高企业经营效率进而提升高管信息披露意愿，产生了积极影响。

表 10－4　　机制检验结果

变量	（1）全样本 *Trans*	（2）全样本 *SYNCH*	（3）高管超额在职消费高组 *SYNCH*	（4）高管超额在职消费低组 *SYNCH*	（5）业绩高组 *SYNCH*	（6）业绩低组 *SYNCH*
*Nonsoe_Shr*1	0.158*** (7.866)	－0.938*** (－10.17)	－0.979*** (－7.474)	－0.931*** (－7.273)	－0.925*** (－6.919)	－0.928*** (－7.392)
Trans		－0.104* (－1.730)				
Size	0.0818*** (44.19)	0.160*** (15.81)	0.169*** (12.04)	0.139*** (11.72)	0.122*** (9.478)	0.179*** (14.32)
Lev	－0.276*** (－24.74)	－0.465*** (－8.318)	－0.512*** (－6.478)	－0.345*** (－4.444)	－0.462*** (－5.065)	－0.525*** (－6.953)
Age	－0.00189*** (－5.200)	－0.00407** (－2.550)	－0.00322 (－1.537)	－0.00513** (－2.090)	－0.00188 (－0.878)	－0.00595** (－2.463)
CFO	0.0225*** (11.10)	－0.0232** (－2.345)	－0.0238 (－1.600)	－0.0295** (－2.276)	－0.0340** (－2.503)	－0.00835 (－0.567)
Soe_Top 1	0.0311** (2.011)	－0.520*** (－7.372)	－0.592*** (－5.912)	－0.484*** (－4.833)	－0.501*** (－4.991)	－0.511*** (－5.012)
Ind	Yes	Yes	Yes	Yes	Yes	Yes
Year	Yes	Yes	Yes	Yes	Yes	Yes
Constant	－1.406*** (－37.22)	－3.302*** (－15.63)	－3.468*** (－11.33)	－2.980*** (－11.45)	－2.592*** (－9.227)	－3.675*** (－13.42)
R^2-adj	0.375	0.290	0.295	0.287	0.270	0.316
N	6354	6354	3177	3177	3172	3182
Chow－Test			1.35* *P－Value* > *F*(31,6291) = 0.0907		2.08*** *P－Value* > *F*(32,6290) = 0.0003	

注：***、**、* 分别表示在 1%、5% 和 10% 的水平上显著；括号内为 *t* 值。

10.5 进一步研究

10.5.1 基于非国有股东话语权的分析

在混改推进过程中，非国有股东参股后发挥的治理效应较弱是影响混改成效的重要因素。一是非国有股东在混改企业中处于弱势地位，无法与国有大股东抗衡，其决策行为受制于大股东；二是由于自身实力相对较弱，面临资产被侵蚀的风险。因此，在混改企业中，当非国有股东与国有股东力量相差悬殊时，无法发挥自身的治理作用，从而导致混改初衷难以实现。

非国有股东在国企中委派董事，代表非国有股东利益的人员进入国企决策机构，提高非国有股东参与国企治理的话语权。首先，话语权的提升能加强非国有股东参与国企治理的积极性。由于政府干预，非实际控制人在国企发挥的治理效应相较于民营企业要差（逯东等，2019；He 等，2015）。进一步提升非国有股东在国企中的话语权，缓解非国有股东由于弱势而面临资产被侵蚀的风险，激发非国有股东的积极性，是充分发挥非国有股东公司治理功能的重要途径。其次，话语权的提升能提高非国有股东参与国企治理的权力。在国企特殊治理结构下，高管控制权较强时更可能操控企业信息披露（Wang 等，2008；Chen 等 2011；Piotroski 等，2015）。推进国企混改，充分发挥非国有股东的治理效应，需要进一步赋予非国有股东更大的决策与监督权，改善内部人控制的治理机制。非国有股东在国企中委派董监高，不仅可以促进非国有股东对内部人监督效应的实现，而且有助于非国有股东出于盈利目的提出的经营决策得以顺利推行。当高管受到的监督力度上升且企业经营效率改善时，管理层操纵信息披露的概率下降，更多企业特质信息传递给投资者并反映在股价中。

综合来看，非国有股东在国企委派董事，强化了非国有股东的治理作用，抑制了股价同步性。鉴此，我们推断：相较于非国有股东话语权低的国企，在非国有股东话语权高的国企中非国有股东治理对股价同步性的抑制作用更显著。

从样本国企年报中获取前十大股东相关信息和董事、高管及监事的任职情况。参考蔡贵龙等（2018）的研究思路，若样本国企年报期间在任董事、高管及监事在本企业前十大股东中的非国有股东单位兼任职务或者其本身为前十大股东中的自然人股东，视为非国有股东委派的人员。非国有股东委派董监高后提升了在混改企业治理中的话语权。因此，非国有股东委派董监高的样本代表非国有股东话语权更高的组别，反之则为非国有股东话语权较低的组别。表 10－5 的列（1）与列（2）是在非国有股东话语权高低背景下，非国有股东持股比例对国企股价同步性影响的检验结果，两组回归的结果中非国有股东持股比例（*Nonsoe_Shr*1）的回归系数皆显著为负。进一步地，对回归样本分别进行了邹检验，结果显示非国有股东话语权高组与非国有股东话语权低组的组间差异均显著。根据回归系

数分析可得，非国有股东对国企股价同步性的抑制作用在非国有股东更具话语权的企业中更显著，以上观点得以验证。

10.5.2 基于股东多样性的分析

在国企中引入非国有股东，打破相对僵化的管理制度和经营体系，改善治理并激活国企。随着国企混改的推进，参与到国企混改中的非国有股东的类别越来越丰富，非国有股东的多样性进一步推动其治理优势的发挥。在逐渐多元化的股权结构下，国企进一步吸收各类股东的优势，提高了非国有股东与国有股东的互补性（郝阳和龚六堂，2017），对提振国企经营效率起到更积极的作用。从国企经营活力角度来看，股权结构多元化能够降低国企高管掩盖真实经营情况的动机，从而提高国企特质信息输出，降低股价同步性。鉴此，我们推断：相较于股东多样性低的国企，非国有股东治理在股东多样性丰富的国企中对股价同步性的抑制作用更显著。

将股东性质分为六类，即国有股东、民营股东、自然人股东、境外法人股东、金融类股东和其他类股东，并根据 RESSET 数据库中的相关数据进行整理，将本企业中包含的参股股东种类分别赋值为 1、2、3、4、5、6，其数值越大表明样本国企中参股股东种类越丰富。将股东种类为 1、2、3 的划分为股东多样性低组，反之则为股东多样性高组。表 10 – 5 的列（3）与列（4）是股东多样性（*Mixnum*）高低不同背景下非国有股东持股比例对国企股价同步性影响的检验结果，非国有股东持股比例（*Nonsoe_Shr*1）的回归系数皆显著为负。进一步地，对回归样本分别进行邹检验，结果显示股东多样性高组与股东多样性低组的组间差异均显著。根据回归系数可知，非国有股东治理对国企股价同步性的抑制作用在股东多样性较丰富的企业中更显著，以上观点得以验证。

表 10 – 5 基于非国有股东话语权与股东多样性视角下非国有股东治理对国企股价同步性影响的检验结果

变量	（1）非国有股东话语权高组 *SYNCH*	（2）非国有股东话语权低组 *SYNCH*	（3）股东多样性高组 *SYNCH*	（4）股东多样性低组 *SYNCH*
*Nonsoe_Shr*1	–1.261 *** (–7.665)	–0.819 *** (–6.738)	–1.040 *** (–8.819)	–0.921 *** (–6.012)
Size	0.136 *** (6.501)	0.152 *** (14.98)	0.157 *** (12.18)	0.141 *** (11.20)
Lev	–0.328 *** (–2.835)	–0.455 *** (–7.425)	–0.356 *** (–4.633)	–0.483 *** (–6.382)
Age	–0.00439 (–1.475)	–0.00333 * (–1.648)	–0.00317 (–1.447)	–0.00440 * (–1.859)
CFO	–0.0303 (–1.633)	–0.0250 ** (–2.181)	–0.0355 *** (–2.723)	–0.0136 (–0.922)

续表

变量	(1) 非国有股东话语权高组 SYNCH	(2) 非国有股东话语权低组 SYNCH	(3) 股东多样性高组 SYNCH	(4) 股东多样性低组 SYNCH
Soe_Top 1	-0.587*** (-3.612)	-0.513*** (-6.383)	-0.649*** (-6.631)	-0.434*** (-4.208)
Ind	Yes	Yes	Yes	Yes
Year	Yes	Yes	Yes	Yes
Constant	-2.898*** (-6.400)	-3.154*** (-14.06)	-3.167*** (-11.38)	-3.049*** (-10.88)
R^2-adj	0.278	0.294	0.317	0.260
N	1397	4957	3296	3058
Chow-Test	1.58** *P-Value* > *F* (31, 6291) = 0.0219		1.61** *P-Value* > *F* (31, 6291) = 0.0181	

注：***、**、*分别表示在1%、5%和10%水平上显著；括号内为 *t* 值。

10.6 经济后果检验

企业权益资本成本相对较高，不利于企业股权融资健康发展与资源配置优化。权益资本成本在一定程度上体现了混改企业治理效率（王爱国等，2019），反映资本市场投资者对企业的评价。我们从权益资本成本角度，进一步剖析非国有股东治理给混改企业带来的经济后果。

首先，当治理水平和信息透明度上升时，企业权益资本成本会相应下降。非国有股东的加入，改变了国企“一股独大”与“内部人控制”的治理现状，提高了公司治理水平和信息透明度。当企业信息环境透明度较高时，投资者承担的信息风险相对更小，对投资该企业的必要报酬率相应下降，从而降低权益资本成本（Easley 和 O'hara，2004；Lambert 等，2007）。

其次，当股价同步性降低时，股价不再大幅度随着大环境同涨同跌，投资者的投资效率提高，企业权益资本成本相应下降。一是股价同步性下降，投资者对企业在资本市场中的表现有更准确的预期；二是股价同步性与崩盘风险正相关，股价同步性下降能够缓解崩盘风险（张军等，2019）。投资者所承担的隐性风险下降，一定程度上调减了投资者的必要报酬率，降低了企业权益资本成本（Ben-Nasr 等，2012，2014）。鉴此，我们推测：非国有股东能够通过抑制股价同步性，进而降低国企权益资本成本。

参考 Chen（2003）和汪平等（2012）的研究，采用 CAPM 模型，即模型（10-7）计算企业权益资本成本。其中，R_f为无风险利率，采用央行一年定期存款利率表示；（R_M-R_f）采用 Damodaran 测定的风险溢价指数表示；β 为股票风险系数，其数据来源于 RES-

SET 数据库。R_e为企业权益资本成本，值越高表示企业权益资本成本越高。

为验证以上推论，我们借鉴温忠麟和叶宝娟（2014）的中介效应检验方法，构建了模型（10－8）与模型（10－9），从企业权益资本成本角度进一步检验非国有股东治理给国企带来的经济后果。第一步，回归模型（10－8）检验非国有股东对企业权益资本成本的影响，若系数 κ_1 显著为负，说明非国有股东治理能够降低企业权益资本成本，中介效应第一步检验成立；第二步，回归模型（10－1）检验非国有股东治理对国企股价同步性的影响，若系数 α_1 显著为负，中介效应第二步检验成立，此处不再重复检验；第三步，回归模型（10－9），若系数 ψ_1 显著为负，说明股价同步性在非国有股东治理与权益资本成本关系的中介效应成立，以上推论得以验证。另外，若 ψ_2 不显著，则股价同步性在非国有股东治理与权益资本成本关系起到了全部中介传导作用，否则为部分中介传导效应。

$$R_e = R_f + \beta(R_M - R_f) \tag{10-8}$$

$$R_{e_{i,t}} = \kappa_0 + \kappa_1 Nonsoe\_Shr_{i,t} + \kappa_2 Controls_{i,t} + \kappa_3 \sum Year_t + \kappa_4 \sum Ind_k + \varepsilon_{i,t} \tag{10-9}$$

$$R_{e_{i,t}} = \psi_0 + \psi_1 SYNCH_{i,t} + \psi_2 Nonsoe\_Shr_{i,t} + \psi_3 Controls_{i,t} + \psi_4 \sum Year_t + \psi_5 \sum Ind_k + \varepsilon_{i,t} \tag{10-10}$$

表 10－6 为基于权益资本成本的非国有股东治理对股价同步性影响的经济后果检验结果，支持了推论。权益资本成本的下降是国企混改与股价同步性两者关系下所产生的经济后果，即提高非国有股东参与国企治理程度，对股价同步性的抑制作用更强，显著地降低企业权益资本成本。

表 10－6　　　　基于权益资本成本的经济后果检验结果

变量	(1) R_e	(2) R_e
*Nonsoe_Shr*1	−0.0120*** (−6.209)	−0.00785*** (−4.137)
SYNCH_1		0.00440*** (16.16)
Size	−0.00110*** (−5.730)	−0.00177*** (−9.315)
Lev	0.00522*** (4.554)	0.00714*** (6.419)
Age	−0.000177*** (−5.307)	−0.000160*** (−4.904)
CFO	−0.000740*** (−3.384)	−0.000627*** (−2.959)
Soe_Top 1	−0.00428*** (−2.900)	−0.00198 (−1.366)
Ind	Yes	Yes

续表

变量	(1) R_e	(2) R_e
Year	Yes	Yes
Constant	0.111*** (27.43)	0.125*** (31.56)
R^2-adj	0.232	0.267
N	6354	6354

注：***、**、* 分别表示在1%、5%和10%水平上显著；括号内为 t 值。

10.7 结论与启示

本书选取2013—2019年中国A股上市国企作为样本，探讨非国有股东治理对国企股价同步性的影响机制。实证结果表明：①非国有股东治理通过提高国企信息透明度，进而抑制股价同步性；在高管超额在职消费相对更高与业绩相对更低的国企中，对股价同步性的抑制效果更显著。②非国有股东在更具话语权与股东多样性更丰富的国企中，能够更充分地发挥治理效用，对股价同步性的抑制作用更显著。③企业权益资本成本下降是非国有股东参与国企治理带来的重要经济后果。非国有股东参与国企治理，改善了国企权益融资环境，可以更好地激发国企经营活力。

本书具有重要的启示意义：第一，混合所有制改革是当下国企改革的重点，继续推动非国有股东参与国企治理，对提高国企治理效率、激发国企市场竞争力和促进资本市场健康有序发展具有积极作用。第二，非国有股东对高管可能存在非效率行为的企业有较强的监督效应，对经营绩效低的企业有较强的激活作用。在推进非国有股东参与国企治理过程中，可以据此有的放矢，提高国企改革效率。第三，在改变国企传统治理结构与治理机制的基础上，有必要进一步提高非国有股东参与企业决策的实力与话语权，以及混改企业股东多样性，从而更好地实现国企混改初衷。

第11章 风险投资地理距离对企业创新能力影响的实证研究

11.1 引言

风险投资（venture capital），又称为创业投资或风险资本，是指向处于创建或重建过程中尚未上市的风险企业提供资金和投后管理，在企业发育成熟或相对成熟后，从中退出并获得投资回报的投资方式。风险投资的投后管理包括监督控制和增值服务两类，前者是指风险投资机构为了监督和控制被投资企业的风险而实施的管理行为，后者是指参与并改善风险企业公司治理、提供咨询服务及社会资源等（姚铮等，2011；Stam 和 Elfring，2008；Lu 等，2013）。现有研究指出，风险投资通过投后管理能增强风险企业的能力，例如提升经营业绩（吴育辉等，2016）、创新能力（陈思等，2017）、投资效率（吴超鹏等，2012）以及 IPO 进程等（沈维涛，2013）。

在风险投资的治理效应中，对风险企业创新能力的提升功能是学术界关注较多的问题。风险投资追求高风险和高收益，往往选择具有良好发展潜力的高科技企业作为投资对象，能否提升高科技企业的创新能力事关风险投资能否成功退出并获利。一方面，现有研究较多地讨论了风险投资与企业创新能力之间的关系，以及风险投资不同特征对企业创新能力的提高会产生何种影响，但鲜有文献从其他角度探讨风险投资与企业创新能力之间的关系；另一方面，现有研究指出，地理距离会影响经济主体之间的关系，进而产生各种经济后果。罗进辉等（2018）从地理经济学视角分析了审计师的地理区位特征对上市公司股价信息含量的影响，发现客户公司的股价信息含量会随着审计师与客户公司间的地理距离缩短而降低，原因是地理邻近会增加审计师与客户的交流程度，降低了审计师的独立性，导致审计质量下降。类似地，地理距离也很可能会影响风险投资与风险企业之间的关系，进而影响企业创新能力。

本书以2009—2015年创业板上市公司为样本，探讨风险投资与风险企业之间的地理距离（以下简称“风险投资地理距离”）对风险企业创新能力的影响。研究发现：风险投资背景与企业创新能力正相关，风险投资地理距离与风险企业创新能力负相关，表明风险投资地理距离降低了投后管理的质量，使远距离风险企业的创新能力更差。进一步研究表明：联合风险投资能够降低地理距离造成的不良影响；相对于非高科技企业，风险投资更倾向于促进高科技企业提高创新能力，但随着地理距离增大，风险投资促进高科技企业提升创新能力的意愿会下降；相对于大规模企业，风险投资更加重视培育小规模企业创新能力，且提升小规模企业创新能力的意愿并没有随地理距离的增大而下降；风险投资对远距离风险企业的重视程度更低，进而降低投后管理质量，导致企业创新能力更低。拓展性研究表明，开通高铁能增强风险投资为远距离风险企业提供投后管理的意愿，进而改善远距离风险企业的创新能力；另外，风险投资退出事件具有消极的市场反应，而近距离风险投资退出事件会引起更消极的市场反应。

主要贡献包括三个方面：①为风险投资治理效应和治理方式的相关研究提供了新视角。以往文献大多只关注联合风险投资、风险投资持股比例、风险投资机构背景和声誉等因素会影响风险投资的治理方式和治理效应，虽有少数文献发现风险投资地理距离会对其治理模式产生影响，但并没有进一步考察风险投资地理距离是否对其治理效应产生影响，本书研究发现地理距离既能影响风险投资的治理方式，也能影响治理效应。②补充了高铁开通对风险投资影响的相关研究。以往研究发现高铁开通能影响风险投资的投资范围和投资轮次（龙玉等，2017），但没有进一步检验高铁开通后风险投资治理方式和治理效应的变化，本书发现高铁开通能增加风险投资为远距离风险企业提供投后管理的意愿和质量，改善远距离风险企业的创新能力。③发现风险投资退出事件和风险投资地理距离存在信息含量。以往研究大多只关注风险投资机构和风险企业的关系，鲜有文献从股票投资者角度考察风险投资的角色，本书发现风险投资参与风险企业对股票投资者而言是一个“好消息”，而近距离风险投资的参与是一个“更好的消息”。

11.2 文献综述与研究假设

风险投资支持的公司具有更强创新能力，而该创新能力主要来源于事前筛选和投后培育两方面：一是风险投资在投资前会选择具有良好发展潜力的创业企业作为投资对象，目标企业的创新能力和技术优势是筛选的主要标准（Baum 和 Silverman，2004）；二是风险投资会为风险企业提供增值服务和监督控制等投后管理，进而提升风险企业的创新能力（Kortum 和 Lerner，2000；付雷鸣等，2012；陈思等，2017）。

学者们对风险投资增强风险企业创新能力的方式和途径进行了探索。中国的风险投资能增强风险企业研发投入密度（Guo 和 Jiang，2013）。“高风险高回报”的特性会促使风险资本家成为积极的投资者，深入参与企业经营管理，更加关注企业长期收益，干预效率也会更高（Bottazzi 等，2008）。风险投资持股不仅有助于增加企业创新成果数量，还有助于提升创新成果质量，原因是风险投资可缓解创业企业融资约束、协助企业招募高素质员工和完善公司治理（熊家财和桂荷发，2018）。风险投资的进入有利于被投企业引入研发人才和扩大研发团队，以及为被投企业提供行业经验与资源，进而促进风险企业提高创新

能力（陈思等，2017）。

总体而言，风险投资对企业创新能力的影响主要体现在以下方面：一是风险投资能为风险企业提供资金，缓解企业融资约束，使企业有更多资源投入研发活动进而提升创新能力；二是风险投资能为风险企业提供管理经验、战略咨询、技术指导和社会资源，为企业成长提供良好的发展平台和服务支持，有效提升企业管理水平和研发效率；三是风险投资还会直接参与风险企业的公司治理，对企业进行监督管理，提高公司治理水平，促使管理者追求企业长远利益，积极提升企业创新能力。因此提出以下假设：

H11－1：风险投资与企业创新能力呈显著正相关。

风险投资提升风险企业创新能力的效果受到多种因素的影响。风险投资的投资规模低于一定水平时，增值作用和融资支持效果有限，而主要表现为盘剥行为，不利于企业创新；当风险投资的投资规模超过一定水平后，融资支持和增值作用的效果较为明显并能促进企业创新（冯照桢等，2016）。风险投资的投资阶段会影响风险企业创新能力，前期投资比后期投资更能促进企业科技成果转化（武巧珍，2009）。与独立风险投资相比，公司型风险投资倾向于选择创新能力强的企业进行投资，且投资后风险企业创新能力变得更强（Par 和 Steensma，2012）。此外，风险投资的背景、是否采用联合风险投资和投资时长也会影响风险企业创新能力（陈思等，2017）。这些文献从多个角度就风险投资对企业创新能力的影响进行了有益的探索，但忽略了风险投资地理距离对风险投资治理效应可能产生的影响及其对企业创新能力之影响。

地理邻近会降低风险投资投后管理成本和难度，增强投后管理的意愿。地理邻近性能降低风险投资参与公司治理的成本，提高参与公司治理的动力（彭涛等，2015）。地理临近有利于风险投资家和风险企业家的交流沟通、降低交易成本以及投资后的监督和咨询成本（Hochberg 和 Rauh，2013）。风险投资更可能派出董事和高管进驻地理距离较近的风险企业，而远距离的风险企业更难得到风险投资的技术指导（Lerner，1995）。地理邻近能帮助风险投资获得软信息和实现更好的监督（Bengtsson 等，2009）。高铁压缩了时间和空间距离，降低了风险投资的信息成本和信息不对称程度（龙玉等，2017）。这些研究关注到地理距离会对风险投资投后管理有效性产生影响，但尚未进一步探讨地理距离对风险投资支持的企业各方面能力是否产生影响以及产生何种影响。

这为本书研究风险投资地理距离与风险投资背景企业创新能力之间的关系提供了契机。一方面，地理邻近能降低投后管理的难度和成本，增加风险投资提供投后管理的意愿，因此随着风险投资地理距离增大，风险投资为风险企业提供技术咨询、聘请技术人员和现场指导等增值服务的成本和难度也增大，进而降低了风险投资提供投后管理的意愿和频率，导致风险企业的创新能力没有得到有效培养，即远距离的风险企业创新能力更低；另一方面，风险投资与风险企业之间的信息不对称程度和沟通交流难度会随着地理距离的增大而上升，使风险投资更难监督远距离风险企业的研发创新情况和高管决策行为，加剧高管的代理风险，不利于企业创新能力提升。综上所述，风险投资地理距离会降低增值服务和监督等投后管理活动的有效性，使与近距离风险企业相比，远距离风险企业创新能力更低。因此提出假设：

H11 -2：风险投资地理距离与风险企业创新能力显著负相关。

11.3 研究设计

11.3.1 样本选取与数据来源

风险投资的主要投资对象是创业企业，2009 年中国创业板正式上市，因此本书选取 2009—2015 年创业板上市公司作为研究样本。财务数据来源于国泰安数据库，风险投资机构的相关数据主要通过手工收集获得，并对数据进行如下处理：①剔除金融行业的公司；②剔除 ST 类公司；③手工补充部分缺失值；④删除无法获得的缺失值；⑤对所有连续变量进行上下 1% 水平的 Winsorize 处理。对所有模型均使用 Robust 回归以控制异方差。

11.3.2 变量定义

（1）因变量。参考虞义华等（2018）和王姝勋等（2017）的做法，分别采用企业当年发明和实用新型授权数之和加 1 的自然对数（*Pat*1）和发明授权数加 1 的自然对数（*Pat* 2）来衡量企业创新能力。

（2）自变量。参考吴超鹏（2012）的做法，风险投资背景（*VC*）按如下标准进行界定：若上市公司十大股东的名称中包含“风险投资”“创业投资”“创业资本投资”等字样，则确认为风险投资背景的上市公司；若十大股东名称中包含“高科技投资”“高新投资”“创新投资”“技术改造投资”“科技投资”“信息产业投资”“科技产业投资”“高科技股份投资”“高新技术产业投资”“技术投资”“投资公司”“投资有限公司”等字样的公司，通过网络搜索查询该股东的主营业务或机构性质，其中含有“私募股权”“风险投资”和“创业投资”等，则将该公司作为风险投资背景公司。如果上市公司是风险投资背景企业，则 *VC* 取值为 1，否则为 0。

风险投资地理距离（*VCdis*），借鉴董静等（2017）的做法，首先手工收集风险投资背景企业的所有风险投资机构的地址信息，然后利用百度地图和腾讯地图将上市公司注册地址和风险投资机构地址转换成经纬度，根据经纬度计算出地理距离。当上市公司只有一家风险投资机构时，则取其与风险企业的距离作为地理距离；当存在多家风险投资机构时，则取投资比例最大的风险投资机构与风险企业的距离作为地理距离；当存在多家风险投资机构且持股比例相同时，则取最近的距离作为地理距离。最后对地理距离取对数。

（3）控制变量。参考陈思等（2017）的做法，选择以下变量作为控制变量：总资产收益率（*ROA*），用当年净利润与总资产的比值表示；财务杠杆（*Lev*），用公司的资产负债率表示；企业规模（*Size*），用当年公司总资产的对数表示；成长能力（*Growth*），用公司营业收入增长率表示；固定资产比例（*F*），用当年年末固定资产净额与总资产的比值

表示；年份（*Year*），年份虚拟变量；行业（*Ind*），虚拟变量，根据中国证监会行业分类标准（2012 年版），对制造业按二级行业代码、其余行业按一级行业代码进行划分，生成虚拟变量。

表 11 -1　　变量定义

变量类型	变量名称	变量符号	变量定义
因变量	企业创新能力	*Pat* 1	发明和实用新型的授权数量加 1 的自然对数
		Pat 2	发明的授权数量加 1 的自然对数
自变量	风险投资背景	*VC*	详见变量定义
	风险投资地理距离	*VCdis*	详见变量定义
控制变量	总资产收益率	*ROA*	公司当年的净利润除以总资产
	财务杠杆	*Lev*	资产负债率，即公司当年总负债除以总资产
	企业规模	*Size*	公司总资产的对数
	固定资产比例	*F*	当年年末固定资产净额与总资产的比值
	年份	*Year*	年份虚拟变量
	行业	*Ind*	行业虚拟变量

11.3.3　模型设计

采用模型（11 -1）检验 H11 -1。

$$Pat_{i,t} = \beta_0 + \beta_1 VC_{i,t} + \beta_2 Controls_{i,t} + \varepsilon_{i,t} \qquad (11-1)$$

其中$Pat_{i,t}$代表企业创新能力，分别用 *Pat* 1 和 *Pat* 2 表示；$VC_{i,t}$为自变量，代表风险投资背景；$Controls_{i,t}$为控制变量。对于 H11 -1，若β_1显著为正，则表明风险投资与企业创新绩效显著正相关，风险投资能提升企业创新绩效，证明 H11 -1 成立。

采用模型（11 -2）检验 H11 -2。

$$Pat_{i,t} = \beta_0 + \beta_1 VCdis_{i,t} + \beta_2 Controls_{i,t} + \varepsilon_{i,t} \qquad (11-2)$$

$VCdis_{i,t}$为自变量，代表风险投资地理距离，其余变量与模型（11 -1）相同。对于 H11 -2，若β_1显著为负，则表明风险投资地理距离与企业创新绩效显著负相关，即风险投资与风险企业间的地理距离越远，企业创新能力越差，证明 H11 -2 成立。

11.4　实证分析

11.4.1　描述性统计

表 11 -2 的 Panel A 是各主要变量按全样本计算的描述性统计，*Pat* 1 的平均值为 1.589，中位数为 1.609，最小值为 0，最大值为 4.317，说明整体上不同企业的创新能力差异较大。*Pat* 2 的平均值为 0.552，最小值为 0，中位数为 0，最大值为 1.099，标准差为

0.794，整体差异也较大。*VC* 的平均值为 0.304，即 30.4% 的创业板上市公司具有风险投资背景。*VCdis* 的平均值为 4.983，最小值为 0.117，最大值为 7.972，说明风险投资地理距离的差异也较大。联合风险投资数量（*VCunion*）、风险投资持股比例（*VCper*）、风险投资派驻董事、监事和高管人数（*VCex*）等为进一步研究所用到的变量，政治关联（*Politic*）、高科技企业（*Hitc*）、企业是否处于北京、广东、江苏和浙江等风险投资密集地区（*Region*）、每股净资产（*NS*）、每股总资产（*TS*）和每股净收益（*NS*）等为工具变量，限于篇幅，不再详述其描述性统计。

表 11 - 2　　描述性统计

变量	样本量	平均值	标准差	最小值	1/4 分位数	中位数	3/4 分位数	最大值
实证分析								
Pat 1	1 700	1.589	1.107	0.000	0.693	1.609	2.398	4.317
Pat 2	1 700	0.552	0.794	0.000	0.000	0.000	1.099	3.178
VC	1 700	0.304	0.460	0.000	0.000	0.000	1.000	1.000
VCdis	513	4.983	2.194	0.117	2.896	5.532	6.969	7.972
Lev	1 700	0.244	0.156	0.026	0.119	0.211	0.344	0.662
Size	1 700	20.921	0.653	19.308	20.494	20.862	21.312	22.653
F	1 700	0.171	0.122	0.007	0.076	0.147	0.239	0.548
ROA	1 700	0.059	0.043	-0.076	0.033	0.056	0.080	0.202
进一步研究								
VCunion	513	1.497	0.796	1.000	1.000	1.000	2.000	4.000
VCper	513	7.817	6.398	0.270	2.850	5.830	10.630	25.800
VCex	513	0.579	1.024	0.000	0.000	0.000	1.000	8.000
工具变量								
Politic	1 700	0.297	0.457	0.000	0.000	0.000	1.000	1.000
Hitc	1 700	0.306	0.461	0.000	0.000	0.000	1.000	1.000
Region	1 700	0.481	0.500	0.000	0.000	0.000	1.000	1.000
NS	1 700	5.984	3.073	1.597	3.785	5.398	7.426	17.444
TS	1 700	8.023	3.934	2.444	5.112	7.254	9.828	22.659
ES	1 700	3.442	2.225	0.636	1.917	2.922	4.308	12.457

11.4.2　相关性统计分析

由于部分变量的样本量不同，分别用全样本和风险投资背景企业样本对主要变量进行

分样本的统计分析。表 10－3 相关性分析结果显示，无论是全样本还是风险投资背景企业样本，除两个因变量之间存在较大相关性之外，其余变量之间的相关系数均小于 0.5，故不存在严重的多重共线性。

表 11－3　　相关性分析

全样本	*Pat* 1	*Pat* 2	*VC*	*Lev*	*Size*	*F*	*ROA*
Pat 1		0.498***	0.101***	-0.023	0.030	-0.024	0.093***
Pat 2	0.536***		0.141***	-0.204***	-0.087***	-0.135***	0.142***
VC	0.103***	0.143***		0.006	0.018	-0.057**	-0.008
Lev	-0.022	-0.167***	0.009		0.347***	0.231***	-0.241***
Size	0.039	-0.059**	0.032	0.372***		-0.004	-0.141***
F	-0.040*	-0.119***	-0.061**	0.210***	0.003		-0.135***
ROA	0.075***	0.135***	-0.013	-0.213***	-0.170***	-0.144***	

风投背景样本	*Pat* 1	*Pat* 2	*VCdis*	*VCunion*	*VCper*	*VCex*	*Lev*	*Size*	*F*	*ROA*
Pat 1		0.563***	-0.191***	0.007	0.047	0.074*	-0.077*	0.063	0.036	0.054
Pat 2	0.536***		-0.083*	0.067	0.154***	0.107**	-0.205***	-0.007	-0.089**	0.119***
VCdis	-0.183***	-0.100**		-0.007	-0.160***	-0.157***	-0.038	-0.108**	0.041	-0.088**
VCunion	-0.006	0.058	0.016		0.354***	0.159***	-0.020	-0.137***	-0.024	-0.060
VCper	0.063	0.138***	-0.192***	0.311***		0.407***	-0.005	-0.059	0.011	0.014
VCex	0.113**	0.145***	-0.211***	0.185***	0.452***		-0.020	0.114***	-0.064	-0.084*
Lev	-0.022	-0.167***	-0.030	0.020	0.053	0.014		0.242***	0.313***	-0.281***
Size	0.039	-0.059**	-0.134***	-0.159***	-0.010	0.133***	0.372***		0.021	-0.237***
F	-0.040*	-0.119***	0.057	-0.035	0.041	-0.085*	0.210***	0.003		-0.194***
ROA	0.075***	0.135***	-0.090**	-0.011	0.073	0.006	-0.213***	-0.170***	-0.144***	

注：左下角为 Pearson 相关系数检验，右上角为 Spearman 秩相关检验。***、**、* 分别表示在 1%、5% 和 10% 水平上显著。

11.4.3　回归分析

表 11－4 的列（1）和列（2）是风险投资背景与企业创新能力的回归结果。当因变量为 *Pat* 1 时，*VC* 系数为 0.116 并在 5% 水平上显著；当因变量为 *Pat* 2 时，*VC* 系数为 0.105 并在 1% 水平上显著。说明风险投资背景与企业创新能力正相关，风险投资能提升风险企业创新能力，H11－1 成立。无论是列（1）还是列（2），*Size* 在 1% 水平上显著为正，说明企业规模越大，创新能力越强。

列（3）与列（4）为风险投资地理距离与企业创新能力的回归结果。当因变量为 *Pat* 1 时，*VCdis* 系数为 -0.055 并在 5% 水平上显著；当因变量为 *Pat* 2 时，*VCdis* 系数为 0.032 并在 5% 水平上显著。说明风险投资地理距离与风险企业创新能力负相关，即风险投资地理距离越远，越难帮助风险企业提升创新能力，H11－2 成立。

表 11 - 4　　风险投资背景与风险企业创新能力的回归结果

变量	(1)	(2)	(3)	(4)
	Pat 1	*Pat* 2	*Pat* 1	*Pat* 2
VC	0. 116 ** (2. 20)	0. 105 *** (2. 84)		
VCdis			-0. 055 ** (-2. 48)	-0. 032 ** (-2. 00)
Lev	0. 010 (0. 05)	-0. 058 (-0. 47)	-0. 401 (-1. 23)	-0. 015 (-0. 07)
Size	0. 237 *** (5. 05)	0. 179 *** (5. 96)	0. 186 ** (2. 28)	0. 200 *** (3. 30)
F	0. 234 (0. 99)	0. 003 (0. 02)	0. 799 * (1. 82)	0. 012 (0. 04)
ROA	2. 773 *** (4. 80)	1. 688 *** (4. 24)	2. 792 *** (2. 65)	2. 076 ** (2. 37)
Constant	-4. 940 *** (-5. 45)	-2. 954 *** (-5. 09)	-3. 488 ** (-2. 20)	-2. 925 ** (-2. 51)
Ind	Yes	Yes	Yes	Yes
Year	Yes	Yes	Yes	Yes
N	1690	1690	513	513
adj. R^2	0. 268	0. 365	0. 316	0. 351

注：***、**、* 分别表示在 1%、5% 和 10% 水平上显著，参数估计值下方括号内为经 White 异方差稳健性修正的 *T* 值。

11. 5　进一步研究

11. 5. 1　联合风险投资策略的影响

由于联合风险投资能共担风险、共享资源及扩大关系网络，进而为企业开展创新活动提供更多战略支持，因此远距离风险投资机构经常使用这种投资策略来降低地理距离的不良影响（董静等，2017）。当风险投资对远距离风险企业进行投资时，可以与当地风险投资机构合作，借助其当地经验来克服地理距离之不便（Tykvová 和 Schertler，2011）。有联合风险投资参与的风险企业会有更高创新水平，且联合投资机构数量越多，风险企业创新水平越高（陆瑶等，2017）。因此，风险投资地理距离较远时，就可以通过联合投资策略来减少监督控制和增值服务的成本，通过共享经验来提高投后管理质量，从而降低风险投资地理距离之不良影响和促进企业创新能力提升。

使用联合风险投资数量（*VCunion*）及其与自变量 *VCdis* 的交乘项 *VCunion* × *VCdis* 加入模型（11 -2）以检验该猜想，其中，联合风险投资数量（*VCunion*）用投资同一家风险企业的风险投资机构数量来衡量。若交乘项 *VCunion* × *VCdis* 的系数显著为负，说明风险投资地理邻近性与联合投资之间存在替代效应。根据表 11 -5，无论因变量为 *Pat* 1 还是 *Pat* 2，*VCunion* × *VCdis* 的系数均显著为正，说明联合风险投资能够降低地理距离带来的不良影响。

表 11 -5　　联合风险投资的调节作用

变量	(1)	(2)
	Pat 1	*Pat* 2
VCdis	-0.122***	-0.086***
	(-2.74)	(-2.76)
VCunion	-0.183	-0.165
	(-1.33)	(-1.56)
VCdis × *VCunion*	0.045*	0.036*
	(1.80)	(1.94)
Lev	-0.366	0.026
	(-1.10)	(0.11)
Size	0.183**	0.194***
	(2.21)	(3.17)
F	0.756*	-0.021
	(1.73)	(-0.07)
ROA	2.664**	1.951**
	(2.58)	(2.25)
Constant	-3.131*	-2.544**
	(-1.89)	(-2.11)
Ind	Yes	Yes
Year	Yes	Yes
N	513	513
adj. R^2	0.319	0.353

注：***、**、* 分别表示在 1%、5% 和 10% 水平上显著，参数估计值下方括号内为经 White 异方差稳健性修正的 *T* 值。

11.5.2　企业特征的影响

（1）企业类型的调节作用。与非高科技企业相比，高科技企业的技术和知识密集度更高、研发活动更多，更依靠科技创新来获取市场竞争力。因此，风险投资更可能为高科技企业提供与科技创新相关的高质量投后管理，以提升企业价值和创新能力，进而提高风险投资退出回报。而风险投资地理邻近能进一步降低投后管理成本和难度，增加风险投资机构为风险企业提供增值服务和监督管理的意愿，更有效地提升高科技风险企业的创新能力。虽然风险投资也可能为非高科技企业提供与技术创新有关的投后管理，由于非高科技企业成长对科技创新的依赖程度相对更低，而对资金、社会资源和管理经验等方面的依赖程度更高，因此风险投资对非高科技企业的创新能力影响相对较小。换言之，与非高科技企业相比，风险投资地理距离与风险企业创新能力的负相关关系在高科技企业中更显著。

为检验该猜想，参照陈钦源等（2017）的做法，把样本分为非高科技企业组与高科技企业组，分别对模型（11－1）和模型（11－2）进行回归。根据表11－6，列（1）和列（3）的 *VC* 系数不显著，而列（2）和列（4）的 *VC* 系数在1%水平下显著，说明风险投资更倾向于促进高科技企业提升创新能力。列（5）和列（7）的 *VCdis* 系数不显著，而列（6）和列（8）的 *VCdis* 系数在1%水平下显著为负，说明与非高科技企业相比，高科技企业的创新能力对风险投资地理距离更加敏感，猜想成立。

表11－6　　　　按企业类型分组的回归结果

变量	(1)	(2)	(3)	(4)	(5)	(6)	(7)	(8)
	非高科技	高科技	非高科技	高科技	非高科技	高科技	非高科技	高科技
	Pat 1	*Pat* 1	*Pat* 2	*Pat* 2	*Pat* 1	*Pat* 1	*Pat* 2	*Pat* 2
VC	0.012	0.315***	0.048	0.255***				
	(0.21)	(2.87)	(1.17)	(3.19)				
VCdis					−0.018	−0.138***	−0.013	−0.130***
					(−0.73)	(−2.67)	(−0.74)	(−3.68)
Lev	−0.174	0.812**	−0.004	0.002	−0.358	−0.092	0.218	0.305
	(−0.83)	(2.36)	(−0.03)	(0.01)	(−0.98)	(−0.12)	(0.89)	(0.54)
Size	0.236***	0.246***	0.183***	0.179***	0.133	0.437***	0.136**	0.442***
	(4.45)	(2.71)	(5.30)	(2.97)	(1.51)	(2.65)	(2.05)	(3.28)
F	−0.104	0.842**	−0.205	0.379	0.456	1.173	−0.217	0.689
	(−0.38)	(2.01)	(−1.22)	(1.42)	(0.94)	(1.28)	(−0.65)	(0.93)
ROA	3.811***	0.478	1.735***	1.472**	3.243***	3.426	1.941**	4.352*
	(5.90)	(0.43)	(3.57)	(2.04)	(3.02)	(1.37)	(2.20)	(1.82)
Constant	−4.943***	−4.740**	−3.021***	−3.233***	−3.001*	−7.521**	−1.967	−7.739***
	(−4.78)	(−2.53)	(−4.46)	(−2.61)	(−1.69)	(−2.18)	(−1.52)	(−2.67)
Ind	Yes	Yes	Yes	Yes	Yes	Yes	Yes	Yes
Year	Yes	Yes	Yes	Yes	Yes	Yes	Yes	Yes
N	1172	518	1172	518	375	138	375	138
adj. R^2	0.313	0.239	0.345	0.398	0.376	0.262	0.324	0.413

注：***、**、*分别表示在1%、5%和10%水平上显著，参数估计值下方括号内为经 White 异方差稳健性修正的 *T* 值。

（2）企业规模的调节作用。以往研究表明，与小规模企业相比，大规模企业创新能力更强。大规模企业能承担更多的研发费用和风险。大规模厂商更容易获取外部资金、产生规模经济以创造更高研发绩效（Symeonidis，1996）。大规模企业的资源与能力具有多元性、复杂性和互补性等特点（Henderson 和 Cockburn，1994），研发活动需要巨额资金和资源支持且研发结果难以预料（Lall，1992），因此大规模企业比小规模企业更具研发优势。具体而言，大规模企业拥有大量专业人才及技术方法，不仅能支持研发创新活动，而且能进行多元化研发项目组合，还能产生内外部知识溢出效应，所以企业规模与创新绩效正相关（张玉臣和吕宪鹏，2013）。大规模企业自身具备较强创新能力，相对不依赖风险投资提供的技术咨询等增值服务，小规模企业则因自身创新能力有限而需求更迫切。总之，与大规模企业相比，风险投资地理距离与小规模企业创新能力间的负相关关系更显著。

根据企业规模（*Size*）是否大于行业中位数，若是则划分为大规模企业组，否则为小规模企业组，然后分别对模型（11－1）和模型（11－2）进行回归。结果如表 11－7，列（2）和列（4）的 *VC* 系数不显著，而列（1）和列（3）的 *VC* 系数显著为正，说明风险投资更倾向帮助小规模企业提升创新能力。列（5）和列（7）的 *VCdis* 系数不显著，而列（6）和列（8）的 *VC* 系数显著为正，说明与大规模企业相比，风险投资对小规模企业创新能力的培育更加重视，其促进作用不随地理距离增大而发生明显变化，但会减弱对大规模企业创新能力的促进作用。

表 11－7　按企业规模分组的回归结果

变量	(1)	(2)	(3)	(4)	(5)	(6)	(7)	(8)
	小规模	大规模	小规模	大规模	小规模	大规模	小规模	大规模
	Pat 1	*Pat* 1	*Pat* 2	*Pat* 2	*Pat* 1	*Pat* 1	*Pat* 2	*Pat* 2
VC	0.201***	0.030	0.165***	0.048				
	(2.90)	(0.37)	(3.18)	(0.91)				
VCdis					0.011	−0.102***	−0.011	−0.047**
					(0.34)	(−3.61)	(−0.42)	(−2.21)
Lev	0.023	−0.175	0.100	−0.228	−0.097	−0.691	0.464	−0.253
	(0.08)	(−0.69)	(0.51)	(−1.36)	(−0.19)	(−1.32)	(1.36)	(−0.71)
Size	0.072	0.352***	0.115*	0.237***	0.033	0.352**	0.090	0.314***
	(0.71)	(3.63)	(1.74)	(4.71)	(0.16)	(2.29)	(0.63)	(2.84)
F	−0.031	0.515	0.117	−0.168	0.733	0.658	0.152	−0.161
	(−0.10)	(1.39)	(0.57)	(−0.86)	(1.26)	(0.99)	(0.32)	(−0.40)
ROA	2.954***	1.728*	2.537***	0.615	3.697**	1.258	2.566*	0.644
	(3.78)	(1.86)	(4.32)	(1.08)	(2.31)	(0.77)	(1.83)	(0.50)
Constant	0.251	−7.043***	−1.965	−3.346***	1.210	−6.233**	−1.295	−4.532**
	(0.12)	(−3.73)	(−1.41)	(−3.37)	(0.29)	(−2.10)	(−0.43)	(−2.16)
Ind	Yes	Yes	Yes	Yes	Yes	Yes	Yes	Yes

续表

变量	(1)	(2)	(3)	(4)	(5)	(6)	(7)	(8)
	小规模	大规模	小规模	大规模	小规模	大规模	小规模	大规模
	Pat 1	*Pat* 1	*Pat* 2	*Pat* 2	*Pat* 1	*Pat* 1	*Pat* 2	*Pat* 2
Year	Yes	Yes	Yes	Yes	Yes	Yes	Yes	Yes
N	843	847	843	847	268	245	268	245
adj. R^2	0. 229	0. 305	0. 308	0. 437	0. 294	0. 371	0. 293	0. 445

注：***、**、*分别表示在1%、5%和10%水平上显著，参数估计值下方括号内为经 White 异方差稳健性修正的 *T* 值。

11. 5. 3　影响机制分析

上述结果表明，风险投资离风险企业越近，越能促进其创新能力提升，为此进一步讨论风险投资地理邻近性会通过何种途径影响企业创新能力。本书认为，地理邻近性会增加风险投资对风险企业的重视程度，进而提供更多监督控制和增值服务，最终提升企业创新能力。

（1）重视程度。与近距离风险企业相比，远距离风险企业存在更大的信息不对称和投资风险，后续监督管理成本更高（Lerner，1995）。风险投资为了更好地促进风险企业价值提升和项目成功率，往往优先选择邻近投资（Thompson，1989；Lutz 等，2010；吴翠凤，2014），对地理邻近的风险企业投入更多资金和持有更多股份。而风险投资持股比例与治理效应正相关（孙杨，2012）。一方面，风险投资会更加重视持股比例较高的风险企业，积极提供监督管理和增值服务（Krishnan 等，2011；Vanacker 等，2013）。风险投资持股比例越高，所占的利益份额越大，一旦风险企业经营失败，风险投资将面临较大损失，因此风险投资会为自身持股较大的风险企业提供更优质的投后管理。另一方面，风险投资持股比例越高，在企业中的话语权越大，越能有效地制约高管和控股股东机会主义行为，缓解代理冲突，进而促进企业创新能力。综上可知，风险投资很可能对地理临近的风险企业投资更多，并为其提供更优质的投后管理服务，进而提升企业创新能力。

为此，本书以风险投资持股比例（*VCper*）作为因变量，与作为自变量的 *VCdis* 和其他控制变量进行回归，同时考虑到两者均为风险投资背景企业的特征，与非风险投资背景企业无关，因此只选取风险投资背景企业作为研究样本。结果如表 11 －8 的列（1），*VCdis* 系数均在 1% 水平上显著为正，说明风险投资地理邻近与其持股比例显著正相关，风险投资更重视地理临近的风险企业。

表 11 －8　　影响机制分析的回归结果

变量	(1)	(2)	(3)
	VCper	*VCex*	*VCex*
VCdis	－0. 522***	－0. 107***	－0. 068***
	(－3. 39)	(－3. 90)	(－3. 08)

续表

变量	(1)	(2)	(3)
	VCper	*VCex*	*VCex*
VCper			0.074 *** (7.28)
Lev	6.124 *** (3.06)	0.433 (1.22)	-0.021 (-0.07)
Size	0.261 (0.48)	0.126 (1.38)	0.107 (1.30)
F	5.786 ** (2.04)	-0.909 ** (-2.12)	-1.338 *** (-3.33)
ROA	11.525 (1.53)	0.967 (0.77)	0.114 (0.10)
Constant	6.683 (0.63)	-1.958 (-1.07)	-2.453 (-1.52)
Ind	Yes	Yes	Yes
Year	Yes	Yes	Yes
N	513	513	513
adj. R^2	0.135	0.070	0.253

注：***、**、* 分别表示在 1%、5% 和 10% 水平上显著，参数估计值下方括号内为经 White 异方差稳健性修正的 *T* 值。

（2）投后管理强度。向风险企业派驻高管和董事是风险投资实现投后管理的重要形式。风险投资会通过参与公司治理对风险企业进行监督，获得风险企业董事会席位并参与重大战略决策、监督企业管理团队（武巧珍，2009）；风险投资机构会向风险企业推荐高管或直接派驻高管来参与风险企业经营管理活动，进而增加企业价值（Tian 等，2016）。所以风险投资派驻风险企业的高管数量越多，越能发挥投后管理的治理效应。此外，风险投资参与地理邻近风险企业的公司治理意愿更强（彭涛等，2015）。可见，风险投资很可能对近距离风险企业派驻更多高管，进而提供更高质量的投后管理，有效促进风险企业提升创新能力。

投后管理可分为监督控制和增值服务两类，限于数据可获得性，本书参考董静等（2017）和彭涛等（2015）的做法，以风险投资派驻风险企业的董事、监事和高管人数（*VCex*）作为投资后管理强度的代理变量，与作为自变量的 *VCdis* 进行回归。结果如表 11-8 的列（2），*VCdis* 系数在 1% 水平下显著为负，说明地理距离越远，风险投资派驻董事、监事和高管人数越少，为风险企业提供投后管理的强度越弱，导致风险企业创新能力下降。

进一步地，风险投资对风险企业的重视程度与其提供投后管理强度可能存在因果关系，即风险投资越重视风险企业，就会提供越多投后管理服务。因此，风险投资地理距离、风险投资重视程度和投后管理强度之间可能存在中介效应。参考温忠麟等（2014）的做法，分步检验中介效应。第一步为自变量 *VCdis* 与作为因变量的投后管理强度 *VCex* 进行回归，为中介效应的总效应，结果如表 11－8 的列（2），*VCdis* 系数均显著，已证明成立。第二步为自变量 *VCdis* 与中介变量 *VCper* 的回归，结果如列（1），*VCdis* 系数也显著，第二步成立。第三步为将自变量和中介变量同时加入模型，结果如列（3），中介变量 *VCper* 的系数均显著为正，且 *VCdis* 对因变量的解释力均有所下降，所以中介效应成立。存在部分中介效应，表明风险投资地理距离越远，对风险企业越不重视，提供的投后管理服务更少，导致其创新能力降低。

11.6 拓展性检验

11.6.1 高铁开通对风险投资治理效应和方式的影响

开通高铁能减少风险投资与风险企业之间的时间和空间成本，降低信息不对称。高铁开通后，风险投资对高铁城市的新增投资显著增加，风险投资中心城市的投资辐射范围扩大，投资轮次也发生一定变化（龙玉等，2017），但现有研究尚未进一步探讨高铁开通对风险投资投后管理方式及其治理效应的影响。

本书首先手工收集风险企业注册地所在城市的高铁开通时间，考虑到部分高铁在 12 月中下旬开通，对该年影响并不大，因此将 12 月开通高铁的城市视作下一年开通，其余月份开通高铁的视为当年开通，然后生成高铁开通虚拟变量（*Gt*），若上市公司所在地当年开通高铁，则为 1，否则为 0。为考察高铁开通对风险投资投后管理方式的影响，分别将 *VCper* 和 *VCex* 作为因变量，然后使用 *VCdis*、*Gt* 及其交乘项作为自变量，再与其余控制变量进行回归，结果见表 11－9 的列（1）和列（2）。*VCdis* × *Gt* 的系数仅在列（2）中显著为正，在其他列不显著，说明高铁开通会增加风险投资派驻董事、监事和高管的意愿，高铁开通能影响风险投资的投后管理方式。龙玉等（2017）发现高铁开通后风险投资会对高铁城市增加投资，但本书并没有发现高铁开通能增大风险投资对远距离风险企业的持股比例，这可能源于研究对象是已在创业板上市的风险企业，几乎满足风险投资退出条件。因此风险投资不再继续增加持股比例，而是对开通高铁城市的其他未上市的新创企业进行投资。

由于风险投资投后管理方式在高铁开通后有所转变，其治理效应也可能存在差异，因此进一步考察高铁开通的影响。分别将 *Gt* 和 *VCdis* × *Gt* 加入模型（11－1），以考察高铁开通对风险投资地理距离与其治理效应的影响，结果如表 11－9 的列（3）和列（4）。当因变量为 *Pat* 1 时，*VCdis* × *Gt* 的系数显著为正，但当因变量为 *Pat* 2 时，*VCdis* × *Gt* 的系数并不显著，说明高铁开通能在一定程度上缓解地理距离的不良影响，进而改善风险投资的治理效应。

表 11－9　　高铁开通的调节作用

变量	(1)	(2)	(3)	(4)
	VCper	*VCex*	*Pat* 1	*Pat* 2
VCdis	－0.570 **	－0.148 ***	－0.074 **	－0.030
	(－2.55)	(－3.59)	(－2.52)	(－1.39)
Gt	－2.708 *	－0.859 ***	－0.610 ***	－0.029
	(－1.74)	(－3.12)	(－2.84)	(－0.17)
VCdis × *Gt*	0.253	0.124 **	0.071 *	－0.001
	(0.93)	(2.56)	(1.77)	(－0.04)
Lev	5.942 ***	0.380	－0.440	－0.017
	(3.03)	(1.07)	(－1.36)	(－0.08)
Size	0.282	0.138	0.192 **	0.200 ***
	(0.53)	(1.53)	(2.39)	(3.27)
F	5.620 **	－0.915 **	0.776 *	0.006
	(2.01)	(－2.15)	(1.79)	(0.02)
ROA	13.296 *	1.109	3.060 ***	2.133 **
	(1.77)	(0.91)	(2.89)	(2.38)
Constant	6.596	－2.010	－3.515 **	－2.924 **
	(0.64)	(－1.12)	(－2.24)	(－2.50)
Ind	Yes	Yes	Yes	Yes
Year	Yes	Yes	Yes	Yes
N	513	513	513	513
adj. R^2	0.144	0.092	0.328	0.349

注：***、**、* 分别表示在 1%、5% 和 10% 水平上显著，参数估计值下方括号内为经 White 异方差稳健性修正的 *T* 值。

11.6.2　风险投资地理距离的信息含量

风险投资能够为风险企业提供监督和增值服务，产生各种积极的治理效应，因而风险投资留在上市公司对股票市场而言应是好消息。当风险投资退出上市公司后，风险企业则失去了风险投资投后管理带来的积极效应，因此风险投资的退出事件应为坏消息。进一步地，本书研究表明，与地理距离近的风险投资相比，地理距离远的风险投资更难有效地对控股股东掏空发挥监督作用，即地理距离近的风险投资的治理作用比地理距离远的更好。与地理距离远的风险投资相比，地理距离近的风险投资退出风险企业会是一个“更坏的信息”。根据有效市场假说，理性的投资者能够迅速对市场信息做出有效反应并体现在股价上。若股票市场有效，则与地理距离远的风险投资相比，地理距离近的风险投资退出时引起的股价跌幅更大。

为了检验该问题，首先从样本中风险投资背景企业的“十大股东”季度数据查找风险投资机构何时从上市公司完全退出，并将其完全退出的日期作为“事件日期”，记为$t=0$。接着将估计窗口定义为（-200，-16），事件窗口定义为（-3，10），用$R_{i,t}$表示公司i第t日的股票收益，用$R_{M_{i,t}}$表示市场第t日的股票收益。由于研究对象为创业板上市公司，故市场收益用创业板指数（399006）的收益率表示，其中，股票收益和市场收益数据均来源于网易（Net Ease）。最后根据模型（11-3）估算出超额收益AR，其中α_i为无风险收益，$\varepsilon_{i,t}$为模型回归残差，即实际收益与期望收益之差，为股票i在第t日的超额收益$AR_{i,t}$。根据模型（11-4）计算出公司i的风险投资退出事件的累计超额收益$CAR(t_1,t_2)_i$。利用模型（11-5）计算风险投资是否地理临近对其退出事件的累计超额收益的影响，其中Dis为风险投资是否地理临近虚拟变量，若风险投资地理距离小于中位数为1，否则为0。

$$R_{i,t}=\alpha_i+\beta_i\times R_{M_{i,t}}+\varepsilon_{i,t} \tag{11-3}$$

$$CAR(t_1,t_2)_i=\sum_{t=t_1}^{t_2}AR_{i,t} \tag{11-4}$$

$$CAR(t_1,t_2)_i=\beta_1+\beta_2\times Dis+\varepsilon_{i,t} \tag{11-5}$$

结果如表11-10，样本中共有60个风险投资退出事件，列（1）为模型（11-5）未加入Dis的回归结果，常数项为-0.014并在1%水平下显著，说明风险投资退出事件会引起消极的市场反应，即股票投资者普遍认为风险投资退出是一个“坏消息”。列（2）为模型（11-5）的回归结果，Dis系数为-0.010并在5%水平上显著，常数项为-0.019并在1%水平上显著，说明与非地理邻近的风险投资相比，地理邻近的风险投资退出事件的市场反应更低，即与非地理邻近的风险投资退出事件相比，地理邻近的风险投资退出事件是一个“更坏的消息”。

表11-10　市场反应

事件窗口（-3，10）	(1)	(2)
	CAR	*CAR*
Dis		-0.010**
		(2.05)
Constant	-0.014***	-0.019***
	(-6.09)	(-6.14)
N	840	840

注：***、** 分别表示在1%和5%水平上显著，参数估计值下方括号内为经White异方差稳健性修正的T值。

11.7　稳健性检验

11.7.1　两阶段处置效应模型和Heckman模型

考虑到风险投资会根据风险企业的业绩进行事前筛选，进而选出投资对象，导致样本可能存在自选择偏差。参考胡志颖等（2012）的做法，选取风险企业是否有政治关联

(*Politic*)、是否处于北京、广东、浙江和江苏等风险投资密集地区虚拟变量(*Region*)、每股净资产(*NS*)、每股总资产(*TS*)和每股营业收入(*ES*)作为工具变量，分别使用处置效应两阶段模型和 Heckman 两阶段模型来降低自选择偏差引起的内生性。两种方法的区别在于第二步的样本不同，两阶段处置效应模型的第二步用全样本，而两阶段 Heckman 模型的第二步用风险投资背景企业作为样本。第一阶段将 *VC* 作为被解释变量，与工具变量和控制变量一起进行 Probit 回归，然后计算出逆米尔斯值(*Mills*)加入模型(11 - 1)和(11 - 2)作为控制变量。第一阶段回归中 *VC* 与个别行业虚拟变量存在共线性，导致 *VC* 预测值及 *Mills* 均缺少 1 个观测值，所以第二阶段回归比实证检验中少一个观测值。结果如表 11 - 11 至表 11 - 14，限于篇幅，不再赘述，所有结论保持不变。

表 11 - 11　稳健性检验结果

变量	(6)	(1)	(2)	(3)	(4)	(5)
	Pat 2	*Pat* 1	*Pat* 2	*Pat* 1	*Pat* 2	*Pat* 1
VC	0.121 **	0.108 ***				
	(2.30)	(2.89)				
VCdis			-0.055 **	-0.032 **	-0.123 ***	-0.087 ***
			(-2.50)	(-2.02)	(-2.79)	(-2.80)
VCunion					-0.193	-0.172 *
					(-1.43)	(-1.66)
VCdis × *VCunion*					0.045 *	0.036 **
					(1.86)	(2.00)
Lev	0.057	-0.036	-0.185	0.143	-0.146	0.188
	(0.30)	(-0.28)	(-0.55)	(0.59)	(-0.43)	(0.77)
Size	0.258 ***	0.189 ***	0.317 ***	0.296 ***	0.311 ***	0.288 ***
	(4.90)	(5.55)	(3.53)	(4.20)	(3.43)	(4.11)
F	0.181	-0.021	0.526	-0.187	0.486	-0.219
	(0.75)	(-0.14)	(1.19)	(-0.59)	(1.10)	(-0.70)
ROA	2.565 ***	1.593 ***	1.618	1.220	1.493	1.089
	(4.09)	(3.67)	(1.43)	(1.29)	(1.34)	(1.16)
Mills	0.172	0.078	0.918 ***	0.670 **	0.907 ***	0.667 **
	(0.86)	(0.59)	(2.69)	(2.45)	(2.65)	(2.46)
Constant	-4.132 ***	-3.196 ***	-4.232 **	-5.177 ***	-3.941 **	-4.859 ***
	(-3.35)	(-4.35)	(-2.22)	(-3.47)	(-2.02)	(-3.23)
Ind	Yes	Yes	Yes	Yes	Yes	Yes
Year	Yes	Yes	Yes	Yes	Yes	Yes
N	1689	1689	512	512	512	512
adj. R^2	0.267	0.365	0.323	0.359	0.325	0.361

注：***、**、* 分别表示在 1%、5% 和 10% 水平上显著，参数估计值下方括号内为经 White 异方差稳健性修正的 *T* 值。

表 11-12　　稳健性检验结果

变量	(1) 非高科技 Pat 1	(2) 高科技 Pat 1	(3) 非高科技 Pat 2	(4) 高科技 Pat 2	(5) 非高科技 Pat 1	(6) 高科技 Pat 1	(7) 非高科技 Pat 2	(8) 高科技 Pat 2
VC	0.012 (0.21)	0.347*** (3.22)	0.051 (1.25)	0.256*** (3.18)				
VCdis					-0.017 (-0.70)	-0.140*** (-2.70)	-0.012 (-0.71)	-0.130*** (-3.73)
Lev	-0.175 (-0.81)	0.912** (2.56)	0.042 (0.27)	0.003 (0.01)	-0.038 (-0.10)	0.012 (0.02)	0.506** (1.98)	0.352 (0.60)
Size	0.236*** (3.94)	0.324*** (3.09)	0.201*** (5.16)	0.180** (2.51)	0.271*** (2.68)	0.573*** (3.14)	0.261*** (3.34)	0.503*** (3.22)
F	-0.103 (-0.36)	0.740* (1.77)	-0.258 (-1.47)	0.378 (1.38)	0.129 (0.26)	0.938 (1.00)	-0.511 (-1.51)	0.583 (0.77)
ROA	3.815*** (5.52)	-0.438 (-0.34)	1.572*** (3.06)	1.462* (1.66)	2.103* (1.86)	1.874 (0.63)	0.916 (0.99)	3.653 (1.38)
Mills	-0.003 (-0.01)	0.601 (1.52)	0.147 (0.99)	0.007 (0.02)	1.003*** (2.63)	0.936 (1.22)	0.901*** (3.00)	0.422 (0.77)
Constant	-3.474** (-2.48)	-6.364*** (-2.93)	-3.519*** (-4.16)	-3.252** (-2.22)	-4.009* (-1.81)	-10.317*** (-2.71)	-5.050*** (-3.03)	-8.998*** (-2.69)
Ind	Yes	Yes	Yes	Yes	Yes	Yes	Yes	Yes
Year	Yes	Yes	Yes	Yes	Yes	Yes	Yes	Yes
N	1171	518	1171	518	374	138	374	138
adj. R^2	0.312	0.242	0.345	0.397	0.384	0.265	0.343	0.411

注：***、**、*分别表示在1%、5%和10%水平上显著，参数估计值下方括号内为经 White 异方差稳健性修正的 *T* 值。

表 11-13　　稳健性检验结果

变量	(1) 小规模 Pat 1	(2) 大规模 Pat 1	(3) 小规模 Pat 2	(4) 大规模 Pat 2	(5) 小规模 Pat 1	(6) 大规模 Pat 1	(7) 小规模 Pat 2	(8) 大规模 Pat 2
VC	0.210*** (3.03)	0.026 (0.32)	0.166*** (3.17)	0.055 (1.04)				
VCdis					-0.007 (-0.21)	-0.102*** (-3.57)	-0.017 (-0.69)	-0.044** (-2.03)
Lev	0.123 (0.41)	-0.201 (-0.76)	0.107 (0.53)	-0.187 (-1.07)	0.432 (0.84)	-0.704 (-1.35)	0.654* (1.73)	-0.176 (-0.49)

续表

变量	(1)	(2)	(3)	(4)	(5)	(6)	(7)	(8)
	小规模	大规模	小规模	大规模	小规模	大规模	小规模	大规模
	Pat 1	*Pat* 1	*Pat* 2	*Pat* 2	*Pat* 1	*Pat* 1	*Pat* 2	*Pat* 2
Size	0. 130 (1. 20)	0. 341 *** (3. 28)	0. 119 * (1. 65)	0. 255 *** (4. 60)	0. 290 (1. 45)	0. 340 * (1. 94)	0. 182 (1. 20)	0. 385 *** (2. 89)
F	−0. 139 (−0. 44)	0. 547 (1. 44)	0. 109 (0. 51)	−0. 218 (−1. 05)	−0. 020 (−0. 03)	0. 677 (1. 00)	−0. 118 (−0. 24)	−0. 272 (−0. 64)
ROA	2. 603 *** (3. 15)	1. 857 * (1. 81)	2. 511 *** (4. 07)	0. 408 (0. 65)	1. 362 (0. 79)	1. 363 (0. 77)	1. 727 (1. 11)	0. 017 (0. 01)
Mills	0. 398 (1. 41)	−0. 091 (−0. 32)	0. 030 (0. 14)	0. 146 (0. 86)	1. 966 *** (4. 02)	−0. 072 (−0. 15)	0. 706 (1. 59)	0. 434 (1. 21)
Constant	−1. 219 (−0. 51)	−6. 780 *** (−2. 98)	−2. 074 (−1. 31)	−3. 979 *** (−3. 27)	−5. 201 (−1. 22)	−5. 877 (−1. 56)	−3. 597 (−1. 08)	−6. 561 ** (−2. 32)
Ind	Yes	Yes	Yes	Yes	Yes	Yes	Yes	Yes
Year	Yes	Yes	Yes	Yes	Yes	Yes	Yes	Yes
N	843	846	843	846	268	244	268	244
adj. R^2	0. 230	0. 303	0. 307	0. 437	0. 334	0. 365	0. 300	0. 447

注：***、**、* 分别表示在 1%、5% 和 10% 水平上显著，参数估计值下方括号内为经 White 异方差稳健性修正的 *T* 值。

表 11 −14　　稳健性检验结果

变量	(1)	(2)	(3)	(4)	(5)	(6)	(7)
	VCper	*VCex*	*VCper*	*Pat* 1	*Pat* 2	*VCex*	*VCper*
VCdis	−0. 522 *** (−3. 37)	−0. 089 *** (−4. 00)	−0. 257 ** (−1. 97)	−0. 071 ** (−2. 47)	−0. 029 (−1. 32)	−0. 120 *** (−3. 68)	−0. 577 ** (−2. 55)
VCper			2. 966 *** (11. 40)				
Gt				−0. 592 *** (−2. 79)	−0. 016 (−0. 09)	−0. 697 *** (−2. 95)	−2. 760 * (−1. 79)
VCdis × *Gt*				0. 065 * (1. 67)	−0. 005 (−0. 16)	0. 095 ** (2. 32)	0. 268 (0. 99)
Lev	5. 457 ** (2. 52)	0. 436 (1. 24)	4. 164 ** (2. 33)	−0. 222 (−0. 67)	0. 143 (0. 59)	0. 390 (1. 11)	5. 287 ** (2. 50)
Size	−0. 144 (−0. 23)	0. 137 (1. 40)	−0. 550 (−0. 99)	0. 323 *** (3. 72)	0. 296 *** (4. 21)	0. 145 (1. 50)	−0. 111 (−0. 18)

续表

变量	(1)	(2)	(3)	(4)	(5)	(6)	(7)
	VCper	*VCex*	*VCper*	*Pat* 1	*Pat* 2	*VCex*	*VCper*
F	6.628**	−0.773*	8.920***	0.499	−0.197	−0.780*	6.451**
	(2.18)	(−1.78)	(3.36)	(1.14)	(−0.62)	(−1.83)	(2.15)
ROA	15.149*	0.807	12.753*	1.900*	1.283	0.987	16.769**
	(1.85)	(0.62)	(1.72)	(1.69)	(1.33)	(0.78)	(2.08)
Mills	−2.834	0.141	−3.254	0.924***	0.677**	0.131	−2.767
	(−1.15)	(0.42)	(−1.47)	(2.80)	(2.46)	(0.40)	(−1.13)
Constant	34.572**	−0.362	35.647***	−4.268**	−5.191***	−0.370	34.332***
	(2.57)	(−0.17)	(3.07)	(−2.32)	(−3.49)	(−0.18)	(2.61)
Ind	Yes	Yes	Yes	Yes	Yes	Yes	Yes
Year	Yes	Yes	Yes	Yes	Yes	Yes	Yes
N	512	512	512	512	512	512	512
adj. R^2	0.138	0.067	0.309	0.335	0.357	0.086	0.146

注：***、**、*分别表示在1%、5%和10%水平上显著，参数估计值下方括号内为经White异方差稳健性修正的*T*值。

11.7.2 倾向得分匹配

为进一步消除样本自选择偏差的顾虑，分别对全样本和风险投资背景企业样本使用倾向得分匹配法做进一步检验。首先选取是否为高科技企业虚拟变量（*Highte*）、是否有政治关联虚拟变量（*Politic*）、固定资产比例（*F*）、每股净资产（*NS*）和每股总资产（*TS*）和行业作为协变量，与作为因变量的*VC*进行Probit回归，再根据得分值进行1∶2的最近邻匹配。根据表11－15，共有1673个观测值符合共同支撑假设。根据表11－16，所有协变量在匹配前皆存在显著差异，而匹配后差异均不显著。表11－17展示了因变量的*ATT*，处置组*Pat* 1和*Pat* 2平均值均比控制组的平均值大，且分别在10%和5%水平上显著，表明控制样本自选择偏差后，风险投资背景企业的创新能力高于非风险投资背景企业的创新能力。

表11－15　　共同支撑假设

	不支持	支持	总数
控制组	13	1164	1177
处置组	3	509	512
总数	16	1673	1689

表 11－16　经过最近邻匹配处理后的控制组和处置组的偏差变化情况

变量名	匹配前后	平均值		偏差	偏差绝对值减少%	T 检验	
		处置组	控制组			T 值	P 值
Highte	匹配前	0.270	0.323	－11.7	88.9	－2.19	0.029 **
	匹配后	0.265	0.271	－1.3		－0.21	0.832
Politic	匹配前	0.363	0.268	20.5	97.9	3.93	0.000 ***
	匹配后	0.365	0.367	－0.4		－0.06	0.948
NS	匹配前	6.615	5.713	28.9	91.3	5.6	0.000 ***
	匹配后	6.584	6.662	－2.5		－0.37	0.71
TS	匹配前	8.857	7.665	30	93.5	5.78	0.000 ***
	匹配后	8.832	8.910	－2		－0.3	0.765

注：***、** 分别表示在 1% 和 5% 水平上显著。

表 11－17　因变量按是否有 *VC* 进行分组的 *ATT*

因变量	处置组	控制组	差异	标准差	T 值
Pat 1	1.767	1.621	0.146	0.074	1.96 *
Pat 2	0.722	0.501	0.221	0.054	4.11 ***

注：***、* 分别表示在 1% 和 10% 水平上显著。

为消除风险投资地理距离造成的样本自选择偏差，根据 *VCdis* 是否大于其行业中位数生成地理距离虚拟变量（*Dis*），若大于中位数为 1，否则为 0。然后选取风险投资是否位于北京、广东、浙江和江苏等风险投资密集地区虚拟变量（*Region*）、风险企业是否有政治关联（*Politic*）、每股净资产（*NS*）和每股总资产（*TS*）作为协变量，与 *VCdis* 进行 1:2 的最近邻匹配。表 11－18 为共同支撑假设结果，共 496 个观测值符合共同支撑假设。根据表 11－19 可知，所有协变量在匹配前存在显著差异，而在匹配后的差异并不显著，表明匹配质量较高。最后，表 12－20 的因变量 *ATT*，*Pat* 1 和 *Pat* 2 的处置组平均值均小于控制组的平均值，并在 5% 水平下显著，表明远距离的风险企业创新能力更低，结论保持不变。

表 11－18　共同支撑假设

	不支持	支持	总数
控制组	1	226	267
处置组	1	230	231
总数	2	496	498

表 11－19　经过最近邻匹配处理后的控制组和处置组的偏差变化情况

变量名	匹配前后	平均值		偏差	偏差绝对值减少%	T 检验	
		处置组	控制组			T 值	P 值
Region	匹配前	0.437	0.513	－15.2	62.8	－1.69	0.091 *
	匹配后	0.435	0.407	5.7		0.61	0.54
Politic	匹配前	0.294	0.408	－24	79	－2.66	0.008 ***
	匹配后	0.291	0.267	5		0.57	0.569
NS	匹配前	7.030	6.237	24.3	58	2.72	0.007 ***
	匹配后	7.051	6.718	10.2		1.07	0.287
TS	匹配前	9.407	8.321	26.5	56.5	2.97	0.003 ***
	匹配后	9.427	8.955	11.5		1.18	0.239

注：***、**、* 分别表示在 1%、5% 和 10% 水平上显著。

表 11－20　因变量按 *Dis* 进行分组的 *ATT*

因变量	处置组	控制组	差异	标准差	T 值
Pat 1	1.690	1.956	－0.266	0.125	－2.13 **
Pat 2	0.676	0.890	－0.214	0.099	－2.17 **

注：** 表示在 5% 水平上显著。

11.8　研究结论与政策建议

以 2009—2015 年创业板上市公司作为样本，从地理距离视角探讨了风险投资对风险企业创新能力的影响。研究发现：风险投资背景与企业创新能力正相关，表明风险投资能提升风险企业创新能力；但在风险投资背景企业中，风险投资地理距离与风险企业创新能力负相关，表明风险投资投后管理质量会随地理距离增加而下降，导致远距离风险企业的创新能力相对更差。因此，地理距离是影响风险投资治理效应的重要因素。

进一步研究发现：第一，联合风险投资能够减弱风险投资地理距离与企业创新能力之间的负相关关系，表明联合风险投资能降低地理距离造成的不良影响；第二，风险投资背景与企业创新能力之间的正相关关系、风险投资地理距离与企业创新能力之间的负相关关系均在高科技企业中更显著，表明风险投资更倾向于促进高科技企业提高创新能力，但随着地理距离的增大，风险投资促进高科技企业提升创新能力的意愿会下降；第三，风险投资背景与企业创新能力之间的正相关关系在小规模企业中更显著，而风险投资地理距离与企业创新能力的负相关关系在大规模企业中更显著，表明风险投资更加重视培育小规模企业的创新能力，且提升小规模企业创新能力的意愿并没有随地理距离增加而下降；第四，风险投资地理距离与投后管理强度之间存在以持股比例为中介变量的中介效应，表明风险投资对远距离风险企业的重视程度更低，进而降低投后管理质量，导致企业创新能力

更低。

拓展性研究发现：一是开通高铁不仅能减弱风险投资地理距离与投后管理强度间的负相关关系，而且能降低风险投资地理距离与企业创新能力间的负相关关系，表明开通高铁能增强风险投资为远距离风险企业提供投后管理的意愿，进而改善远距离风险企业的创新能力；二是风险投资退出事件具有消极的市场反应，而近距离的风险投资退出事件会引起更消极的市场反应，表明风险投资的地理距离具有信息含量。

针对以上结论，提出如下建议：其一，风险投资机构应尽量邻近投资，以更好地促进风险企业成长，进而降低投资风险和增加投资收益；其二，高科技企业如果需要引进风险投资，应尽量选择近距离的风险投资机构，以获得更好的投后管理来提升自身创新能力；其三，风险投资能促进小规模企业的创新能力，且该促进作用不随地理距离增加而减弱，故小规模企业可以积极引进风险投资来提升创新能力且不必对风险投资地理距离有过多担忧；其四，各地政府应出台相关政策以鼓励风险投资机构进驻当地，充分发挥风险投资机构的增值和监管功能，与此同时，应积极引进高铁，以提升远距离风险投资为当地风险企业提供投后管理的意愿和质量；最后，股票投资者应积极分析风险投资机构的相关特征，进而更好地评估风险企业的市场价值。

第12章　风险投资与大股东合谋研究

12.1　引言

风险投资是指向处于创建或重建过程中未上市的风险企业进行股权投资并提供投后管理，在企业发育成熟或相对成熟后从中退出并获得投资回报的投资方式。研究发现风险投资在风险企业成长过程中发挥了积极作用，如提高企业创新能力（Celikyurt 等，2014）、投资效率（吴超鹏等，2012）以及加快 IPO 进程（陈工孟，2011；蔡宁，2015）等，目的是帮助风险企业实现快速增值以提高风险投资的退出回报。也有研究表明，风险投资为了快速建立自身声誉和获得退出收益，运用盈余管理、加剧 IPO 抑价等方法使风险企业快速上市而损害风险企业长远利益。风险投资只是筛选出优秀的风险企业作为投资对象而未发挥应有的增值作用（李昆和唐英凯，2011）。虽然现有关于风险投资公司治理效应的相关文献存在争议，但都直接或间接地表明了风险投资的经济人特性，根本目的是实现自身利益最大化，帮助风险企业快速成长可能仅是实现自身利益最大化的途径之一，当法律制度不健全或公司治理存在缺陷时，风险投资就有可能为了满足自身利益而做出牺牲风险企业利益的行为。

掏空是指控股股东通过转移上市公司资产和利润来获得更多私有收益的行为（Johnson 等，2000），直接经济后果是降低企业价值并损害其他股东利益，其他股东会对控股股东的掏空行为进行监督和抑制（唐清泉等，2005）。因此，控股股东为了顺利地实现掏空，会与具有监督权利的其他大股东分享掏空收益，共同合谋掏空。那么风险投资是否会为了实现自身利益而参与合谋掏空进而损害中小股东利益？这些疑问正是本书拟深入研究的重点。

12.2　理论分析与研究假设

集中的股权结构或金字塔股权结构使控股股东的控制权和现金流权相分离，导致控股股东有动机利用超额控制权获取更多私有收益，即掏空（Shleifer 和 Vishny，1997；John-

son 等，2000；Bertrand 等，2002）。掏空的直接经济后果是降低公司业绩和损害公司价值（李增泉等，2005），进而损害其他股东的利益，所以其他股东会去阻止控股股东的掏空行为。中小股东会采取“用脚投票”的方式自保，或联合起来集中所有权以对控股股东进行监督（Pagano 和 Roell，1998）。控股股东占用资金与第一大股东持股比例呈先上升后下降的非线性关系，与其他股东持股比例负相关（李增泉等，2004）。第一大股东持股比例越大，掏空越严重，当第二大股东并非机构投资者时能抑制掏空，第三大股东由于影响力有限而只能抑制关联交易（唐清泉等，2005）。故控股股东的掏空行为会受到其他利益相关者的制约。

控股股东为了顺利实现掏空，可能会通过某些方式收买其他利益相关者，共同进行合谋掏空。一方面，控股股东会与其他大股东进行合谋，当多个大股东同为家族股东时，更可能形成合谋掏空而非监督（Maury 和 Pajuste，2003）；另一方面，控股股东也可能会收买高管进行合谋（赵国宇，2017）。因此合谋是控股股东实现掏空的重要方式。

风险投资家在投资风险企业前与风险企业家签订了投资契约，明确了赋予风险投资监督管理风险企业的权利，甚至在投资后派出董事或高管进驻风险企业以参与公司治理。由于控股股东的掏空行为会严重损害风险投资的退出回报，因此正常情况下风险投资会积极监督并阻止控股股东的掏空行为，以维护自身的退出回报不受侵害。由于风险投资具有鲜明的经济人特性，根本目的是实现自身利益最大化，当参与合谋掏空获得的净收益大于不参与合谋掏空的净收益时，风险投资有没有可能与控股股东进行合谋掏空呢？

首先，现有关于风险投资与控股股东掏空的关系存在争议。虽然谢赤等（2014）发现风险投资抑制了高现金股利政策，但吴超鹏等（2017）发现风险投资倾向使用高现金股利政策，而高现金股利政策究竟是不是掏空的一种方式也存在较大争议，从现金股利角度无法判断风险投资与掏空的关系。尽管冯慧群（2016）发现私募股权能够显著降低控股股东有关法定披露的关联交易，但是私募股权并不能代表所有的风险投资，法定披露的关联交易也不能代表所有掏空方式。而且法定披露的关联交易受到较多的监管，使通过这种方式进行合谋较容易被外界发现，不适宜作为掏空方式，因此有不少企业选择隐瞒关联交易，如佛山照明和中国高科等，现有研究无法表明风险投资对掏空持明确的反对态度。而郑君君等（2010）指出，当风险投资机构对风险投资家的激励机制设置不完善时，风险投资家就有可能与风险企业进行合谋掏空，以获取更多私人利益。

其次，虽然风险投资没有足够的能力单独掏空，但是控股股东有拉拢风险投资进行合谋掏空的动机。风险投资在董事会和监事会中占有一定席位并拥有特别表决权和知情权，而增加董事会席位控制企业是控股股东实现掏空的重要途径（唐建新等，2013），因此控股股东希望通过收买风险投资以更好地控制上市公司。袁蓉丽等（2014）研究发现，风险投资虽然有参与公司治理的动机，但没有起到改善公司治理的作用，间接表明了风险投资可能参与了合谋掏空。此外，由于风险投资拥有丰富的商业经验、管理技巧和社会资源，能帮助控股股东实现更加隐蔽的掏空，降低掏空风险，增强了控股股东与风险投资进行合谋的意愿。

最后，风险投资也有参与合谋掏空的动机。主要体现在：①风险投资机构具有超额控制权，因此有运用超额控制权获得额外私有利益的动机；②当风险投资参与合谋掏空获得的净收益大于选择监督时的净收益时，很可能参与合谋掏空；③参与合谋掏空也能为风险投资带来间接回报，因为风险投资往往同时投资多家风险企业，希望将已满足退出条件的风险企业的发展机会和资源转移给其投资的其他未满足退出条件的风险企业，以促进其他风险企业的快速发展，降低整体风险和提高整体收益；④正如郑国坚等（2013）指出的，当大股东面临财务困境时，其掏空动机更加强烈，由于风险投资自身拥有的资金有限，当其自身或其投资的其他风险企业出现财务困境时，风险投资参与合谋掏空的动机会更强烈；⑤风险投资机构与风险投资家间存在委托-代理风险，风险投资家有可能为了自身利益而与控股股东合谋掏空，损害风险投资机构的利益。Dessí（2005）也指出，风险企业家为了从风险企业中获得私有收益，会作出某些决策让风险投资家获益，如修改供应商合同、聘任关键员工以及利用企业的创意、知识和信息等企业资源来收买风险投资家，使风险投资家放弃对风险企业进行监督，进而有机会选择次优的经营决策获取私有收益，损害了风险投资机构的利益。

综上所述，风险投资很可能与控股股东形成合谋掏空，并从中获得比正常退出回报更多的额外收益，使风险投资愿意长时间留在成功上市的风险企业而不功成身退，因此提出假设：

H12：风险投资参与了控股股东的合谋掏空，即风险投资与掏空显著正相关。

12.3 研究设计

12.3.1 样本选取与数据来源

风险投资的主要投资对象是创业企业，因此本书选取2009—2016年创业板上市公司作为研究样本。财务数据来源于国泰安数据库，风险投资机构的相关数据主要通过手工收集获得，然后对数据进行以下处理：①剔除金融行业的公司；②剔除ST类公司；③手工补充部分缺失值；④删除无法获得的缺失值；⑤对所有连续变量进行上下1%水平的Winsorize处理。对所有模型均使用Robust回归以控制异方差。

12.3.2 变量定义

（1）因变量。掏空（Tunnel）主要有资金占用及关联交易两种方式：一方面，由于法定披露的关联交易未必能反映所有转移利益的交易，尤其是较为隐蔽的利益转移行为；另一方面，有学者指出控股股东除了掏空外，还可能发生“支持”行为，且只有将控股股东掏空和支持行为结合起来分析才能完整地解释新兴市场中上市公司的融资行为。参照李增泉等（2004）的做法，使用模型（12-1）和模型（12-2）衡量掏空。

$$非经营性资金净占用(Tunnel\ 1)=\frac{(其他应收款-其他应付款)}{总资产} \tag{12-1}$$

$$经营性资金净占用(Tunnel\ 2)=\frac{(应收账款+预付账款)-(应付账款+预收账款)}{总资产} \tag{12-2}$$

（2）自变量。对于风险投资机构的认定，参照吴超鹏（2012）的做法，按如下标准进行界定：若上市公司十大股东的名称中含有“风险投资”“创业投资”“创业资本投资”则界定为具有风险投资背景的上市公司；此外，对于十大股东名称中包含“高科技投资”“高新投资”“创新投资”“科技投资”“技术改造投资”“信息产业投资”“科技产业投资”“高科技股份投资”“高新技术产业投资”“技术投资”“投资公司”“投资有限公司”字样的公司，通过网络搜索查询该股东的主营业务，若其中含有“风险投资”“创业投资”，则将该公司作为风险投资背景公司。用风险投资背景（*VC*）作为虚拟变量，若上市公司具有风险投资背景为 1，否则为 0。

（3）控制变量。总资产收益率（*ROA*），用当年净利润与总资产的比值表示。财务杠杆（*Lev*），用公司的资产负债率表示。企业规模（*Size*），用公司总资产的对数表示。成长能力（*Growth*），用公司营业收入增长率表示。国有企业（*SOE*），虚拟变量，当公司的最终控制人为国有身份时为 1，否则为 0。股权集中度（*Central*），用前十大股东持股比例的平方和表示。托宾 *Q*，用企业的“（股权市值 + 净债务市值）/（资产总额 - 无形资产净值）”表示。年份（*Year*），年份虚拟变量。行业（*Ind*），行业虚拟变量，根据中国证监会 2012 年的行业分类标准，制造业按二级行业、其余行业按一级行业进行划分，生成虚拟变量。相关主要变量定义如表 12 - 1 所示。

表 12 - 1　变量定义

变量类型	变量名称	变量符号	变量定义
因变量	非经营性资金净占用	*Tunnel* 1	（其他应收款 - 其他应付款）/总资产
	经营性资金净占用	*Tunnel* 2	（应收账款 + 预付账款 - 应付账款 - 预收账款）/总资产
自变量	风险投资背景	*VC*	若上市公司属于风险投资背景为 1，否则为 0
控制变量	总资产收益率	*ROA*	公司当年的净利润除以总资产
	财务杠杆	*Lev*	公司的资产负债率，即公司当年的总负债除以总资产
	企业规模	*Size*	公司总资产的对数
	成长能力	*Growth*	公司营业收入增长率
	股权集中度	*Central*	前十大股东持股比例的平方和
	国有企业	*SOE*	当公司的最终控制人为国有身份时为 1，否则为 0
	托宾 *Q*	*TobinQ*	（股权市值 + 净债务市值）/（资产总额 - 无形资产净值）
	年份	*Year*	年份虚拟变量
	行业	*Ind*	行业虚拟变量

12.3.3 模型设计

为了检验 H12，设计了模型（12－3）：

$$Tunnel_{i,t} = \beta_0 + \beta_1 VC_{i,t} + \beta_2 Controls_{i,t} + \varepsilon \quad (12-3)$$

其中，$Tunnel_{i,t}$为第 t 年第 i 家公司的控股股东资金净占用；$Controls_{i,t}$为控制变量；$VC_{i,t}$为第 t 年第 i 家公司是否有风险投资背景。若β_1显著为正，说明风险投资与控股股东进行合谋掏空，证明了 H12。

12.4 实证结果与分析

12.4.1 描述性统计

根据表 12－2，风险投资背景（*VC*）的平均值为 0.264，说明样本里有 26.4% 的上市公司有风险投资背景。

表 12－2　　描述性统计

变量名	样本量	平均值	标准差	最小值	1/4 分位数	中位数	3/4 分位数	最大值
Tunnel 1	2315	－0.006	0.029	－0.146	－0.010	0	0.006	0.059
Tunnel 2	2315	0.088	0.097	－0.150	0.025	0.080	0.148	0.389
VC	2315	0.264	0.441	0	0	0	1	1
Lev	2315	0.247	0.156	0.028	0.122	0.216	0.344	0.681
Size	2315	21.030	0.702	19.720	20.520	20.930	21.460	23.050
ROA	2315	0.056	0.039	－0.079	0.033	0.055	0.079	0.172
Growth	2315	0.269	0.367	－0.430	0.047	0.208	0.404	1.826
SOE	2315	0.002	0.042	0	0	0	0	1
Central	2315	0.149	0.085	0.025	0.084	0.130	0.198	0.426
TobinQ	2315	4.298	3.010	0.947	2.167	3.448	5.313	17.118

12.4.2 相关性分析

表 12－3 列示了有关变量的 Pearson 相关性检验，*Size* 和 *Lev* 的相关系数最高，为 0.464 并在 1% 水平上显著，其余的相关系数绝对值均小于 0.4，不存在严重的多重共线性。

表 12－3　　Pearson 相关性检验

变量	*Tunnel* 1	*Tunnel* 2	*VC*	*Lev*	*Size*	*ROA*	*Growth*	*SOE*	*Central*	*TobinQ*
Tunnel 1	1									
Tunnel 2	－0.022	1								
VC	0.047 **	0.017	1							
Lev	－0.181 ***	－0.018	－0.013	1						
Size	－0.144 ***	－0.079 ***	－0.020	0.464 ***	1					
ROA	－0.011	0.007	－0.023	－0.317 ***	－0.074 ***	1				
Growth	－0.161 ***	－0.015	－0.023	0.226 ***	0.274 ***	0.156 ***	1			
SOE	0.029	－0.029	0.046 **	0.026	0.019	－0.010	－0.010	1		
Central	0.106 ***	－0.101 ***	－0.028	－0.091 ***	－0.164 ***	0.088 ***	－0.073 ***	－0.009	1	
TobinQ	－0.102 ***	0.025	－0.051 **	－0.147 ***	－0.143 ***	0.280 ***	0.082 ***	－0.004	－0.008	1

注：***、** 分别代表在 1% 和 5% 水平上显著。

12.4.3　独立样本 *T* 检验

表 12－4 是变量按其是否为风险投资背景企业进行分组的独立样本 *T* 检验结果。非风险投资背景企业的 *Tunnel* 1 平均值为－0.007，在 5% 显著性水平上小于风险投资背景企业的平均值－0.004，表明风险投资背景企业的“支持”行为更少。非风险投资背景企业的 *Tunnel* 2 平均值为 0.087，小于风险投资背景企业的 *Tunnel* 2 平均值 0.091，但不显著。非风险投资背景企业的 *SOE* 平均值为 0.001，在 5% 显著性水平上小于风险投资背景企业的平均值 0.005，说明风险投资更倾向投资国有企业。非风险投资背景企业的 *TobinQ* 平均值为 4.390，在 5% 显著性水平上小于风险投资背景企业的平均值 4.040，说明风险投资背景企业的市场价值相对更低。

表 12－4　　独立样本 *T* 检验

变量名	风险投资背景	样本量	平均值	标准差	*T* 值	*P*－*value*
Tunnel 1	否	1704	－0.007	0.029	－2.276 **	0.023
	是	611	－0.004	0.027		
Tunnel 2	否	1704	0.087	0.099	－0.798	0.425
	是	611	0.091	0.091		
Lev	否	1704	0.249	0.157	0.625	0.532
	是	611	0.243	0.157		
Size	否	1704	21.037	0.708	0.949	0.343
	是	611	21.005	0.686		
ROA	否	1704	0.057	0.039	1.124	0.261
	是	611	0.055	0.037		

续表

变量名	风险投资背景	样本量	平均值	标准差	*T* 值	*P* - *value*
Growth	否	1704	0.274	0.365	1.087	0.277
	是	611	0.255	0.373		
SOE	否	1704	0.001	0.024	-2.208**	0.027
	是	611	0.005	0.070		
Central	否	1704	0.150	0.087	1.361	0.174
	是	611	0.145	0.081		
TobinQ	否	1704	4.390	2.995	2.465**	0.014
	是	611	4.040	3.040		

注：** 表示在5%水平上显著。

12.4.4 多元回归结果

根据表12-5，列（1）和列（2）中*VC*系数分别为0.003和0.008，分别在5%和10%水平上显著，说明风险投资加剧了非经营性资金净占用和经营性资金净占用，表明控股股东与风险投资形成了合谋，证明了假设H12。

表12-5 多元回归结果

因变量 自变量	*Tunnel* 1 (1)	*Tunnel* 2 (2)
VC	0.003** (2.32)	0.008* (1.73)
Lev	-0.030*** (-5.44)	0.024 (1.44)
Size	-0.000 (-0.13)	-0.014*** (-3.76)
ROA	-0.018 (-0.87)	0.076 (1.19)
Growth	-0.008*** (-3.39)	-0.000 (-0.06)
SOE	0.029*** (3.35)	-0.075 (-1.39)
Central	0.023*** (3.86)	-0.101*** (-3.94)
TobinQ	-0.001* (-1.65)	-0.000 (-0.36)

续表

因变量 自变量	*Tunnel* 1 (1)	*Tunnel* 2 (2)
Constant	-0.015 (-0.56)	0.390 *** (4.69)
Ind	控制	控制
Year	控制	控制
N	2315	2315
adj. R^2	0.100	0.094

注：***、**、* 分别代表在 1%、5% 和 10% 水平上显著，参数估计值下方括号内为经 White 异方差稳健性修正的 *T* 值。

12.5 进一步研究

12.5.1 控股股东发起合谋掏空的意愿和能力：股权集中度的影响

由于风险投资只是合谋掏空的参与者，而控股股东才是发起者，因此只有当控股股东同时具有掏空上市公司的动机和能力时，才有可能发起合谋掏空，而现有研究表明，控股股东掏空上市公司的意愿和能力与股权集中度有关。李增泉等（2004）发现，控股股东持股比例与掏空呈先上升后下降的关系，因为较高的控股股东持股比例能增强控股股东控制企业和实施掏空的能力，但当持股比例高于一定程度时，控股股东的利益与企业利益趋同，掏空意愿减弱。控股股东持股比例越小，掏空的意愿越强（董志强等，2006）。大股东的持股比例越高，掏空的意愿越弱（吴育辉等，2011；王化成等，2015）。因此，当控股股东的持股比例较低或企业股权集中度较低时，控股股东权力有限，缺乏发起掏空的能力；当控股股东的持股比例较高或企业股权集中度较高时，控股股东的利益与企业利益趋于一致，控股股东缺乏足够的掏空动机；只有当控股股东的持股比例适中或股权集中度适中时，控股股东才同时具备掏空的动机和能力，发起掏空并收买风险投资参与合谋。与股权集中度过低或过高相比，股权集中度中等的企业里控股股东才有发起合谋掏空的动机和能力，此时风险投资才能参与合谋掏空，导致风险投资的合谋掏空在股权集中度中等的企业里更显著。

为此股权集中度（*Centra* 1）按行业年度生成三分位数，小于或等于 1/3 分位数的是股权集中度低组，大于 2/3 分位数的是股权集中度高组，剩下的为股权集中度中组，对模型（12-3）进行重新回归。结果如表 12-6，列（1）和列（4）为股权集中度低组，*VC* 系数均不显著；列（2）和列（5）为股权集中度中组，*VC* 系数分别为 0.004 和 0.015，并分别在 5% 和 10% 水平下显著；列（3）和列（6）为股权集中度高组，*VC* 系数也均不显著。综上可知，与较高股权集中度和较低股权集中度相比，风险投资与掏空的正相关关

表 12-6　　风险投资与合谋掏空：股权集中度的影响

因变量	*Tunnel* 1	*Tunnel* 1	*Tunnel* 1	*Tunnel* 2	*Tunnel* 2	*Tunnel* 2
	股权集中度 低	股权集中度 中	股权集中度 高	股权集中度 低	股权集中度 中	股权集中度 高
自变量	(1)	(2)	(3)	(4)	(5)	(6)
VC	0.002 (0.92)	0.004** (1.98)	0.002 (0.80)	0.006 (0.74)	0.015* (1.84)	0.010 (1.21)
Lev	-0.042*** (-4.18)	-0.030*** (-2.87)	-0.016* (-1.88)	0.036 (1.10)	-0.049 (-1.58)	0.093*** (3.47)
Size	-0.003 (-1.43)	0.001 (0.30)	0.001 (0.66)	-0.003 (-0.40)	-0.004 (-0.54)	-0.034*** (-5.65)
ROA	-0.002 (-0.04)	0.010 (0.25)	-0.021 (-0.70)	0.176 (1.32)	0.004 (0.04)	0.113 (1.19)
Growth	-0.002 (-0.51)	-0.006* (-1.71)	-0.014*** (-3.48)	0.001 (0.13)	0.005 (0.47)	-0.004 (-0.38)
SOE	0.032** (2.09)	0.053*** (4.18)	0.012*** (2.76)	0.026 (1.10)	-0.142*** (-5.93)	-0.227*** (-14.72)
Central	0.029 (0.56)	-0.004 (-0.11)	0.026** (2.31)	-0.114 (-0.65)	-0.285* (-1.73)	0.025 (0.43)
TobinQ	-0.002*** (-2.70)	-0.000 (-0.50)	0.000 (0.09)	-0.001 (-0.46)	0.002 (1.02)	-0.002 (-1.29)
Constant	0.091* (1.94)	-0.012 (-0.25)	-0.064 (-1.64)	0.029 (0.21)	0.151 (0.93)	0.787*** (6.08)
Ind	控制	控制	控制	控制	控制	控制
Year	控制	控制	控制	控制	控制	控制
N	693	742	880	693	742	880
adj. R^2	0.121	0.097	0.123	0.066	0.114	0.162

注：***、**、*分别代表在1%、5%和10%水平上显著，参数估计值下方括号内为经 White 异方差稳健性修正的 *T* 值。

系在股权集中度中等的企业里更显著，证明了当股权集中度适中时，控股股东更有可能发起掏空并邀请风险投资参加合谋。

12.5.2　高管参与合谋掏空的意愿：在职消费的影响

上市公司的所有权和控制权相互分离，大股东无法直接干预上市公司日常经营，只能授权董事会和董事会选出的管理层进行日常经营，因此大股东掏空须获得管理层的配合才能实现。高管薪酬往往与业绩挂钩，而大股东掏空行为会降低上市公司业绩，使高管利益受到损害，故高管通常不愿配合大股东进行掏空（Wang 和 Xiao，2011）。为此，大股东会

降低高管薪酬的业绩敏感性（苏冬蔚等，2013）和增加高管在职消费（赵国宇，2017）以收买高管实现掏空。

而作为合谋成员的风险投资为了更顺利地实现掏空，很可能纵容或协助控股股东收买高管。一方面，风险投资会利用自身丰富的商业经验、管理技巧和改变高管薪酬契约的权利（Kaplan 和 Strömberg，2004），协助或纵容控股股东降低高管的薪酬业绩敏感性，使高管更愿意配合掏空，这种现象在创业板上市公司比较明显。王秀军和李耀等（2016）以创业板上市公司作为研究对象，发现风险投资降低了民营企业中高管薪酬与会计业绩的敏感性，而提高了高管薪酬与市场业绩的敏感性。由于资金占用等掏空方式会直接影响企业的会计业绩而不一定影响市场业绩，所以这很可能是收买高管的行为。另一方面，风险投资还可能纵容控股股东使用较高的在职消费收买高管，增加其合谋意愿而使掏空更顺利，使合谋掏空的现象主要发生在高管在职消费较高的企业里。

参照翟胜宝等（2015）的做法，用管理费用减去董事、监事及高管的年薪总额的差除以营业收入衡量高管在职消费，然后按年份行业中位数分成高在职消费组和低在职消费组，结果如表 12－7。在高管在职消费较低的企业里，列（1）和列（3）的 *VC* 系数均为正，但都不显著；而在高管在职消费较高的企业里，列（2）和列（4）的系数分别为 0.004 和 0.014，均在 5% 水平下显著，说明风险投资与控股股东的合谋掏空在高管在职消费较高的上市公司里更显著，表明风险投资和控股股东的合谋掏空更容易在高管参与合谋意愿较高的企业里发生。

表 12－7　　风险投资与控股股东合谋掏空（按在职消费分组）

因变量	*Tunnel* 1	*Tunnel* 1	*Tunnel* 2	*Tunnel* 2
	在职消费低	在职消费高	在职消费低	在职消费高
自变量	(1)	(2)	(3)	(4)
VC	0.002 (1.04)	0.004** (2.29)	0.009 (1.42)	0.014** (2.29)
Lev	−0.022*** (−3.14)	−0.043*** (−4.43)	0.051** (2.13)	−0.068*** (−2.73)
Size	−0.002 (−1.06)	0.001 (0.57)	−0.018*** (−3.55)	−0.009* (−1.66)
ROA	−0.015 (−0.46)	−0.026 (−0.91)	0.113 (1.17)	−0.078 (−0.88)
Growth	−0.007** (−2.48)	−0.010** (−2.56)	−0.004 (−0.61)	−0.000 (−0.03)
SOE	0.021** (2.37)	0.060*** (5.58)	−0.065 (−0.98)	−0.109*** (−5.69)
Central	0.026*** (3.31)	0.015* (1.67)	−0.160*** (−4.32)	−0.061* (−1.73)

续表

因变量	*Tunnel* 1	*Tunnel* 1	*Tunnel* 2	*Tunnel* 2
TobinQ	-0.001 (-1.54)	-0.000 (-0.40)	-0.001 (-0.52)	0.002 (1.29)
Constant	-0.003 (-0.10)	-0.014 (-0.37)	0.506 *** (4.64)	0.227 * (1.90)
Ind	控制	控制	控制	控制
Year	控制	控制	控制	控制
N	1208	1107	1208	1107
adj. R^2	0.116	0.099	0.143	0.099

注：***、**、* 分别代表在1%、5%和10%水平上显著，参数估计值下方括号内为经 White 异方差稳健性修正的 *T* 值。

12.6 稳健性检验

为了进一步消除内生性和自选择偏差的影响，选取上市公司是否为国有企业（*SOE*）、是否有政治关联（*Politic*）、上市年龄（*Listage*）、行业（*Ind*）、每股净资产（*Naps*）、每股总资产（*Taps*）、财务杠杆（*Lev*）和成长能力（*Growth*）等变量对上市公司是否有风险投资背景（*VC*）按照1配2的规则进行最近邻匹配。

表12-8表明，研究样本里有2302个的观测值符合共同支撑假设。根据表12-9，所有协变量在匹配前存在显著差异，而在匹配后的差异不显著，符合平行趋势假设。表12-10和表12-11是根据匹配后的样本对以上模型重新进行回归，研究结论依然保持不变。

表12-8　　共同支撑假设

	不支持共同支撑假设	支持共同支撑假设	总数
控制组	5	1699	1704
实验组	3	603	606
总数	8	2302	2310

表12-9　　平行趋势假设

变量	匹配前后	实验组	控制组	偏差	减少偏差%	*t*	*P*
SOE	匹配前	0.005	0.001	8.3	43	2.22	0.026 **
	匹配后	0	0.002	-4.7		-1.23	0.221
politic	匹配前	0.351	0.267	18.3	82.3	3.95	0 ***
	匹配后	0.353	0.338	3.2		0.54	0.586
Listage	匹配前	1.790	2.813	-54.6	95.3	-11.33	0 ***
	匹配后	1.799	1.751	2.6		0.48	0.633

续表

变量	匹配前后	实验组	控制组	偏差	减少偏差%	t	P
jzcmg	匹配前	6.537	5.503	31.9	93	6.98	0***
	匹配后	6.539	6.612	-2.2		-0.35	0.723
zzcmg	匹配前	8.815	7.444	32	94.4	7.07	0***
	匹配后	8.816	8.894	-1.8		-0.28	0.777

注：***、** 分别表示在 1% 和 5% 水平上显著。

表 12-10　　　　利用 PSM 配对后的样本重新进行回归检验

因变量	*Tunnel* 1	*Tunnel* 2	*Tunnel* 1	*Tunnel* 1	*Tunnel* 1	*Tunnel* 2	*Tunnel* 2	*Tunnel* 2
	全样本	全样本	股权集中度低	股权集中度中	股权集中度高	股权集中度低	股权集中度中	股权集中度高
自变量	(1)	(2)	(3)	(4)	(5)	(6)	(7)	(8)
VC	0.003** (2.36)	0.008* (1.78)	0.002 (0.96)	0.004** (2.00)	0.002 (0.79)	0.005 (0.72)	0.015* (1.84)	0.010 (1.22)
Lev	-0.030*** (-5.51)	0.024 (1.39)	-0.042*** (-4.21)	-0.032*** (-2.95)	-0.017* (-1.96)	0.037 (1.11)	-0.051 (-1.63)	0.092*** (3.40)
Size	-0.000 (-0.05)	-0.014*** (-3.75)	-0.003 (-1.46)	0.001 (0.43)	0.001 (0.67)	-0.003 (-0.39)	-0.004 (-0.52)	-0.034*** (-5.63)
ROA	-0.017 (-0.83)	0.075 (1.17)	-0.003 (-0.07)	0.010 (0.26)	-0.022 (-0.72)	0.178 (1.33)	0.004 (0.04)	0.110 (1.15)
Growth	-0.008*** (-3.42)	-0.000 (-0.05)	-0.002 (-0.52)	-0.006* (-1.70)	-0.014*** (-3.47)	0.001 (0.13)	0.005 (0.51)	-0.004 (-0.40)
SOE	0.046*** (14.02)	0.013 (1.37)	0.054*** (12.06)	0.000 (.)	0.000 (.)	0.003 (0.13)	0.000 (.)	0.000 (.)
Central	0.023*** (3.98)	-0.101*** (-3.90)	0.030 (0.58)	-0.007 (-0.19)	0.027** (2.36)	-0.115 (-0.66)	-0.288* (-1.75)	0.024 (0.41)
TobinQ	-0.001* (-1.71)	-0.000 (-0.46)	-0.002*** (-2.68)	-0.000 (-0.54)	0.000 (0.09)	-0.001 (-0.47)	0.002 (0.90)	-0.002 (-1.34)
Constant	0.006 (0.23)	0.306*** (3.75)	0.093** (1.98)	0.004 (0.09)	-0.041 (-0.95)	0.028 (0.20)	0.189 (1.15)	0.637*** (4.98)
Ind	Yes	Yes	Yes	Yes	Yes	Yes	Yes	Yes
Year	Yes	Yes	Yes	Yes	Yes	Yes	Yes	Yes
N	2302	2302	692	735	875	692	735	875
adj. R^2	0.099	0.093	0.123	0.098	0.117	0.066	0.114	0.156

注：***、**、* 分别代表在 1%、5% 和 10% 水平上显著，参数估计值下方括号内为经 White 异方差稳健性修正的 *T* 值。

表 12-11 利用 PSM 配对后的样本重新进行回归检验

因变量	*Tunnel* 1	*Tunnel* 1	*Tunnel* 2	*Tunnel* 2
	在职消费低	在职消费高	在职消费低	在职消费高
自变量	(1)	(2)	(3)	(4)
VC	0.002 (1.09)	0.004** (2.29)	0.009 (1.48)	0.014** (2.30)
Lev	-0.022*** (-3.21)	-0.044*** (-4.49)	0.051** (2.11)	-0.069*** (-2.78)
Size	-0.001 (-0.98)	0.001 (0.59)	-0.018*** (-3.52)	-0.009* (-1.65)
ROA	-0.015 (-0.47)	-0.027 (-0.92)	0.111 (1.16)	-0.079 (-0.89)
Growth	-0.007** (-2.50)	-0.010** (-2.54)	-0.005 (-0.64)	-0.000 (-0.01)
SOE	0.041*** (12.38)	0.000 (.)	0.017 (1.25)	0.000 (.)
Central	0.026*** (3.35)	0.015* (1.67)	-0.157*** (-4.22)	-0.061* (-1.73)
TobinQ	-0.001 (-1.48)	-0.000 (-0.50)	-0.001 (-0.60)	0.002 (1.22)
Constant	0.029 (0.72)	-0.003 (-0.09)	0.351*** (3.30)	0.285** (2.37)
Ind	Yes	Yes	Yes	Yes
Year	Yes	Yes	Yes	Yes
N	1198	1104	1198	1104
adj. R^2	0.111	0.099	0.141	0.099

注：***、**、*分别代表在1%、5%和10%水平上显著，参数估计值下方括号内为经White异方差稳健性修正的*T*值。

12.7 研究结论与政策建议

由于现有文献对我国风险投资与掏空的关系存在争议，本书使用2009—2016年创业板上市公司作为样本，探讨了风险投资是否为了获得更多的利益而与控股股东合谋掏空并进而损害中小股东利益。研究发现：风险投资与控股股东掏空显著正相关，表明风险投资为了获得更多利益，参与了控股股东的合谋掏空，而没有起到抑制控股股东掏空并保护其他股东利益的作用。进一步研究发现，该正相关关系在股权集中度中等和高管在职消费较

高的企业里更显著，表明控股股东发起掏空的意愿和能力以及高管参与合谋掏空的意愿是影响风险投资是否参与合谋掏空的重要因素。本书研究拓展了现有文献对风险投资的认识，丰富了合谋掏空的相关理论，为风险投资参与合谋掏空提供了经验证据。

据此，提出以下政策建议：一方面，监管机构应制定政策规范风险投资行业，限制其机会主义行为以更好地维护中小投资者利益；另一方面，风险投资机构应完善自身的治理制度，以减少风险投资家的代理成本。

第 13 章　风险投资与信息披露质量：基于创业板上市公司的经验证据

13.1　引言

在资本市场中，信息披露是投资者进行投资决策的重要依据，披露质量高低既关乎投资者的切身利益，也影响资本市场的运行效率。中国在科创板、创业板相继推行注册制改革，加之新证券法为其保驾护航，进一步强化了信息披露为中心的注册制理念，彰显了中国深化资本市场改革的决心。然而，前期接连曝光的“康得新”“康美药业”事件却与推行注册制改革的风向背道而驰，引起舆论一片哗然。“两康”事件在中国资本市场上绝非信息披露违规个案，诸如佛山照明、万福生科、辉山乳业等同类事件屡禁不止，侧面反映出注册制改革的迫切性。证券市场不仅是资金市场，更是信息市场。若信息披露质量差，将放大资本市场估值偏误、加剧股价崩盘风险；反之，高质量信息披露会对股权融资成本产生积极影响，增进对投资者的保护效用。因此，信息披露质量对投资者合法权益保护、资源有效配置和资本市场效率提升至关重要。

已有研究表明，信息披露质量不仅受公司规模、负债水平、董事会规模、股权结构等内部治理机制的影响（Hossain 和 Reaz，2007），而且受市场化程度、外部审计、机构投资者等外部治理机制的影响（Lan 等，2013；Boone 和 White，2015）。然而，现有研究主要关注证券投资基金、保险公司、社保基金和 QFII 等机构投资者对信息披露质量的影响，忽略了风险投资这类机构投资者。风险投资拥有内部股东和外部机构投资者的双重身份：作为内部股东，风险投资能够直接参与公司治理，对信息披露的影响不容小觑；作为专业投资者，风险投资必然在意且更有能力影响上市公司的信息披露质量。近年来，在国家政策推动下，风险投资产业蓬勃发展，截至 2018 年，我国有专业风险投资基金与管理机构合计 2800 家，管理资本总量达 9179 亿元。学术界关于风险投资的治理效应研究也在不断深化，国内外研究主要集中在风险投资是否影响公司经营业绩（Nahata，2008）、投融资行为（Megginson 和 Weiss，1991）、IPO 折价（Francis 和 Hasan，2001）、创新绩效（Celikyurt，2014）、盈余质量（Hochberg，2012）等方面。但学术界对于风险投资的治理效应尚无定论，始终存在两种对立观点：监督认证观和道德风险观。持监督认证观的学者认

为，风险投资积极参与并监督公司内部治理，为其提供各种资源和经验指导，促进公司价值创造能力提升及快速成长。道德风险观的学者则认为，风险投资并未发挥监督认证功能，有时甚至以牺牲公司利益为代价换取自身利益，不仅没有带来积极的治理效应，甚至产生了消极影响。既然风险投资能够对公司治理产生影响，而信息披露质量是公司治理水平的重要表现形式，那么风险投资是否会影响上市公司的信息披露质量，是否会呈现出异质性影响，影响动机又是什么？上述具有重要理论与现实意义的问题仍需进一步探讨。中国创业板的设立为风险投资提供了重要的退出渠道，是研究风险投资治理效应的重要场景。基于此，本书以 2010—2018 年中国创业板上市公司为样本，探索风险投资参与度及其异质性特征对公司信息披露质量的影响，并进一步分析风险投资持股的动机及公司治理机制对风险投资与信息披露质量两者关系的调节作用。

边际贡献主要体现在以下四个方面：①作为内部股东，风险投资能够直接参与公司内部治理，对信息披露的影响不可忽视，然而现有研究较少关注风险投资对信息披露的影响，将其纳入信息披露质量影响因素的研究范畴，是信息披露影响因素文献的有益补充。②现有关于风险投资治理效应的研究层次主要体现于风险投资的异质性特征对公司治理的差异化影响，本书不囿于异质性研究，同时将公司治理机制一并纳入研究框架，多维度拓展了风险投资的治理效应研究。③风险投资具有内部股东和外部机构投资者双重身份，其最终目的是实现顺利退出并获取高额退出收益，因此公司的股价表现是风险投资关注的重点，通过进一步检验风险投资持股带来的经济后果，深入探讨风险投资影响上市公司信息披露质量的动机，有助于投资者更全面地了解风险投资机构。④当前中国资本市场正稳步推进注册制改革，以信息披露为核心的理念备受推崇，本书以创业板为研究场景，探讨风险投资对信息披露质量的影响，既为注册制改革提供重要的事实借鉴，又对监管政策调整具有启示意义。

13.2 理论分析与研究假设

13.2.1 风险投资参与度与信息披露质量

风险投资，是一种以高成长、高风险企业作为投资对象的追求高回报的股权投资，能够降低信息不对称，缓解道德风险问题（Baeyens 和 Manigart，2003），对公司治理具有重要影响。相关研究表明，公司在上市后 3 年内，风险投资的退出比例仅有 35%，5 年内的退出比例只提升至 44%，即大部分风险投资仍在上市公司持股，且发挥了积极的治理效应。

作为内部股东，风险投资并非直接参与上市公司的经营管理，而是将经营管理权下放至管理层，通过信息披露途径了解其经营状况，并以披露信息作为投资决策的重要依据。我国《公司法》规定，按照出资比例，股东有权利在股东大会上行使表决权，即风险投资持股比例越高，对公司形成的影响力和控制力越强，甚至派出董事、监事或高级管理人员参与公司经营决策。基于此，风险投资与上市公司的利益倾向趋同，存在监督动机，能够督促管理层提升信息披露水平（Barry 等，1990）。

作为外部机构投资者，风险投资的退出回报与其他外部投资者的决策行为密切相关。根据信号传递理论，投资者根据公司披露的信息评判其是否属于绩优股，是否值得投资。因此公司披露的信息势必影响投资者的决策行为，进而影响公司的市场估值，风险投资的退出回报也将随之波动。已有研究表明，信息披露质量的提升有利于降低投资风险与融资成本，博取更多投资者关注，提高公司市场估值（Bloomfield 和 Wilks，2000）。由于持股比例较低，其他外部投资者很难像风险投资一样获取公司内部信息，主要以公开披露信息作为投资决策依据。若公司信息披露水平低且被投资者识别，虽然难以通过“用手投票”的方式抑制公司管理层的私利行为，但仍可依法行使“用脚投票”的权利抛售手中持有的股份，很可能对公司股票价格产生负面影响，导致风险投资退出回报面临“缩水”的风险。因此，为了保证在持股锁定期结束之后顺利退出并获取高额回报，风险投资会积极参与公司经营管理，通过提高信息披露质量赢得其他外部投资者信任。

此外，风险投资机构拥有专业的研究团队，有着较强的信息搜集和处理能力，具备更强的信息解读和价值评估能力，可降低信息不对称程度（Iwedi 等，2020）。风险投资的高持股还能向外界释放公司质量较高的信号（Megginson 和 Weiss，1991），吸引更多高资质承销商、会计师事务所、机构投资者等市场中介机构与上市公司建立良好的合作伙伴关系，进一步降低了外部投资者与上市公司的信息不对称（Chemmanur 和 Loutskina，2006）。因此，在公司成功上市后，风险投资有动机和能力继续发挥监督职能，提高公司信息披露质量。基于以上分析，提出假设：

H13 - 1：风险投资持股有助于提高上市公司信息披露质量，且持股比例越高，提升作用越显著。

股东参与公司经营管理的一种重要方式是向其派驻董事、监事或高级管理人员。其中，公司的董事会是股东大会的执行机构，指挥、管理公司的经营活动；监事会负责监督公司的经营管理及董事、高级管理人员的职务行为；高级管理人员负责经营管理的具体事宜。通过派驻董监高，股东能够更深入地参与经营管理活动的指挥、执行和监督，该类董监高代表了股东的利益倾向，能够有效降低股东与管理层之间的信息不对称程度。作为内部股东，风险投资也会向上市公司派驻董监高，并起到了一定的监管作用（Hellmann 和 Puri，2000；Baeyens 和 Manigart，2003；Cadman 和 Sunder，2014）。具体包括：一是风险投资向上市公司派驻董监高，意味着将花费更多时间参与经营管理，为公司提供更多增值服务，如担任咨询职务、参与公司战略规划与关键人事任免决策等，相互之间的往来更为频繁，很可能与管理层建立密切联系（Bottazzi 等，2008；Ertimur 等，2014），进一步降低了信息不对称；二是风险投资的“加盟”能够促使上市公司形成更独立的内部治理结构，有助于提升经营管理效率，进而提高公司信息披露质量，最终实现风险投资的高额退出回报（Sheu 和 Lin，2007）。基于此，提出假设：

H13 -2：与没有派驻董监高的风险投资相比，派驻董监高的风险投资对上市公司信息披露质量的提升作用更显著。

13.2.2　风险投资特征与信息披露质量

风险投资的自身特征也可能对上市公司信息披露质量产生异质性影响。国内风险投资行业存在着“圈子现象”，实力较弱的投资者会紧随较为强大的投资者左右，形成以大型投资者为核心和以联合投资为纽带的圈子，即相对于单独投资，风险投资机构更趋向联合投资。从社会学角度来看，政策不确定性与信息不对称造成了投资的高风险问题，使风险投资更倾向于通过建立社会关系以应对正式制度不健全带来的投资风险（Luo 等，2019）。从机构特性来看，风险投资是以高成长、高风险企业作为投资对象的追求高回报的股权式投资，既承担着投资项目高度不确定性的风险，还须应对公司管理层的道德风险。为了分散投资风险，风险投资可以通过联合投资策略实现不同成员之间的信息互通、资源互享，将他们所拥有的投资经验和管理技能运用到公司经营管理中。加之联合风险投资的持股比例通常高于单一风险投资，在股东大会上的话语权更大，能够更有效地履行监督职能（Jin，2019），降低信息不对称，进而改善公司内部治理（Brander 等，2002；Das 等，2011）。此外，每家风险投资机构都拥有各自的关系网络，多家风险投资机构拥有的关系网络将更为广泛（Hochberg 等，2010），即联合风险投资的信息获取能力强于单一风险投资，有利于降低上市公司与风险投资机构之间的信息不对称。因此，相对于单一风险投资而言，联合风险投资在内部监督和外部信息获取方面更具优势，能够更有效地降低信息不对称，提高公司信息披露质量。综上，提出假设：

H13 -3：与单一风险投资相比，联合风险投资对上市公司信息披露质量的提升作用更显著。

作为一种特殊的社会资本，声誉代表了参与主体的业务能力和信用水平（Hsu，2004）。风险投资若要长期驻足于资本市场，保持良好的声誉非常重要，因为声誉会带来诸多附加价值，如谈判议价能力更高、募集资金更容易以及获取投资回报更高等（Hsu，2004；Kaplan 和 Schoar，2005）。相应地，声誉的试错成本极高，市场一旦发现风险投资持股参与的公司存在信息披露违规行为，此前经年累月的努力可能付之一炬，声誉资本立即瓦解（Luo，2006；Atanasov，2007），最终得不偿失。因此，权衡利弊之下，风险投资会更加爱惜声誉资本，不敢轻易冒险“试错”。理性的投资者也认为风险投资会为了维护声誉资本而更加尽职尽责地监督上市公司经营管理，约束管理层机会主义行为，还可能利用自身丰富的资源和经验改善公司治理结构，帮助公司拓展关系网络以吸引更多潜在投资者，有效缓解公司与外部投资者间的信息不对称，即高声誉风险投资持股参与的公司信息披露质量更高，更值得信赖（Nahata，2008），以实现声誉资本的进一步积累。基于此，提出假设：

H13 -4：与低声誉的风险投资相比，高声誉风险投资对上市公司信息披露质量的提升作用更显著。

13.3 研究设计

13.3.1 样本与数据来源

按如下标准界定公司是否有风险投资持股参与：若上市公司十大股东的名称中含有"风险投资、创业投资、创业资本投资"等关键词时，将其界定为有风险投资持股参与的公司；十大股东名称中包含"高科技投资、高新投资、创新投资、科技投资、技术改造投资、信息产业投资、科技产业投资、高科技股份投资、高新技术产业投资、技术投资、投资公司、投资有限公司"等关键词的公司，通过网络搜索查询该股东的主营业务或机构性质，若其中含有"风险投资、创业投资"等，则将该公司界定为有风险投资持股参与的公司。

风险投资机构的相关数据主要通过手工收集获取，财务数据来源于 CSMAR 数据库，剔除金融行业、ST 类、财务数据缺失或异常的样本，并手工补充部分数据缺失的样本，最终共得到 1038 个有风险投资持股参与的观测数据。为了避免极端值的影响，对所有连续变量进行上下 1% 水平的 Winsorize 处理。

13.3.2 变量定义

（1）被解释变量。现有研究对信息披露质量的衡量大致可分为三类：第一类是学者自行设计建立指标体系；第二类是直接使用权威组织的评价结果，如普华永道 2001 年发布的"不透明指数"、深交所对上市公司信息披露的考评结果；第三类是选择某些能反映公司披露水平的指标作为信息披露质量的替代指标，最具代表性的有盈余质量（Dechow 等，1995）、盈余平滑度与盈余激进度（Bhattacharya 等，2003）。当前，第三类替代指标最常被采用，但这类指标侧重于关注财务信息，财务信息在资本市场上的重要性毋庸置疑，对股价具有一定的解释力，其披露质量往往是投资者关注的重点，然而其重要性和决策有用性却日渐式微，而非财务信息的重要性逐渐凸显（Lev 和 Gu，2016；Zhu，2019；Sedláček 和 Popelková，2020）。

深交所每年从信息披露的真实性、准确性、完整性、及时性、合法合规性和公平性 6 个方面评估上市公司过去一年的信息披露质量，既包含了财务信息，也包含了非财务信息。因此我们采用深交所的信息披露考评结果衡量信息披露质量。深交所的最终考评结果分为优秀（A）、良好（B）、及格（C）和不及格（D）四个等级，由此构建有序变量 Rank，按等级高低，分别取值为 4、3、2、1。

（2）核心解释变量。①风险投资持股（*VC_shares*）：公司前十大股东中，风险投资机构的持股比例之和。②风险投资派驻董监高（*VC_bsm*）：虚拟变量，当风险投资机构向上市公司派驻董事、监事或高管人员时，*VC_bsm* 取值为 1，否则为 0。③联合风险投

资（*VC_union*）：虚拟变量，公司前十大股东中，有两家或两家以上风险投资机构时，*VC_union* 取值为1，否则为0。④风险投资声誉（*VC_reputation*）：当风险投资机构在《清科－中国创业投资机构100强》年度榜单排名前十时，*VC_reputation* 取值为1，否则为0。

（3）控制变量。参考相关文献（Akhtaruddin，2005；Junaid 等，2020），选取以下控制变量：公司规模、资产负债率、总资产收益率、第一大股东持股比例、流通股比例、董事会规模、监事会规模、董事长与总经理是否两职合一、上市年限、固定资产占比、年份效应及行业效应等。

具体的变量定义见表13－1。

表13－1　　变量定义表

变量类型	变量名称	变量符号	变量定义
被解释变量	信息披露质量	*Rank*	深交所信息披露质量评级，取值从1～4，1表示不及格，2表示及格，3表示良好，4表示优秀
核心解释变量	风险投资持股	*VC_shares*	前十大股东中，风险投资机构持股比例之和
	风险投资派驻董监高	*VC_bsm*	风险投资机构派驻董监高，取值为1，否则为0
	联合风险投资	*VC_union*	有两家或两家以上风险投资机构，取值为1，否则为0
	风险投资声誉	*VC_reputation*	风险投资机构在清科集团排名前十，取值为1，否则为0
控制变量	公司规模	*Size*	总资产自然对数
	资产负债率	*Lev*	总负债/总资产
	总资产收益率	*Roa*	净利润/总资产
	第一大股东持股比例	*Top 1*	第一大股东持股数量占总股数的比例
	流通股比例	*Csh*	流通股股数占总股数的比例
	董事会规模	*Board*	董事会人数
	监事会规模	*Supv*	监事会人数
	董事长与总经理两职合一	*Dual*	若董事长兼任总经理，取值为1，否则为0
	公司上市年限	*Age*	公司上市年度与观测年度的间隔
	固定资产占比	*Fixed*	固定资产/总资产
	年份	*Year*	年份虚拟变量
	行业	*Industry*	行业虚拟变量

13.3.3　模型设定

由于被解释变量（*Rank*）是有序分类变量，因此构建以下有序Probit回归模型验证H13－1：

$$Order\ Probit(Rank_{i,t}) = \alpha_0 + \alpha_1 VC\_shares_{i,t} + \sum Controls_{i,t} + \varepsilon_{i,t} \quad (13-1)$$

其中，$Rank_{i,t}$为i公司第t期的信息披露质量，$VC_shares_{i,t}$代表i公司第t期的风险投资持股比例，$Controls_{i,t}$为控制变量；$\varepsilon_{i,t}$为误差项。若 α_1 显著为正，说明风险投资持股提高了上市公司信息披露质量，H13－1 得以验证。

同理，为验证 H13－2，构建以下模型：

$$Order\ Probit(Rank_{i,t}) = \alpha_0 + \alpha_1 VC\_bsm_{i,t} + \sum Controls_{i,t} + \varepsilon_{i,t} \quad (13-2)$$

其中，$VC_bsm_{i,t}$代表风险投资机构是否向上市公司派驻董监高，若是取值为 1，否则为 0。若 α_1 显著为正，即派驻董监高的风险投资对上市公司信息披露质量的促进作用更大，H13－2 得以验证。

$$Order\ Probit(Rank_{i,t}) = \alpha_0 + \alpha_1 VC\_union_{i,t} + \sum Controls_{i,t} + \varepsilon_{i,t} \quad (13-3)$$

其中，$VC_union_{i,t}$表示是否有两家或两家以上风险投资机构投资同一家公司，若有取值为 1，否则为 0。若 α_1 显著为正，即与单一风险投资相比，联合风险投资对上市公司信息披露质量的促进作用更大，H13－3 得以验证。

$$Order\ Probit(Rank_{i,t}) = \alpha_0 + \alpha_1 VC\_reputation_{i,t} + \sum Controls_{i,t} + \varepsilon_{i,t} \quad (13-4)$$

其中，$VC_reputation_{i,t}$表示风险投资机构是否在清科集团年度排名榜单前十，若是取值为 1，否则为 0。若 α_1 显著为正，即与低声誉风险投资相比，高声誉风险投资对上市公司信息披露质量的促进作用更大，H13－4 得以验证。

13.4 实证结果与分析

13.4.1 描述性统计

（1）信息披露考评结果描述。表 13－2 为 2010—2018 年 1038 个样本观测值的信息披露考评结果。总体来看，信息考评结果平均在良好（B）以上。其中，优秀（A）占 16.38%，良好（B）占 72.06%，及格（C）占 10.12%，不及格（D）占 1.45%。从趋势上看，考评结果为不合格（D）的数量及比例略有上升，考评结果为优秀（A）的比例呈先上升后下降的趋势，说明近年来对信息披露的监管趋于严格。

表 13－2 信息披露考评结果描述

年份	优秀 A	良好 B	及格 C	不及格 D	合计
2010	6	45	12	0	63
	9.52%	71.43%	19.05%	0.00%	100%
2011	17	77	13	0	107
	15.89%	71.96%	12.15%	0.00%	100%
2012	20	83	14	1	118
	16.95%	70.34%	11.86%	0.85%	100%
2013	23	53	6	1	83
	27.71%	63.86%	7.23%	1.20%	100%

续表

年份	优秀 A	良好 B	及格 C	不及格 D	合计
2014	13 17.11%	57 75.00%	4 5.26%	2 2.63%	76 100%
2015	19 17.27%	73 66.36%	17 15.45%	1 0.91%	110 100%
2016	14 11.67%	92 76.67%	13 10.83%	1 0.83%	120 100%
2017	28 15.22%	142 77.17%	10 5.43%	4 2.17%	184 100%
2018	30 16.95%	126 71.19%	16 9.04%	5 2.82%	177 100%
合计	170 16.38%	748 72.06%	105 10.12%	15 1.45%	1038 100%

（2）主要变量的描述性统计。表 13－3 为主要变量的描述性统计，可初步观察样本数据的分布情况。信息披露质量（*Rank*）的均值为 3.034，中位数为 3，说明大部分样本公司信息披露质量等级为良好。风险投资持股比例（*VC_shares*）的均值为 6.8%，中位数为 5%，均介于 3%～10%，表明大部分风险投资机构拥有临时提案权，有机会为公司发展建言献策。风险投资机构派驻董监高（*VC_bsm*）的均值为 0.359，说明约有 36% 的风险投资通过派驻董事、监事或高管人员的方式参与上市公司经营管理。联合风险投资（*VC_union*）的均值为 0.329，即约 33% 的风险投资机构会选择联合投资策略以降低投资风险，是一种较为普遍的现象。风险投资声誉（*VC_reputation*）的均值 0.122，表明高声誉风险投资机构仅占 12%，从侧面反映了声誉资本的珍贵。

就控制变量而言，样本公司的资产负债率（*Lev*）、总资产收益率（*Roa*）的最值差异较大，表明负债水平和获利能力参差不齐。从内部治理结构来看，董事会规模（*Board*）、监事会规模（*Supv*）均在我国公司法规定的合理范围内，两职合一（*Dual*）的均值为 48.2%，表明将近一半样本公司董事长同时兼任总经理。公司上市年限（*Age*）的中位数为 7，过半的样本公司上市已超过 7 年，可见大部分风险投资机构在公司上市后仍选择继续持股。

表 13－3　　主要变量的描述性统计

变量	样本量	均值	最小值	中位数	最大值	标准差
Rank	1038	3.034	1.000	3.000	4.000	0.567
VC_shares	1038	0.068	0.003	0.050	0.209	0.056
VC_bsm	1038	0.359	0.000	0.000	1.000	0.480
VC_union	1038	0.329	0.000	0.000	1.000	0.470
VC_reputation	1038	0.122	0.000	0.000	1.000	0.328

续表

变量	样本量	均值	最小值	中位数	最大值	标准差
Size	1038	21.115	19.749	20.960	23.494	0.764
Lev	1038	0.279	0.032	0.255	0.736	0.164
Roa	1038	0.049	-0.340	0.053	0.175	0.057
Board	1038	8.182	5.000	9.000	12.000	1.300
Supv	1038	3.194	3.000	3.000	5.000	0.583
Dual	1038	0.482	0.000	0.000	1.000	0.500
Top 1	1038	0.307	0.088	0.283	0.615	0.122
Ltgbl	1038	0.471	0.200	0.427	1.000	0.222
Fixed	1038	0.146	0.004	0.122	0.510	0.108
Age	1038	5.840	1.083	7.000	9.167	2.706

13.4.2 相关性分析

表 13-4 为各变量间的 Pearson 相关性检验结果。风险投资持股（*VC_shares*）与信息披露质量（*Rank*）在 1% 水平上呈显著正相关关系，表明风险投资持股参与有助于提高公司信息披露质量，初步验证了 H13-1。由于相关性检验只是考察两个变量之间的关系，暂未考虑其他变量的影响，因此需在下文做进一步检验。其余变量间的相关系数均小于 0.5，且 VIF 检验显示各变量间的方差膨胀因子保持在 2 以下，故变量间不存在严重的多重共线性问题。

表 13-4　　相关性分析

	Rank	*VC_shares*	*Size*	*Lev*	*Roa*	*Board*	*Supv*	*Dual*	*Top 1*	*Ltgbl*	*Fixed*	*Age*
Rank	1											
VC_shares	0.12***	1										
Size	0.04	-0.03	1									
Lev	-0.13***	-0.08**	0.45***	1								
Roa	0.40***	0.11***	-0.18***	-0.33***	1							
Board	0.06**	0.15***	-0.01	-0.08**	0.03	1						
Supv	0.06*	0.11***	-0.01	-0.03	-0.05	0.13***	1					
Dual	-0.07**	-0.08**	-0.10***	-0.06*	0.07**	-0.13***	-0.08**	1				
Top 1	0.04	-0.08**	-0.17***	-0.04	0.13***	-0.08**	-0.08***	0.12***	1			
Ltgbl	0.04	0.00	0.46***	0.28***	-0.26***	-0.06**	0.06**	-0.10***	-0.24***	1		
Fixed	-0.04	0.08**	0.01	0.11***	-0.10***	-0.04	-0.02	-0.09***	0.03	0.21***	1	
Age	-0.03	0.02	0.28***	-0.13***	-0.16***	0.09***	0.08**	-0.02	-0.11***	0.33***	0.01	1

注：***、**、*分别表示在 1%、5% 和 10% 水平上显著。

13.4.3　实证结果分析

表 13－5 的列（1）检验了风险投资持股比例对上市公司信息披露质量的影响。回归结果显示，风险投资持股比例（*VC_shares*）的回归系数为 1.565 且在 1% 水平上显著，说明风险投资持股参与显著提高了上市公司信息披露质量，且随持股比例的增加，对信息披露质量的提升作用越大，H13－1 得以验证。表明风险投资在公司上市后继续发挥着监督职能，具有价值增值效应。

表 13－5　　风险投资与信息披露质量

变量	(1)	(2)	(3)	(4)
	Rank	*Rank*	*Rank*	*Rank*
VC_shares	1.565 *** (7.728)			
VC_ bsm		0.057 *** (2.625)		
VC_ union			0.092 * (1.696)	
VC_ reputation				0.164 * (1.859)
Size	0.193 *** (4.071)	0.203 *** (4.108)	0.208 *** (4.000)	0.207 *** (4.220)
Lev	−0.699 *** (−4.632)	−0.689 *** (−4.401)	−0.698 *** (−4.390)	−0.730 *** (−4.867)
Roa	9.398 *** (19.539)	9.518 *** (19.364)	9.538 *** (19.004)	9.510 *** (19.161)
Board	0.030 *** (2.951)	0.033 *** (3.096)	0.034 *** (3.255)	0.035 *** (3.352)
Supv	0.135 ** (2.160)	0.143 ** (2.482)	0.137 *** (2.710)	0.139 *** (2.702)
Dual	−0.218 * (−1.738)	−0.225 * (−1.848)	−0.235 ** (−1.996)	−0.234 ** (−2.018)
Top 1	0.483 ** (2.165)	0.421 * (1.891)	0.399 * (1.809)	0.410 * (1.793)
Ltgbl	0.695 *** (3.589)	0.781 *** (4.571)	0.792 *** (4.365)	0.801 *** (4.976)
Fixed	−0.763 *** (−2.644)	−0.730 ** (−2.486)	−0.735 ** (−2.519)	−0.767 *** (−2.713)

续表

变量	(1)	(2)	(3)	(4)
	Rank	Rank	Rank	Rank
Age	-0.013	-0.028*	-0.024	-0.028*
	(-0.683)	(-1.697)	(-1.306)	(-1.679)
Cut1	3.547	3.516	3.659	3.603
	(1.271)	(0.045)	(0.068)	(0.131)
Cut2	4.906	4.874	5.017	4.963
	(1.321)	(0.047)	(0.071)	(0.136)
Cut3	7.427	7.389	7.533	7.482
	(1.353)	(0.048)	(0.073)	(0.139)
Year	控制	控制	控制	控制
Industry	控制	控制	控制	控制
N	1038	1038	1038	1038
Pseudo. R^2	0.150	0.148	0.148	0.149

注：***、**、*分别表示在1%、5%和10%水平上显著；考虑到行业异方差问题，采用聚类稳健标准误，括号内是由稳健标准误计算得到的z值。

列（2）检验了风险投资是否派驻董监高对上市公司信息披露质量的影响。风险投资派驻董监高（*VC_bsm*）的回归系数为0.057且在1%水平上显著，说明相对于未派驻董监高的风险投资，派驻董监高的风险投资对上市公司信息披露质量的促进作用更大，证明H13-2成立，即风险投资派驻董监高能够为公司提供更多增值服务，促其优化内部治理结构，有效抑制管理层机会主义行为，进而降低股东与管理层间的信息不对称。可见，风险投资的参与度越高，对上市公司信息披露质量的促进作用越大。

列（3）检验了联合风险投资对上市公司信息披露质量的影响。实证结果表明，联合风险投资（*VC_union*）与信息披露质量（*Rank*）在10%水平上呈显著正相关关系，即与单一风险投资相比，联合风险投资对上市公司信息披露质量的提升作用更大，H13-3得以验证。一般地，联合风险投资的持股比例往往高于单一风险投资，话语权更大，且拥有丰富的互补资源与强大的关系网络，信息获取能力更胜一筹，能够更有效地履行监督职能。

列（4）检验了风险投资声誉对上市公司信息披露质量的影响。风险投资声誉（*VC_reputation*）与信息披露质量（*Rank*）在10%水平上呈显著正相关关系，系数为0.164，即相对于低声誉风险投资而言，高声誉风险投资对公司信息披露质量的促进作用更大，证明H13-4成立。声誉资本能够带来诸多附加价值，因此风险投资更有意愿与动机督促上市公司提升信息披露水平，以获取更多投资者的关注和信任，提高公司市场估值，最终实现高额退出回报与声誉资本积累。可见，风险投资对上市公司的信息披露质量具有异质性影响，联合风险投资、高声誉风险投资的促进作用显著高于单一风险投资、低声誉风险投资。

进一步观察发现，公司规模（*Size*）、获利能力（*Roa*）、董事会规模（*Board*）、监事会规模（*Supv*）、流通股比例（*Ltgbl*）与信息披露质量呈正相关关系，而负债水平（*Lev*）、两职合一（*Dual*）与信息披露质量呈负相关关系。

13.5　稳健性检验

13.5.1　控制内生性问题

为了节约成本，风险投资倾向于选择地理位置临近的公司（Lerner，1995）。换言之，在实际商业活动中，风险投资选择投资某一家公司并非随机行为，而是通过一系列调查最终筛选出最优投资对象，样本可能存在自选择效应。根据《中国风险投资年鉴 2018》的统计，2009—2018 排名前五的热点投资区域依次是北京、上海、广东、浙江、江苏，参照胡志颖等（2012）的做法，设立虚拟变量代表上市公司的注册地是否位于上述省市（*Region*）。鉴于风险投资可能通过上市公司所在行业及其经营状况筛选投资对象，因此再设立虚拟变量代表上市公司是否属于高科技行业（*Hitec*）、每股净资产（*NS*）、每股总资产（*TS*）和每股营业收入（*ES*），使用 Heckman 两阶段法解决样本自选择偏差引起的内生性问题。第一阶段，将是否有风险投资参与（*VC*）作为被解释变量，与上述虚拟变量、控制变量一起进行 Probit 回归，计算出逆米尔斯值；第二阶段，把逆米尔斯值当作控制变量分别加入模型中重新进行回归检验。

表 13 - 6 是风险投资与信息披露质量的样本自选择偏差检验结果。回归结果显示，风险投资持股比例（*VC_shares*）与信息披露质量仍在 1% 水平上显著正相关；风险投资派驻董监高（*VC_bsm*）的回归系数为 0. 067，且在 1% 水平上显著正相关；联合风险投资（*VC_union*）、风险投资声誉（*VC_reputation*）与信息披露质量均呈正相关关系。由此可见，在控制了样本自选择偏差问题后，研究结论依然成立，即风险投资参与度越高，上市公司信息披露质量越高，且具有异质性影响，主要体现为联合风险投资、高声誉风险投资持股参与的公司信息披露质量更高。

表 13 - 6　　控制内生性问题

变量	第一阶段	第二阶段			
	(1)	(2)	(3)	(4)	(5)
	Rank	*Rank*	*Rank*	*Rank*	*Rank*
Hitec	0. 054 (1. 205)				
Region	-0. 076* (-1. 663)				
ES	-0. 036*** (-3. 536)				

续表

变量	第一阶段	第二阶段			
	(1)	(2)	(3)	(4)	(5)
	Rank	*Rank*	*Rank*	*Rank*	*Rank*
NS	0.055** (2.238)				
TS	-0.008 (-0.492)				
VC_shares		1.590*** (7.890)			
VC_bsm			0.067*** (3.114)		
VC_union				0.085* (1.718)	
VC_reputation					0.133 (1.640)
IMR		1.285*** (3.895)	1.289*** (3.675)	1.260*** (3.734)	1.224*** (3.637)
Controls	控制	控制	控制	控制	控制
N	3999	1038	1038	1038	1038
Pseudo. R^2	0.060	0.154	0.152	0.152	0.153

注：***、**、* 分别表示在 1%、5% 和 10% 水平上显著；考虑到行业异方差问题，采用聚类稳健标准误，括号内是由稳健标准误计算得到的 *z* 值。

13.5.2 替换回归模型

为了减少模型设计带来的误差，改用有序 Logit 回归模型重新进行检验。结果如表 13-7 所示：风险投资持股比例（*VC_shares*）、派驻董监高（*VC_bsm*）、联合风险投资（*VC_union*）和风险投资声誉（*VC_reputation*）的回归系数均为正数，与前文检验结果基本一致。

表 13-7　替换回归模型

变量	(1)	(2)	(3)	(4)
	Rank	*Rank*	*Rank*	*Rank*
VC_shares	3.001*** (7.211)			
VC_bsm		0.124*** (3.064)		
VC_union			0.179 (1.625)	

续表

变量	(1)	(2)	(3)	(4)
	Rank	*Rank*	*Rank*	*Rank*
VC_reputation				0.295 * (1.782)
Controls	控制	控制	控制	控制
N	1038	1038	1038	1038
Pseudo. R^2	0.152	0.149	0.149	0.150

注：***、* 分别表示在 1% 和 10% 水平上显著；考虑到行业异方差问题，采用聚类稳健标准误，括号内是由稳健标准误计算得到的 *z* 值。

13.5.3　增加控制变量

信息披露质量的影响因素多，为了减少遗漏变量对研究结论的影响，进一步控制了独立董事规模（*Idp*）、产权性质（*Soe*）、董事会召开次数（*Dmt*）等变量的影响，检验结果如表 13－8 所示。风险投资持股比例（*VC_shares*）、派驻董监高（*VC_bsm*）、联合风险投资（*VC_union*）和风险投资声誉（*VC_reputation*）的回归系数均为正数且显著，与原结论基本一致，表明研究结论是稳健可靠的。

表 13－8　　　　增加控制变量

变量	(1)	(2)	(3)	(4)
	Rank	*Rank*	*Rank*	*Rank*
VC_shares	1.463 *** (6.995)			
VC_bsm		0.055 ** (2.487)		
VC_union			0.100 * (1.935)	
VC_reputation				0.159 * (1.795)
Controls	控制	控制	控制	控制
N	1038	1038	1038	1038
Pseudo. R^2	0.153	0.151	0.152	0.152

注：***、**、* 分别表示在 1%、5% 和 10% 水平上显著；考虑到行业异方差问题，采用聚类稳健标准误，括号内是由稳健标准误计算得到的 *z* 值。

13.6 进一步研究

13.6.1 风险投资持股的动机分析

前文已验证，随着持股比例的增加，风险投资能够更有效地发挥监督治理职能，遏制管理层的私利行为，提高公司信息披露质量，进而提升资本市场运行效率。具体地，风险投资持股的动机是什么？作为专业的机构投资者，风险投资的主要目的是获取高额的投资回报并积累声誉资本。公司成功上市后，其股价表现将影响风险投资的退出回报，因而风险投资会密切关注公司股价动态。公司股价不仅受宏观经济政策影响（Su 和 Liao，2019），也与经营业绩密切相关，而管理层是公司经营管理的主要负责人，若未受到有效约束，他们出于自身利益考虑，很可能选择提前披露利好消息，推迟甚至隐瞒披露负面消息（Kothari 等，2009），导致公司信息披露质量的下降。当负面消息囤积到一定程度无法再隐瞒而不得不集中向外披露时，公司业绩的突然变脸将对股价造成沉重的负面冲击，进而引发崩盘风险（Jin 和 Myers，2006）。这将严重损害风险投资的利益，故而风险投资有动机降低股价崩盘风险发生的概率，以实现顺利退出并获取高额投资回报。基于此，本书推测风险投资持股能够带来良性的经济后果，有助于促进资本市场健康发展。

为此，构建以下中介效应模型检验风险投资是否通过提高公司信息披露质量来降低股价崩盘风险。

$$Crash_{i,t} = \alpha_0 + \alpha_1 VC\_shares_{i,t} + \sum Controls_{i,t} + \varepsilon_{i,t} \tag{13-5}$$

$$Order\ Probit(Rank_{i,t}) = \beta_0 + \beta_1 VC\_shares_{i,t} + \sum Controls_{i,t} + \mu_{i,t} \tag{13-6}$$

$$Crash_{i,t} = \lambda_0 + \lambda_1 VC\_shares_{i,t} + \lambda_2 Rank_{i,t} + \sum Controls_{i,t} + \eta_{i,t} \tag{13-7}$$

该中介效应检验将分三步进行：首先，检验模型（13-5）中的 α_1 系数是否显著；若 α_1 显著则进行第二步检验，关注模型（13-6）中 β_1 系数是否显著；若 β_1 显著则进行第三步检验，观察模型（13-7）中的 λ_2 系数是否显著，若 λ_2 显著，则表示存在中介效应。其中，$Crash_{i,t}$表示公司 i 第 t 年的股价崩盘风险，采用收益上下波动比率（*DUVOL*）进行衡量，参考 Chen 等（2001）的做法，股价崩盘风险的具体计算过程如下：

首先，根据模型（13-8）、模型（13-9）计算出股票特有收益率 $W_{i,t}$。

$$R_{i,t} = \alpha_0 + \alpha_1 R_{m,t-2} + \alpha_2 R_{m,t-1} + \alpha_3 R_{m,t} + \alpha_4 R_{m,t+1} + \alpha_5 R_{m,t+2} + \varepsilon_{i,t} \tag{13-8}$$

$$W_{i,t} = \ln(1 + \varepsilon_{i,t}) \tag{13-9}$$

其中，$R_{i,t}$为股票 i 第 t 周的收益率，$R_{m,t}$为第 t 周经流通市值加权的市场收益率，回归得出残差 $\varepsilon_{i,t}$，再代入模型（13-9）中计算出股票特有收益率 $W_{i,t}$。

其次，将 $W_{i,t}$代入模型（13-10），计算出股价崩盘风险指标 *DUVOL*。

$$DUVOL_{i,t} = \log\left\{\left[(n_u - 1)\sum_{down} W^2{}_{i,t}\right] / \left[(n_d - 1)\sum_{up} W^2{}_{i,t}\right]\right\} \tag{13-10}$$

其中，n 为股票 i 某年的交易周数，n_u 表示股票 i 的特有收益率 $W_{i,t}$ 高于其年平均收益率的周数，n_d 表示股票 i 的特有收益率 $W_{i,t}$ 低于其年平均收益率的周数。$DUVOL$ 的值越大，公司股价崩盘风险越高。

中介效应的检验结果如表 13－9 所示。在剔除了股价崩盘风险（*Crash*）缺失值之后，最终得到 850 个样本观测值。列（1）是模型（13－5）的检验结果，风险投资持股比例（*VC_shares*）与股价崩盘风险（*Crash*）的回归系数是－0.388，且在 10% 水平上显著，表明风险投资持股比例越高，公司股价崩盘风险越低。列（2）是模型（13－6）的检验结果，风险投资持股比例仍与信息披露质量呈显著正相关关系。列（3）是模型（13－7）的检验结果，信息披露质量（*Rank*）的回归系数在 1% 水平上显著为负，且通过了 Sobel 检验，表明中介效应成立，即风险投资通过提升信息披露质量降低了公司股价崩盘风险，维护自身利益的同时也有助于促进资本市场健康发展。

表 13－9　　风险投资持股的动机分析

变量	(1)	(2)	(3)
	Crash	*Rank*	*Crash*
VC_shares	－0.388 *	2.242 ***	－0.343
	(－1.911)	(8.549)	(－1.775)
Rank			－0.047 ***
			(－3.702)
Size	0.037 *	0.182 ***	0.040 *
	(1.801)	(3.522)	(2.052)
Lev	－0.062	－0.953 ***	－0.080
	(－1.004)	(－5.439)	(－1.318)
Roa	－0.343	8.804 ***	－0.150
	(－1.268)	(18.210)	(－0.500)
Board	0.038 ***	0.029 **	0.039 ***
	(3.946)	(2.234)	(4.045)
Supv	－0.024	0.156 **	－0.021
	(－1.441)	(2.181)	(－1.424)
Dual	0.024 *	－0.244 *	0.019 *
	(2.063)	(－1.863)	(1.912)
Top 1	0.079	0.571 **	0.091
	(0.913)	(2.236)	(1.094)
Ltgbl	0.266 ***	0.431 **	0.275 ***
	(5.694)	(1.994)	(5.445)
Fixed	0.088	－0.757 ***	0.075
	(0.920)	(－3.087)	(0.789)

续表

变量	(1)	(2)	(3)
	Crash	*Rank*	*Crash*
Age	0.011 (1.758)	−0.005 (−0.379)	0.011 (1.722)
Year	控制	控制	控制
Industry	控制	控制	控制
N	850	850	850
Pseudo. R^2/R^2	0.083	0.147	0.086
Sobel Z	−2.015**		

注：***、**、* 分别表示在1%、5%和10%水平上显著；考虑到行业异方差问题，采用聚类稳健标准误，括号内是由稳健标准误计算得到的 z 值。

13.6.2 公司治理机制的调节效应分析

前文实证结果表明，风险投资持股比例越高，上市公司信息披露质量越高，那么风险投资持股与公司信息披露质量的关系是否还会受到其他因素的影响？根据委托－代理理论，现代企业通过建立内部治理机制与外部治理机制缓解委托－代理问题，使管理层能够以实现股东利益最大化为目的进行经营管理。若公司建立了完善的内部治理机制，能够有效抑制管理层机会主义行为，提升公司信息披露水平。而外部治理主体是公司披露信息的主要需求方，若公司拥有完善的外部治理机制，外部治理主体会要求公司不断完善内部治理机制以提高信息披露质量。如此往复，内外互促，形成良性循环，促使上市公司信息披露保持高质量。换言之，上市公司存在完善的公司治理机制，能够有效降低信息不对称，提高信息披露质量。那么，完善的公司治理机制对风险投资与信息披露质量之间的关系是否存在调节效应？现分别从内部、外部治理机制两个方面予以探讨。

（1）内部治理机制的调节效应：以内部控制质量为例。内部控制是现代公司治理体系的重要机制。从“安然事件”到《萨班斯法案》的出台，内部控制的重要性日益凸显，其主要目标是确保上市公司披露的信息真实可靠，是影响信息披露质量的重要因素，也是提高公司治理水平的重要举措（Bell 和 Carcello，2000）。Ashbaugh－Skaife 等（2008）发现，与不存在内部控制缺陷的公司相比，存在内部控制缺陷的公司应计质量更低，随着内部控制缺陷的改进，其应计质量也得到了提升，说明高质量的内部控制有助于提高公司信息披露质量（Altamuro 和 Beatty，2010）。因此，当上市公司内部控制质量较高时，更易获得外部投资者的信任，风险投资的监督职能可部分被替代，即风险投资对信息披露质量的促进作用在上市公司内部控制质量较低时更显著。但风险投资也可能期望“锦上添花”，在健全的内部控制体系下，仍尽职尽责地督促公司提升信息披露水平，即上市公司内部控制质量对风险投资与信息披露质量两者关系是正向调节效应抑或负向调节效应仍需做进一步检验。

为此，构建模型（13－11）进行检验。

$$Order\ Probit(Rank_{i,t}) = \alpha_0 + \alpha_1 VC\_shares_{i,t} + \alpha_2 IC_{i,t} + \alpha_3 VC\_shares_{i,t} \times IC_{i,t} + \sum Controls_{i,t} + \varepsilon_{i,t} \tag{13-11}$$

其中，$IC_{i,t}$表示上市公司的内部控制质量，采用迪博内部控制指数除以 100 进行衡量。该模型中，主要关注交乘项（$VC\_shares \times IC$）的系数 α_3。若显著为正，说明风险投资与内部控制存在协同效应，共同促进公司信息披露质量的提升；若显著为负，说明两者之间存在替代效应，风险投资对信息披露质量的促进作用在上市公司内部控制质量较低时更显著。

检验结果如表 13－10 的列（1）所示，风险投资持股比例与内部控制质量的交乘项（$VC\_shares \times IC$）系数在 1% 水平上显著为负，表明风险投资与内部控制存在替代效应，即公司内部控制质量较高时，外部投资者有能力识别，因此公司能够吸引更多外部投资者，风险投资的监督职能可部分被替代，对信息披露的促进作用随之减弱。

（2）外部治理机制的调节效应：以地区市场化程度为例。外部监管环境的加强能够显著提升公司信息披露质量（Boone 和 White，2015）。上市公司所在地区的市场化程度、政府干预程度、法治及中介组织发育水平，都会显著影响其信息披露质量。在市场化程度、法治水平较高的地区，法律法规相对完善，监管更为严格，若信息披露不充分不真实，一经发现，上市公司将面临较高的处罚成本，势必对股票价格产生负面影响。一方面，负责公司日常经营的管理层将难辞其咎，犯错成本较高，因此处于高市场化程度地区的上市公司，管理层的私利行为更能够被有效遏制，即风险投资与地区市场化程度存在替代效应；另一方面，股票价格的波动导致风险投资的退出回报面临"缩水"风险，因此风险投资会更积极地参与公司经营管理，实施更有效的监督，促使公司信息披露仍保持高质量，即风险投资与地区市场化程度存在协同效应。因此，风险投资对信息披露质量的提升作用是在地区市场化程度较高还是较低环境时更显著，仍需进一步检验。

为此，构建模型（13－12）进行检验。

$$Order\ Probit(Rank_{i,t}) = \alpha_0 + \alpha_1 VC\_shares_{i,t} + \alpha_2 Market_{i,t} + \alpha_3 VC\_shares_{i,t} \times Market_{i,t} + \sum Controls_{i,t} + \varepsilon_{i,t} \tag{13-12}$$

其中，市场化程度（*Market*）数据来源于樊纲和王小鲁编制的中国市场化指数。该模型中，主要关注风险投资持股比例与市场化程度的交乘项（$VC\_shares \times Market$）的系数 α_3。若显著为正，说明风险投资与外部地区市场化程度存在协同效应，共同促进公司信息披露质量的提升；若显著为负，说明风险投资与地区市场化程度存在替代效应，对公司信息披露质量的促进作用会有所减弱。

结果如表 13－10 的列（2）所示，市场化程度（*Market*）与信息披露质量（*Rank*）在 1% 水平上呈显著正相关关系，表明地区市场化程度越高，上市公司的信息披露质量越高；而风险投资持股比例与市场化程度的交乘项（$VC\_shares \times Market$）系数为 －1.074 且在 1% 水平上显著，说明风险投资与地区市场化存在替代效应，高市场化程度可部分履行风险投资的监督职能。这从侧面体现了继续深化市场化改革的必要性，也为当前注册制改革的推行提供了又一经验证据。综上所述，风险投资对上市公司信息披露质量的提升作用会受到外部治理环境的影响。若外部治理环境较为完善，管理层的犯错成本较高，能够有效抑制管理层的机会主义行为，吸引更多外部投资者，有助于风险投资实现高额退出回报；反之，当外部治理环境不够完善时，风险投资可替代外部治理环境的监督治理职能，督促管理层提升信息披露水平。

表 13 - 10　　　　公司治理机制的调节效应分析

变量	(1)	(2)
	Rank	*Rank*
VC_shares	12.054*** (9.697)	10.705*** (4.376)
IC	0.307*** (7.357)	
VC_shares × *IC*	-1.383*** (-7.537)	
Market		0.121*** (3.271)
VC_shares × *Market*		-1.074*** (-3.877)
Size	0.160*** (3.654)	0.194*** (3.837)
Lev	-0.817*** (-4.690)	-0.711*** (-4.414)
Roa	7.968*** (19.933)	9.266*** (22.093)
Board	0.054*** (3.785)	0.029*** (2.595)
Supv	0.159** (2.407)	0.131** (2.177)
Dual	-0.190 (-1.322)	-0.223* (-1.761)
Top 1	0.605** (2.158)	0.386* (1.686)
Ltgbl	0.216* (1.707)	0.737*** (4.134)
Fixed	-0.822*** (-4.752)	-0.761** (-2.434)
Age	-0.011 (-0.753)	-0.014 (-0.747)
*Cut*1	5.385*** (12.948)	4.520*** (7.138)

续表

变量	(1)	(2)
	Rank	*Rank*
Cut2	6.844***	5.886***
	(13.624)	(7.406)
Cut3	9.240***	8.424***
	(13.501)	(7.552)
Year	控制	控制
Industry	控制	控制
N	749	1038
Pseudo. R^2	0.193	0.155

注：***、**、*分别表示在1%、5%和10%水平上显著；考虑到行业异方差问题，采用聚类稳健标准误，括号内是由稳健标准误计算得到的 *z* 值。

13.7　结论及启示

随着注册制改革的逐步推进，信息披露再次成为资本市场的关注焦点。信息披露是投资者进行投资决策的重要依据，既关乎投资者的切身利益，也影响资本市场的运行效率。作为专业投资者，风险投资更是在意上市公司信息披露质量，且有能力影响之。基于此，本书以 2010—2018 年创业板上市公司为样本，探讨了风险投资参与度及其异质性特征对公司信息披露质量的影响。

研究表明：①风险投资持股比例越高，参与公司经营管理的意愿越强烈，能够更有效地抑制管理层机会主义行为，进而提升信息披露水平；②风险投资通过派驻董监高更深入地参与公司治理，与管理层之间的往来更为密切，进一步降低了信息不对称，缓解了股东与管理层之间的委托-代理问题；③与单一风险投资相比，联合风险投资拥有更丰富的管理经验与更强大的关系网络，在内部监督及外部信息获取方面更具优势，对信息披露质量的提升作用更大；④相较于低声誉风险投资，高声誉风险投资更有助于公司吸引更多潜在投资者，为了积累声誉资本，也更有意愿参与公司经营管理，进而促进信息披露水平的提升。

进一步研究发现，风险投资持股的动机在于通过提高信息披露质量降低上市公司股价崩盘风险，股价崩盘将严重损害投资者利益，风险投资有动机降低公司股价崩盘风险以实现高额投资回报，进而推动了资本市场健康发展。调节效应分析表明，在内部控制质量、地区市场化程度越低的上市公司中，风险投资持股对信息披露质量的促进作用越大，表明公司治理机制与风险投资持股存在替代效应，合理的内部治理机制及完善的外部治理机制能够部分替代风险投资的监督治理功能。

针对上述研究结论，本书提出以下政策启示：第一，持续推动风险投资行业发展，鼓励风险投资机构通过提高持股比例、派驻董监高等方式更深入地参与公司治理，积极引导其履行监督治理职能；第二，异质性分析结论显示，高声誉风险投资的正面效应更为显著，应进一步加强风险投资行业监管，通过倒逼机制促使其发挥监督治理职能以维护声誉；第三，鼓励上市公司做好制度设计，不断探索优化内部治理机制，建立健全内部控制体系，从根本上提高信息披露质量；第四，地方政府应积极响应国家号召，配合有关部门加速推进注册制改革，不断增强服务意识、提高市场监管能力，进而提升资本市场运行效率，不断优化资源配置。

参考文献

"中国投资者动机和预期调查数据分析"课题组，2002. 参与、不确定性与投资秩序的生成和演化——解读投资者动机和预期的另一个视角［J］. 经济研究，2：80－95.

蔡贵龙，柳建华，马新啸，2018. 非国有股东治理与国企高管薪酬激励［J］. 管理世界，5：137－149.

蔡宁，2015. 风险投资"逐名"动机与上市公司盈余管理［J］. 会计研究，5：20－27.

曹越，孙丽，郭天枭，等，2020. "国企混改"与内部控制质量：来自上市国企的经验证据［J］. 会计研究，8：144－158.

陈工孟，俞欣，寇祥河，2011. 风险投资参与对中资企业首次公开发行折价的影响——不同证券市场的比较［J］. 经济研究，5：74－85.

陈国进，胡超凡，王景，2009. 再售期权、通胀幻觉与中国股市泡沫的影响因素分析［J］. 经济研究，5：106－117.

陈国进，张贻军，王景，2008. 异质信念与盈余惯性——基于中国股票市场的实证分析［J］. 当代财经，7：43－48.

陈国进，张贻军，2009. 异质信念、卖空限制与我国股市的暴跌现象研究［J］. 金融研究，4：80－91.

陈汉文，陈向民，2002. 证券价格的事件性反应——方法、背景和基于中国证券市场的应用［J］. 经济研究，1：40－47.

陈其安，唐雅蓓，张力公，2009. 机构投资者过度自信对中国股票市场的影响机制［J］. 系统工程. 7：1－6.

陈钦源，马黎珺，伊志宏，2017. 分析师跟踪与企业创新绩效——中国的逻辑［J］. 南开管理评论，3：15－27.

陈思，何文龙，张然，2017. 风险投资与企业创新：影响和潜在机制［J］. 管理世界，1：158－169.

陈彦斌，周业安，2004. 行为资产定价理论综述［J］. 经济研究，6：117－127.

翟胜宝，徐亚琴，杨德明，2015. 媒体能监督国有企业高管在职消费么？［J］. 会计研究，5：57－63.

翟胜宝，张雯，曹源，等，2016. 分析师跟踪与审计意见购买［J］. 会计研究，6：86－95.

董静，汪立，吴友，2017. 地理距离与风险投资策略选择——兼论市场环境与机构特质的调节作用 [J]. 南开管理评论，2：4 – 16.

杜兴强，聂志萍，2007. 中国上市公司并购的短期财富效应实证研究 [J]. 证券市场导报，1：29 – 38.

杜兴强，聂志萍，2007. 中国资本市场的中长期动量效应和反转效应——基于 Fama 和 French 三因素模型的进一步研究 [J]. 山西财经大学学报，12：16 – 23.

方明月，孙鲲鹏，2019. 国企混合所有制能治疗僵尸企业吗？——一个混合所有制类啄序逻辑 [J]. 金融研究，1：91 – 110.

冯慧群，2016. 私募股权投资对控股股东"掏空"的抑制效应 [J]. 经济管理，6：41 – 58.

冯照桢，温军，刘庆岩，2016. 风险投资与技术创新的非线性关系研究——基于省级数据的 PSTR 分析 [J]. 产业经济研究，2：32 – 42.

付雷鸣，万迪昉，张雅慧，2012. VC 是更积极的投资者吗？——来自创业板上市公司创新投入的证据 [J]. 金融研究，10：125 – 138.

高春华，李亚伟，2009. 中国宏观经济与股票市场互动关系的分析 [J]. 经济研究导刊，1：86 – 87.

郝阳，龚六堂，2017. 国有、民营混合参股与公司绩效改进 [J]. 经济研究，3：122 – 135.

何大安，2004. 行为经济人有限理性的实现程度 [J]. 中国社会科学，4：91 – 101.

胡志颖，周璐，刘亚莉，2012. 风险投资、联合差异和创业板 IPO 公司会计信息质量 [J]. 会计研究，7：48 – 56.

黄凯南，2009. 演化博弈与演化经济学 [J]. 经济研究，2：132 – 145.

贾根良，2004. 理解演化经济学 [J]. 中国社会科学，2：33 – 41.

江斌，2002. 兼并收购和市场反应 [J]. 预测，6：327 – 342.

江世银，2005. 中国资本市场预期 [M]. 北京：商务印书馆.

孔东民，2008. 有限套利与盈余公告后的价格漂移 [J]. 中国管理科学，6：67 – 83.

雷光勇，曹雅丽，刘茉，2016. 风险资本、信息披露质量与审计师报告稳健性 [J]. 审计研究，5：44 – 52.

雷光勇，张英，姜彭，2013. 公司基本面、投资者认知及股票回报 [J]. 会计与经济研究，6：8 – 16.

黎文靖，2012. 所有权类型、政治寻租与公司社会责任报告：一个分析性框架 [J]. 会计研究，1：81 – 88.

李昆，唐英凯，2011. 风险投资能增加上市企业的价值吗？——基于中小板上市公司的研究 [J]. 经济体制改革，1：55 – 59.

李涛，2006. 社会互动、信任与股市参与 [J]. 经济研究，1：34 – 45.

李小晗，朱红军，2011. 投资者有限关注与信息解读 [J]. 金融研究，8：128 – 142.

李心丹，王冀宁，傅浩，2002. 中国个体证券投资者交易行为的实证研究［J］. 经济研究，11：54－63.

李增泉，孙铮，王志伟，2004. “掏空”与所有权安排——来自我国上市公司大股东资金占用的经验证据［J］. 会计研究，12：3－13.

李增泉，余谦，王晓坤，2005. 掏空、支持与并购重组——来自我国上市公司的经验证据［J］. 经济研究，1：95－105.

刘煜辉，贺菊煌，沈可挺，2003. 中国股市中信息反应模式的实证分析［J］. 管理世界，8：6－15.

龙玉，赵海龙，张新德，等，2017. 时空压缩下的风险投资——高铁通车与风险投资区域变化［J］. 经济研究，4：195－208.

鲁臻，邹恒甫，2007. 中国股市的惯性与反转效应研究［J］. 经济研究，9：145－155.

陆江川，陈军，2011. 基于 Dellavigna－Pollet 模型的我国股票市场 PEAD 现象周历效应——以深圳主板市场为证据［J］. 系统工程，7：26－33.

陆瑶，张叶青，贾睿，等，2017. “辛迪加”风险投资与企业创新［J］. 金融研究，6：159－175.

陆宇建，张继袖，吴爱平，2007. “中航油”事件的行为金融学思考［J］. 软科学，4：56－60.

逯东，黄丹，杨丹，2019. 国有企业非实际控制人的董事会权力与并购效率［J］. 管理世界，6：119－141.

罗伯特·J. 希勒，2008. 非理性繁荣［M］. 李心丹，陈莹，夏乐，译. 北京：中国人民大学出版社.

罗进辉，李雪，林芷如，2018. 审计师地理距离对客户公司股价信息含量的影响［J］. 审计与经济研究，4：34－45.

聂慧丽，张荣武，徐文仲，2012. 异质预期、群体演化与资产价格波动机制［J］. 会计研究，7：65－71.

欧建猷，张荣武，2019. 风险投资会损害中小股东利益吗？——基于合谋掏空视角［J］. 财会通讯，26：3－7.

潘丽，徐建国，2011. A 股个股回报率的惯性与反转［J］. 金融研究，1：149－166.

彭贺，2008. 金融心理学［M］. 上海：上海财经大学出版社.

彭涛，黄福广，熊凌云，2015. 地理邻近对风险资本参与公司治理的影响［J］. 管理科学，4：46－58.

钱春海，2010. 中国证券市场动量效应成因的景气循环分析［J］. 当代财经，10：51－59.

权小锋，吴世农，文芳，2010. 管理层权力、私有收益与薪酬操纵［J］. 经济研究，11：73－87.

权小锋，吴世农，2010. 投资者关注、盈余公告效应与管理层公告择机［J］. 金融研究，11：90－107.

饶育蕾，彭叠峰，成大超，2010. 媒体注意力会引起股票的异常收益吗？——来自中国股票市场的经验证据［J］. 系统工程理论与实践，2：287－297.

沈维涛，叶小杰，徐伟，2013. 风险投资在企业IPO中存在择时行为吗——基于我国中小板和创业板的实证研究［J］. 南开管理评论，2：133－142.

沈艺峰，吴世农，1999. 我国证券市场过度反应了吗？［J］. 经济研究，2：23－28.

宋双杰，曹晖，杨坤，2011. 投资者关注与IPO异象——来自网络搜索量的经验证据［J］. 经济研究，1：145－155.

宋献中，汤胜，2006. 中国股市“过度反应”与“规模效应”的实证分析——基于中国上海A股股票市场的检验［J］. 暨南学报，2：89－97.

苏冬蔚，熊家财，2013. 大股东掏空与CEO薪酬契约［J］. 金融研究，12：167－180.

孙杨，许承明，夏锐，2012. 风险投资机构自身特征对企业经营绩效的影响研究［J］. 经济学动态，11：77－80.

谭伟强，2008. 我国股市盈余公告的“周历效应”与“集中公告效应”研究［J］. 金融研究，2：152－167.

谭伟强，2013. 盈余公告后价格漂移：四十年研究回顾［J］. 金融管理研究，1：94－111.

唐建新，李永华，卢剑龙，2013. 股权结构、董事会特征与大股东掏空——来自民营上市公司的经验证据［J］. 经济评论，1：86－95.

唐清泉，罗党论，王莉，2005. 大股东的隧道挖掘与制衡力量——来自中国市场的经验证据［J］. 中国会计评论，1：63－86.

唐伟敏，邹恒甫，2003. 一种不完全信息下的资产定价模型［J］. 经济学（季刊），1：309－326.

唐雪松，马如静，2009. 内幕交易、利益补偿与控制权转移——来自我国证券市场的证据［J］. 中国会计评论，1：29－52.

陶洪亮，申宇，2011. 股价暴跌、投资者认知与信息透明度［J］. 投资研究，10：66－76.

汪平，袁光华，李阳阳，2009. 我国企业资本成本估算及其估算值的合理界域：2000—2009［J］. 投资研究，11：101－114.

王爱国，张志，王守海，2019. 政府规制、股权结构与资本成本——兼谈我国公用事业企业的“混改”进路［J］. 会计研究，5：11－19.

王成勇，2012. 多机制半参数平滑转换回归模型——兼论我国宏观经济运行周期［J］. 数理统计与管理，1：96－104.

王春峰，张亚楠，房振明，2010. 基于过度自信的交易量驱动因素建模研究［J］. 中国管理科学，4：43－48.

王东京，2019. 国企改革攻坚的路径选择与操作思路［J］. 管理世界，2：1－6.

王姝勋，方红艳，荣昭，2017. 期权激励会促进公司创新吗？——基于中国上市公司专利产出的证据［J］. 金融研究，3：176－191.

王秀军，李曜，龙玉，2016. 风险投资的公司治理作用：高管薪酬视角［J］. 商业经济与管理，10：35－44.

王永宏，赵学军，2001. 中国股市惯性策略和反转策略的实证分析［J］. 经济研究，6：56－69.

温忠麟，叶宝娟，2014. 中介效应分析：方法和模型发展［J］. 心理科学进展，5：731－745.

吴超鹏，吴世农，程静雅，等，2012. 风险投资对上市公司投融资行为影响的实证研究［J］. 经济研究，1：105－119.

吴超鹏，张媛，2017. 风险投资对上市公司股利政策影响的实证研究［J］. 金融研究，9：178－191.

吴翠凤，吴世农，刘威，2014. 风险投资介入创业企业偏好及其方式研究——基于中国创业板上市公司的经验数据［J］. 南开管理评论，5：151－160.

吴秋生，独正元，2019. 混合所有制改革程度、政府隐性担保与国企过度负债［J］. 经济管理，8：162－177.

吴世农，吴超鹏，2003. 我国股票市场价格惯性策略与盈余惯性策略的实证研究［J］. 经济科学，4：54－61.

吴世农，吴超鹏，2005. 盈余信息度量、市场反应与投资者框架依赖偏差分析［J］. 经济研究，2：54－62.

吴育辉，吴翠凤，吴世农，2016. 风险资本介入会提高企业的经营绩效吗？——基于中国创业板上市公司的证据［J］. 管理科学学报，7：85－101.

武巧珍，2009. 风险投资支持高新技术产业自主创新的路径分析［J］. 管理世界，7：174－175.

肖军，徐信忠，2004. 中国股市价值反转投资策略有效性实证研究［J］. 经济研究，3：55－64.

谢赤，梅胜兰，2014. 风险投资参与视角下创业板上市公司现金股利政策研究［J］. 财贸研究，3：146－156.

辛清泉，孔东民，郝颖，2014. 公司透明度与股价波动性［J］. 金融研究，10：193－206.

熊和平，柳庆原，2008. 异质投资者与资产定价研究评析［J］. 经济评论，1：118－122.

熊家财，桂荷发，2018. 风险投资、派驻董事与企业创新：影响与作用机理［J］. 当代财经，4：123－133.

徐信忠，郑纯毅，2006. 中国股票市场动量效应成因分析［J］. 经济科学，1：85－99.

许荣，2007. 资产定价与宏观经济波动［M］. 北京：中国经济出版社.

杨安华，2006. 中国上市公司并购重组短期价值效应分析［J］. 宁夏大学学报，2：88－92.

杨德明，林斌，辛清泉，2007. 盈利质量、投资者非理性行为与盈余惯性［J］. 金融研究，2：122－132.

杨明，2005. 银行对中小企业惜贷现象的行为金融学分析［J］. 统计与决策，12：95－96.

杨兴全，任小毅，杨征，2020. 国企混改优化了多元化经营行为吗？［J］. 会计研究，4：58－75.

杨志强，石水平，石本仁，等，2016. 混合所有制、股权激励与融资决策中的防御行为——基于动态权衡理论的证据［J］. 财经研究，8：108－120.

姚铮，王笑雨，程越楷，2011. 风险投资契约条款设置动因及其作用机理研究［J］. 管理世界，2：127－141.

游家兴，2008. 谁反应过度，谁反应不足——投资者异质性与收益时间可预测性分析［J］. 金融研究，4：161－173.

于李胜，王艳艳，2006. 信息不确定性与盈余公告后漂移现象——来自中国上市公司的经验证据［J］. 管理世界，3：40－49.

于李胜，王艳艳，2010. 信息竞争性披露、投资者注意力与信息传播效率［J］. 金融研究，8：112－135.

于忠泊，田高良，张咏梅，2012. 媒体关注、制度环境与盈余信息市场反应［J］. 会计研究，9：40－51.

俞庆进，张兵，2012. 投资者有限关注与股票收益——以百度指数作为关注度的一项实证研究［J］. 金融研究，8：152－165.

虞义华，赵奇锋，鞠晓生，2018. 发明家高管与企业创新［J］. 中国工业经济，3：136－154.

袁蓉丽，文雯，汪利，2014. 风险投资和IPO公司董事会治理——基于倾向评分匹配法的分析［J］. 中国软科学，5：118－128.

约翰·梅纳德·凯恩斯，1999. 就业、利息和货币通论（重译本）［M］. 高鸿业，译. 北京：商务印书馆.

约翰·诺夫辛格，2005. 投资心理学［M］. 2版. 刘丰源，张春安，译. 北京：北京大学出版社.

张继德，廖微，张荣武，2014. 普通投资者关注对股市交易的量价影响——基于百度指数的实证研究［J］. 会计研究，8：52－59.

张继德，张荣武，徐文仲，2015. 并购重组公告的短期财富效应研究——基于投资者

有限注意的视角 [J]. 北京工商大学学报, 6: 77－85.

张继德, 2013. 两化深度融合条件下企业分阶段构建内部控制体系研究 [J]. 会计研究, 6: 69－74.

张连城, 2009. 经济周期的制度特征与形成机制——兼及我国当前经济形势分析与展望 [N]. 人民日报, 6－16.

张人骥, 朱平方, 王怀芳, 1998. 上海证券市场过度反应的实证检验 [J]. 经济研究, 5: 58－64.

张荣武, 曾维新, 2013. 投资者异质后验信念对股票价格影响的实证研究 [J]. 财经理论与实践, 3: 53－58.

张荣武, 曾维新, 2017. 信息不确定性、投资者认知风险与盈余惯性 [J]. 财务研究, 5: 22－34.

张荣武, 何丽娟, 聂慧丽, 2013. 中国股市动量效应与反转效应形成机制研究 [J]. 统计与决策, 4: 142－145.

张荣武, 廖微, 聂慧丽, 2013. 投资者过度自信与股票价格的实证研究——基于经济周期视角 [J]. 江汉论坛, 2: 75－79.

张荣武, 沈庆元, 聂慧丽, 2011. 经济周期、投资者心理偏差与资产定价 [J]. 会计研究, 7: 45－51.

张圣平, 2002. 偏好、信念、信息与证券价格 [M]. 上海: 上海三联书店/上海人民出版社.

张维, 张永杰, 2006. 异质信念、卖空限制与风险资产价格 [J]. 管理科学学报, 4: 58－64.

张维, 赵帅特, 2010. 认知偏差、异质期望与资产定价 [J]. 管理科学学报, 1: 52－59.

张英, 姜彭, 雷光勇, 2014. 投资者认知、特有风险与股票风险 [J]. 现代管理科学, 11: 18－20.

张玉臣, 吕宪鹏, 2013. 高新技术企业创新绩效影响因素研究 [J]. 科研管理, 12: 58－65.

赵国宇, 2017. 大股东控股、报酬契约与合谋掏空——来自民营上市公司的经验证据 [J]. 外国经济与管理, 7: 105－117.

赵静梅, 申宇, 2011. 投资者认知风险被市场定价了吗——来自中国资本市场的证据 [J]. 财贸经济, 10: 55－62.

赵宇龙, 1998. 会计盈余披露的信息含量——来自上海股市的经验证据 [J]. 经济研究, 7: 41－49.

郑国坚, 林东杰, 张飞达, 2013. 大股东财务困境、掏空与公司治理的有效性——来自大股东财务数据的证据 [J]. 管理世界, 5: 157－168.

郑君君, 许明媛, 2010. 基于风险投资防范串谋的激励模型研究 [J]. 武汉大学学报

（哲学社会科学版），1：125－128.

郑志凌，李艳宏，2008. 上市公司发行短期融资券对其股价的影响实证［J］. 统计与决策，19：92－94.

周嘉南，黄登仕，2011. 投资者有限注意力与上市公司年报公布时间选择［J］. 证券市场导报，5：53－60.

周琳杰，2002. 中国股票市场动量策略赢利性研究［J］. 世界经济，8：60－64.

朱滔，2006. 上市公司并购的短期和长期股价表现［J］. 当代经济科学，3：31－39.

朱战宇，吴冲锋，2005. 考虑卖空限制的动量效应和反向效应模型［J］. 系统工程理论与实践，1：1－11.

Akhtaruddin, M., 2005. Corporate Mandatory Disclosure Practices in Bangladesh [J]. *The International Journal of Accounting*, 40 (4): 399－422.

Altamuro, J., and A. Beatty, 2010. How does Internal Control Regulation Affect Financial Reporting? [J]. *Journal of Accounting and Economics*, 49 (1－2): 58－74.

An, H., and T. Zhang, 2013. Stock Price Synchronicity, Crash Risk, and Institutional Investors [J]. *Journal of Corporate Finance*, 21: 1－15.

Anh, N., V. Thu, and D. Quynh, 2020. Corporate Governance and Stock Price Synchronicity: Empirical Evidence from Vietnam [J]. *International Journal of Financial Studies*, 8 (2): 1－13.

Ashbaugh－Skaife, H., D. W. Collins, W. R. Kinney, and R. LaFond, 2008. The Effect of SOX Internal Control Deficiencies and their Remediation on Accrual Quality [J]. *The Accounting Review*, 83 (1): 217－250.

Baeyens, K., and S. Manigart, 2003. Dynamic Financing Strategies: The Role of Venture Capital [J]. *Journal of Private Equity*, 7 (1): 50－58.

Ball, R., and P. Brown, 1968. An Empirical Evaluation of Accounting Income Numbers [J]. *Journal of Accounting Research*, 6 (2): 159－178.

Barber, B. M., and B. T. Odean, 2008. All That Glitters: The Effect of Attention and News on the Buying Behavior of Individual and Institutional Investors [J]. *The Review of Financial Studies*, 21 (2): 785－818.

Barber, B. M., and T. Odean, 2001. The Internet and the Investor [J]. *The Journal of Economic Perspectives*, 15 (1): 41－54.

Barber, B. M., and T. Odean, 2002. Online Investors: Do the Slow Die First? [J]. *The Review of Financial Studies*, 15 (2): 455－488.

Barber, B., and T. Odean, 2000. Trading Is Hazardous to Your Wealth: The Common Stock Investment Performance of Individual Investors [J]. *The Journal of Finance*, 55 (2): 773－805.

Barberis, N., A. Shleifer., and R. Vishny, 1998. A Model of Investor Sentiment [J].

Journal of Financial Economics, 49 (3): 307 - 343.

Barry, C. B., C. J. Muscarella, J. W. Peavy, and M. R. Vetsuypens, 1990. The Role of Venture Capital in the Creation of Public Companies: Evidence from the Going - Public Process [J]. *Journal of Financial Economics*, 27 (2): 447 - 471.

Baum, J. A. C., and B. S. Silverman, 2004. Picking Winners or Building them? Alliance, Intellectual, and Human Capital as Selection Criteria in Venture Financing and Performance of Biotechnology Startups [J]. *Journal of Business Venturing*, 19 (3): 411 - 436.

Bell, T. B., and J. V. Carcello, 2000. A Decision Aid for Assessing the Likelihood of Fraudulent Financial Reporting [J]. *Auditing: A Journal of Practice and Theory*, 19 (1): 169 - 184.

Ben - Nasr, H., N. Boubakri, and J. C. Cosset, 2012. The Political Determinants of the Cost of Equity: Evidence from Newly Privatized Firms [J]. *Journal of Accounting Research*, 50: 605 - 646.

Ben - Nasr, H., N. Boubakri, and J. C. Cosset, 2015. Earnings Quality in Privatized Firms: The Role of State and Foreign Owners [J]. *Journal of Accounting and Public Policy*, 34 (4): 292 - 416.

Benos, A. V., 1998. Overconfidence Speculators in Call Markets: Trade Patterns and Survival [J]. *Journal of Financial Markets*, 1 (1): 353 - 383.

Bhattacharya, U., H. Daouk, and M. Welker, 2003. The World Price of Earnings Opacity [J]. *The Accounting Review*, 78 (3): 641 - 678.

Bloomfield, R. J., and T. J. Wilks, 2000. Disclosure Effects in the Laboratory: Liquidity, Depth, and the Cost of Capital [J]. *The Accounting Review*, 75 (1): 13 - 41.

Bodnaruk, A., and P. Ostberg, 2009. Does Investor Recognition Predict Returns [J]. *Journal of Financial Economics*, 91 (2): 208 - 226.

Boone, A. L., and J. T. White, 2015. The Effect of Institutional Ownership on Firm Transparency and Information Production [J]. *Journal of Financial Economics*, 117 (3): 508 - 533.

Bottazzi, L., D. Rin, and T. Hellmann, 2008. Who Are the Active Investors? Evidence from Venture Capital [J]. *Journal of Financial Economics*, 89 (3): 488 - 512.

Boubaker, S., H. Mansali, and H. Rjiba, 2014. Large Controlling Shareholders and Stock Price Synchronicity. *Journal of Banking and Finance*, 40: 80 - 96.

Brander, J. A., R. Amit, and W. Antweiler, 2002. Venture - capital Syndication: Improved Venture Selection VS the Value - added Hypothesis [J]. *Journal of Economics and Management Strategy*, 11 (3): 423 - 452.

Cadman, B., and J. Sunder, 2014. Investor Myopia and CEO Horizon Incentives [J]. *The Accounting Review*, 89 (4): 1299 - 1328.

Celikyurt, U. , M. Sevilir, and A. Shivdasani, 2014. Venture Capitalists on Boards of Mature Public Firms [J]. *The Review of Financial Studies*, 27 (1): 56 – 101.

Chan, K. , A. Hameed. , and W. Tong, 2000. Profitability of Momentum Strategies in International Equity Markets [J]. *Journal of Finance and Quantitative Analysis*, 35 (2): 153 – 172.

Chan, L. K. C. , and J. Lakonishok, 2004. Value and Growth Investing: Review and Update [J]. *Financial Analysts Journal*, 60 (1): 71 – 86.

Chen, H. , G. Noronha, and V. Signal, 2004. The Price Response to S & P 500 Index Additions and Deletions: Evidence of Asymmetry and a New Explanation [J]. *The Journal of Finance*, 59 (4): 1901 – 1930.

Chen, H. , J. Z. Chen, G. J. Lobo, and Y. Wang, 2011. Effects of Audit Quality on Earnings Management and Cost of Equity Capital: Evidence from China [J]. *Contemporary Accounting Research*, 28 (3): 892 – 925.

Chen, H. , R. Li, and P. Tillmann, 2019. Pushing on a String: State – owned Enterprises and Monetary Policy Transmission in China [J]. *China Economic Review*, 54: 26 – 40.

Chen, J. J. , X. Liu, and W. Li, 2010. The Effect of Insider Control and Global Benchmarks on Chinese Executive Compensation [J]. *Corporate Governance: An International Review*, 18 (2): 107 – 123.

Chen, J. , H. G. Hong, and J. C. Stein, 2001. Forecasting Crashes: Trading Volume, Past Returns and Conditional Skewness in Stock Prices [J]. *Journal of Financial Economics*, 61 (3): 345 – 381.

Chen, M. H. , 2003. Risk and Return: CAPM and CCAPM [J]. *The Quarterly Review of Economics and Finance*, 43 (2): 369 – 393.

Chordia, T. , and I. Shivakumar, 2005. Inflation and Post – earnings Announcement Drift [J]. *Journal of Accounting Research*, 43 (5): 521 – 556.

Da, Z. , J. Engelberg, and P. Gao, 2011. In Search of Attention. *The Journal of Finance*, 66 (5): 1461 – 1499.

Daniel, K. , and S. Titman, 2006. Market Reactions to Tangible and Intangible Information [J]. *The Journal of Finance*, 61 (4): 1605 – 1643.

Daniel, K. , D. Hirshleifer, and A. Subramanyam, 1998. Investor Psychology and Security Market Under – and Overreactions [J]. *The Journal of Finance*, 53 (6): 1839 – 1885.

Das, S. R. , H. Jo, and Y. Kim, 2011. Polishing Diamonds in the Rough: The Sources of Syndicated Venture Performance [J]. *Journal of Financial Intermediation*, 20 (2): 199 – 230.

De Bondt, W. F. M. , and R. Thaler, 1985. Does the Stock Market Overreact? [J]. *The Journal of Finance*, 40 (3): 793 – 805.

De Long, J. B. , A. Shleifer, L. H. Summers, and R. J. Waldmann, 1990. Positive

Feedback Investment Strategies and Destabilizing Rational Speculation [J]. *The Journal of Finance*, 45 (2): 379 -395.

Dechow, P. M., and I. D. Dichev, 2002. The Quality of Accruals and Earnings: The Role of Accrual Estimation Errors [J]. *The Accounting Review*, 77: 35 -59.

Dechow, P. M., R. G. Sloan, and A. P. Sweeney, 1995. Detecting Earnings Management [J]. *The Accounting Review*, 70 (2): 193 -225.

Dellavigna, S., and J. M. Pollet, 2009. Investor Inattention and Friday Earnings Announcements [J]. *The Journal of Finance*, 64 (2): 709 -749.

Dessí, R., 2005. Start - up Finance, Monitoring, and Collusion [J]. *RAND Journal of Economics*, 36 (2): 255 -274.

Dzielinski, M., 2012. Measuring Economic Uncertainty and Its Impact on the Stock Market [J]. *The Finance Research Letters*, 9 (3): 167 -175.

Easley, D., and M. O' Hara, 2004. Information and the Cost of Capital [J]. *The Journal of Finance*, 59 (4): 1553 -1583.

Ertimur, Y., E. Sletten, and J. Sunder, 2014. Large Shareholders and Disclosure Strategies: Evidence from IPO Lockup Expirations [J]. *Journal of Accounting Economics*, 58 (1): 79 -95.

Eyssell, T. H., and N. Arshadi, 1993. Insiders, Outsiders, or Trend Chasers? An Investigation of Pre - takeover Transactions in the Shares of Target Firms [J]. *The Journal of Financial Research*, 16 (1): 49 -59.

Fama, E. F., and K. R. French, 1993. Common Risk Factors in the Returns on Stocks and Bonds [J]. *Journal of Financial Economics*, 33 (1): 3 -56.

Fang, L., and J. Peress, 2009. Media Coverage and the Cross - section of Stock Returns [J]. *The Journal of Finance*, 64 (5): 2023 -2052.

Farooq, O., and S. Ahmed, 2014. Stock Price Synchronicity and Corporate Governance Mechanisms: Evidence from an Emerging Market [J]. *International Journal of Accounting, Auditing and Performance Evaluation*, 10 (4): 395 -409.

Feng, H., A. Habib, and G. Tian, 2019. Aggressive Tax Planning and Stock Price Synchronicity: Evidence from China [J]. *International Journal of Managerial Finance*, 15 (5): 829 -857.

Field, L. C., and G. Hanka, 2001. The Expiration of IPO Share Lockups [J]. *The Journal of Finance*, 56 (2): 471 -500.

Firth, M., P. M. Fung, and O. M. Rui, 2007. Ownership, Two - tier Board Structure, and the Informativeness of Earnings: Evidence from China [J]. *Journal of Accounting and Public Policy*, 26 (4): 463 -496.

Firth, M., P. M. Fung, and O. M. Rui, 2006. Corporate Performance and CEO Compensation in China [J]. *Journal of Corporate Finance*, 12 (4): 693 – 714.

Firth, M., P. M. Fung, and O. M. Rui, 2006. Firm Performance, Governance Structure, and Top Management Turnover in a Transitional Economy [J]. *Journal of Management Studies*, 43 (6): 1289 – 1330.

Forsythe, R., F. Nelson, G. R. Neumann, and J. Wright, 1992. Anatomy of an Experimental Political Stock Market [J]. *The American Economic Review*, 82 (5): 1142 – 1161.

Francis, B. B., and I. Hasan, 2001. The Underpricing of Venture and Nonventure Capital IPOs: An Empirical Investigation [J]. *Journal of Financial Services Research*, 19 (2 – 3): 99 – 113.

Garfinkel, J., and J. Sokobin, 2006. Volume, Opinion Divergence and Returns: A Study of Post – earnings Announcement Drift [J]. *Journal of Accounting Research*, 44 (1): 85 – 111.

Gervais, S., and R. Kaniel, 2001. The High – Volume Return Premium [J]. *The Journal of Finance*, 56 (3): 877 – 919.

Grullon, G., G. Kanatas, and J. Weston, 2004. Advertising, Breadth of Ownership, and Liquidity [J]. *The Review of Financial Studies*, 17 (2): 439 – 461.

Guan, J., Z. Gao, J. Tan, W. Sun, and F. Shi, 2021. Does the Mixed Ownership Reform Work? Influence of Board Chair on Performance of State – owned Enterprises [J]. *Journal of Business Research*, 122: 51 – 59.

Gul, F. A., J. Kim, and A. A. Qiu, 2010. Ownership Concentration, Foreign Shareholding, Audit Quality, and Stock price Synchronicity: Evidence from China [J]. *Journal of Financial Economics*, 95 (3): 452 – 442.

Guo, D., and K. Jiang, 2013. Venture Capital Investment and the Performance of Entrepreneurial Firms: Evidence from China [J]. *Journal of Corporate Finance*, 22 (3): 375 – 395.

Guzman, G, 2011. Internet Search Behavior as an Economic Forecasting Tool: The Case of Inflation Expectations [J]. *Journal of Economic and Social Measurement*, 36 (3): 119 – 167.

Harris, M., and A. Raviv, 1993. Differences of Opinion Make a Horse Race [J]. *The Review of Financial Studies*, 6 (3): 473 – 506.

He, Y., Y. Chiu, and B. Zhang, 2015. The Impact of Corporate Governance on State – owned and Non – state – owned Firms' Efficiency in China [J]. *North American Journal of Economics and Finance*, 33 (7): 252 – 277.

Hirshleifer, D., 2001. Investor Psychology and Asset Pricing [J]. *The Journal of Finance*, 56 (4): 1533 – 1597.

Hirshleifer, D., and S. H. Teoh, 2003. Limited Attention, Information Disclosure, and Financial Rreporting [J]. *Journal of Accounting and Economics*, 36 (3): 337 – 386.

Hochberg, Y. V., 2012. Venture Capital and Corporate Governance in the Newly Public Firm [J]. *Review of Finance*, 16 (2): 429 – 480.

Hochberg, Y. V., A. Ljungqvist, and L. U. Yang, 2010. Networking as a Barrier to Entry and the Competitive Supply of Venture Capital [J]. *The Journal of Finance*, 65 (3): 829 - 859.

Hochberg, Y. V., and J. D. Rauh, 2013. Local Overweighting and Underperformance: Evidence from Limited Partner Private Equity Investments [J]. *The Review of Financial Studies*, 26 (2): 403 - 451.

Holderness, C. G., and D. P. Sheehan, 1985. Raiders or Saviors? The Evidence on Six Controversial Investors [J]. *Journal of Financial Economics*, 14 (4): 555 - 579.

Hong, H., and J. C. Stein, 1999. A Unified Theory of Underreaction, Momentum Trading and Overreaction in Asset Markets [J]. *The Journal of Finance*, 54 (6): 2143 - 2184.

Hong, H., and J. C. Stein, 2003. Differences of Opinion, Short - sales Constraints, and Market Crashes [J]. *The Review of Financial Studies*, 16 (2): 487 - 525.

Hong, H., and J. C. Stein, 2007. Disagreement and the Stock Market [J]. *Journal of Economic Perspectives*, 21 (2): 109 - 128.

Hong, H., J. Scheinkman, and W. Xiong, 2006. Asset Float and Speculative Bubbles [J]. *The Journal of Finance*, 61 (3): 1073 - 1117.

Hong, H., J. Scheinkman, and W. Xiong, 2008. Advisors and Asset Prices: A Model of the Origins of Bubbles [J]. *Journal of Financial Economics*, 89 (2): 268 - 287.

Hossain, M., and M. Reaz, 2007. The Determinants and Characteristics of Voluntary Disclosure by Indian Banking Companies [J]. *Corporate Social Responsibility and Environmental Management*, 14 (5): 274 - 288.

Hsu, D. H., 2004. What do Entrepreneurs Pay for Venture Capital Affiliation? [J]. *The Journal of Finance*, 59 (4): 1805 - 1844.

Hu, C., and S. Liu, 2013. The implications of low R^2: Evidence from China [J]. *Emerging Markets Finance and Trade*, 49 (1): 17 - 32.

Hutton, A. P., A. J. Marcus, and H. Tehranian, 2009. Opaque Financial Report, R^2, and Crash Risk [J]. *Journal of Financial Economics*, 94 (1): 67 - 86.

Jarrow, R., 1980. Heterogeneous Expectations, Restrictions on Short Sales, and Equilibrium Asset Prices [J]. *The Journal of Finance*, 35 (5): 1105 - 1113.

Jegadeesh, N., and S. Titman, 1993. Returns to Buying Winners and Selling Losers: Implications for Stock Market Efficiency [J]. *The Journal of Finance*, 48 (1): 65 - 91.

Jensen, M. C., and W. H. Meckling, 1976. Theory of the Firm: Managerial Behavior, Agency Costs and Ownership Structure [J]. *Journal of Financial Economics*, 3 (4): 305 - 360.

Jin, L., and S. C. Myers, 2006. R - Squared Around the World: New Theory and New Tests [J]. *Journal of Financial Economics*, 79 (2): 257 - 292.

Johnson, S., R. L. Porta, F. L. D. Silanes, and A. Shleifer, 2000. Tunneling [J].

American Economic Review, 90 (2): 22 – 27.

Jonas, E., S. Schulz – Hardt, D. Frey, and N. Thelen, 2001. Confirmation Bias in Sequential Information Search after Preliminary Decisions: An Expansion of Dissonance Theoretical Research on Selective Exposure to Information [J]. *Journal of Personality and Social Psychology*, 80 (4): 557 – 571.

Kahneman, D., and A. Tversky, 1973. On the Psychology of Prediction [J]. *Psychological Review*, 80 (4): 237 – 251.

Kahneman, D., and A. Tversky, 1979. Prospect Theory: An Analysis of Decision under Risk [J]. *Journal of Econometrica*, 47 (5): 263 – 291.

Kato, T., and C. Long, 2006. CEO Turnover, Firm Performance, and Enterprise Reform in China: Evidence from Micro Data [J]. *Journal of Comparative Economics*, 34 (4): 796 – 817.

Kato, T., and C. Long, 2006. Executive Compensation, Firm Performance, and Corporate Governance in China: Evidence from Firms Listed in the Shanghai and Shenzhen Stock Exchanges [J]. *Economic Development and Cultural Change*, 54 (4): 945 – 983.

Ke, B., O. Rui, and W. Yu, 2012. Hong Kong Stock Listing and the Sensitivity of Managerial Compensation to Firm Performance in State – controlled Chinese Firms [J]. *Review of Accounting Studies*, 17 (1): 166 – 188.

Kelley, H. H., 1950. The Warm – Cold Variable in First Impressions of Persons [J]. *Journal of Personality*, 18 (4): 431 – 439.

Keown, A. J., and J. M. Pinkerton, 1981. Merger Announcements and Insider Trading Activity: An Empirical Investigation [J]. *The Journal of Finance*, 36 (4): 855 – 869.

Kortum, S., and J. Lerner, 2000. Assessing the Contribution of Venture Capital to Innovation [J]. *Journal of Economics*, 31 (4): 674 – 692.

Kothari, S. P., S. Shu, and P. Wysockl, 2009. Do Managers withhold Bad News? [J]. *Journal of Accounting Research*, 47 (1): 241 – 276.

Krishnan, C. N. V., V. I. Ivanov, R. W. Masulis, and A. K. Singh, 2011. Venture Capital Reputation, Post – IPO Performance, and Corporate Governance [J]. *Journal of Financial & Quantitative Analysis*, 46 (5): 1295 – 1333.

Lall, S., 1992. Technological Capabilities and Industrialization [J]. *World Development*, 20 (2): 165 – 186.

Lambert, R., C. Leuz, and R. E. Verrecchia, 2007. Accounting Information, Disclosure, and the Cost of Capital [J]. *Journal of Accounting Research*, 45 (2): 385 – 420.

Lan, Y., L. Wang, and X. Zhang, 2013. Determinants and Features of Voluntary Disclosure in the Chinese Stock Market [J]. *China Journal of Accounting Research*, 6 (4): 265 – 285.

Lang, M. , K. V. Lins, and M. Maffett, 2012. Transparency, Liquidity, and Valuation: International Evidence on When Transparency Matters Most [J]. *Journal of Accounting Research*, 50 (3): 729 –774.

Lerner, J. , 1995. Venture Capitalists and the Oversight of Private Firms [J]. *The Journal of Finance*, 50 (1): 301 –318.

Leuz, C. , and R. E. Verrecchia, 2000. The Economic Consequences of Increased Disclosure [J]. *Journal of Accounting Research*, 38 (3): 91 –124.

Liang, L. , 2003. Post – earnings Announcement Drift and Market Participants, Information Processing Biases [J]. *Review of Accounting Studies*, 24 (8): 321 –345.

Lin, J. Y. , and G. Tan, 1999. Policy Burdens, Accountability, and the Soft Budget Constraint [J]. *American Economic Review*, 89 (2): 426 –431.

Lin, K. J. , X. Lu, J. Zhang, and Y. Zheng, 2020. State – owned Enterprises in China: A Review of 40 Years of Research and Practice [J]. *China Journal of Accounting Research*, 13 (1): 31 –55.

Liu, W. , N. Strong, and X. Xu, 2003. Post – earnings – announcement Drift in the UK [J]. *European Financial Management*, 9 (1): 89 –116.

Lord, C. G. , L. Ross, and M. R. Lepper, 1979. Biased Assimilation and Attitude Polarization: The Effects of Prior Theories on Subsequently Considered Evidence [J]. *Journal of Personality and Social Psychology*, 37 (11): 2098 –2109.

Lu, H. , Y. Tan, and H. Huang, 2013. Why Do Venture Capital Firms Exist: An Institution – based Rent – seeking Perspective and Chinese Evidence [J]. *Asia Pacific Journal of Management*, 30 (3): 921 –936.

Luo, J. D. , K. Rong, K. Yang, R. Guo, and Y. Q. Zou, 2019. Syndication through Social Embeddedness: A Comparison of Foreign, Private and State – owned Venture Capital (VC) Firms [J]. *Asia Pacific Journal of Management*, 36 (2): 499 –527.

Luo, W. , Y. Zhang, and N. Zhu, 2011. Bank Ownership and Executive Perquisites: New Evidence from an Emerging Market [J]. *Journal of Corporate Finance*, 17 (2): 352 –370.

Maury, B. , and A. Pajuste, 2005. Multiple Large Shareholders and Firm Value [J]. *Journal of Banking and Finance*, 29 (7): 1813 –1834.

McMillan, J. J. , and R. A. White, 1993. Auditors' Belief Revisions and Evidence Search: The Effect of Hypothesis Frame, Confirmation Bias, and Professional Skepticism [J]. *The Accounting Review*, 68 (3): 443 –465.

Megginson, W. L. , and K. A. Weiss, 1991. Venture Capitalist Certification in Initial Public Offerings [J]. *The Journal of Finance*, 46 (3): 879 –903.

Megginson, W. L. , B. Ullah, and Z. Wei, 2014. State Ownership, Soft – budget Constraints, and Cash Holdings: Evidence from China's Privatized Firms [J]. *Journal of Banking and Finance*, 48: 276 -291.

Merton, R. C. , 1987. A Simple Model of Capital Market Equilibrium with Incomplete Information [J]. *The Journal of Finance*, 42 (3): 483 -510.

Miller, E. M. , 1977. Risk, Uncertainty, and Divergence of Opinion [J]. *The Journal of Finance*, 32 (4): 1151 -1168.

Moore, A. D. , and J. P. Healy, 2008. The Trouble with Overconfidence [J]. *Psychological Review*, 115 (2): 502 -517.

Morck, R. , B. Yeung, and W. Yu, 2000. The Information Content of Stock Markets: Why do Emerging Markets have Synchronous Stock Price Movements? [J]. *Journal of Financial Economics*, 58 (1/2): 215 -260.

Murphy, K. M. , A. Shleifer, and R. W. Vishny, 1993. Why is Rent - seeking So Costly to Growth? [J]. *American* Economic Review, 83 (2): 409 -414.

Myers, S. C. , 1977. Determinants of Corporate Borrowing [J]. *Journal of Financial Economics*, 5 (2): 147 -175.

Nahata, R. , 2008. Venture Capital Reputation and Investment Performance [J]. *Journal of Financial Economics*, 90 (2): 127 -151.

Neifar, S. , and H. Ajili, 2019. CEO Characteristics, Accounting Opacity and Stock Price Synchronicity: Empirical Evidence from German Listed Firms [J]. *Journal of Corporate Accounting and Finance*, 30 (2): 29 -43.

Nickerson, R. S. , 1998. Confirmation Bias: A Ubiquitous Phenomenon in Many Guises [J]. *Review of General Psychology*, 2 (2): 175 -220.

Odean, T. , 1998. Do Investors Trade Too Much? [J]. *American Economic Review*, 89 (5): 1279 -1298.

Oechssler, J. , A. Roider, and P. W. Schmitz, 2009. Cognitive Abilities and Behavioral Biases [J]. *Journal of Economic Behavior & Organization*, 72 (1): 147 -152.

Pagano, M. , and A. Roell, 1998. The Choice of Stock Ownership Structure: Agency Costs, Monitoring, and the Decision to Go Public [J]. *The Quarterly Journal of Economics*, 113 (1): 187 -225.

Peng L. , and W. Xiong, 2006. Investor Attention, Overconfidence and Category Learning [J]. *Journal of Financial Economics*, 80 (3): 563 -602.

Piotroski, J. D. , T. J. Wong, and T. Zhang, 2015. Political Incentives to Suppress Negative Information: Evidence from Chinese Listed Firms [J]. *Journal of Accounting Research*, 53 (2): 405 -459.

Posner, M. L. , and S. E. Petersen, 1990. The Attention System of the Human Brain [J]. *Annual Review of Neuroscience*, 13 (1): 25 -42.

Rabin, M. , and J. L. Schrag, 1999. First Impressions Matter: A Model of Confirmatory

Bias [J]. *The Quarterly Journal of Economics*, 114 (1): 37 -82.

Raghunathan, R., and K. Corfman, 2006. Is Happiness Shared Doubled and Sadness Shared Halved? Social Influence on Enjoyment of Hedonic Experiences [J]. *Journal of Marketing Research*, 43 (3): 386 -394.

Roll, R., 1988. R - squared [J]. *The Journal of Finance*, 43 (3): 541 -566.

Rouwenhorst, K. G., 1998. International Momentum Strategies [J]. *The Journal of Finance*, 53 (1): 267 -284.

Russo, J. E., V. H. Medvec, and M. G. Meloy, 1996. The Distortion of Information during Decisions [J]. *Organizational Behavior and Human Decision Processes*, 66 (1): 102 -110.

Scheinkman, J. A., and W. Xiong, 2003. Overconfidence and Speculative Bubbles [J]. *Journal of Political Economy*, 111 (6): 1183 -1219.

Schertler, A., and T. Tykvová, 2011. Venture Capital and Internationalization [J]. *International Business Review*, 20 (4): 423 -439.

Seasholes, M. S., and G. Wu, 2007. Predictable Behavior, Profits, and Attention [J]. *Journal of Empirical Finance*, 14 (5): 590 -610.

Shefrin, H., 2001. Behavioral Corporate Finance [J]. *Journal of Applied Corporate Finance*, 14 (3): 113 -126.

Sheu, D. F., and H. S. Lin, 2007. Impact of Venture Capital on Board Composition and Ownership Structure of Companies: An Empirical Study [J]. *International Journal of Management*, 24 (3): 573 -581.

Stam, W., and T. Elfring, 2008. Entrepreneurial Orientation and New venture Performance: The Moderating Role of Intra - and Extraindustry Social Capital [J]. *Academy of Management Journal*, 51 (1): 97 -111.

Statman, M., S. Thorley, and K. Vorkink, 2006. Investor Overconfidence and Trading Volume [J]. *The Review of Financial Studies*, 19 (4): 1531 -1565.

Thompson, C., 1989. The Geography of Venture Capital [J]. *Progress in Human Geography*, 13 (1): 62 -98.

Tian, X., G. F. Udell, and X. Yu, 2016. Disciplining Delegated Monitors: When Venture Capitalists Fail to Prevent Fraud by Their IPO Firms [J]. *Journal of Accounting & Economics*, 61 (2 -3): 526 -544.

Trope, Y., and M. Bassok, 1982. Confirmatory and Diagnosing Strategies in Social Information Gathering [J]. *Journal of Personality and Social Psychology*, 43 (1): 22 -34.

Vanacker, T., V. Collewaert, and I. Paeleman, 2013. The Relationship between Slack Resources and the Performance of Entrepreneurial Firms: The Role of Venture Capital and Angel Investors [J]. *Journal of Management Studies*, 50 (6): 1070 -1096.

Wang, J., and C. H. Tan, 2020. Mixed Ownership Reform and Corporate Governance in

China's State - owned Enterprises [J]. *Vanderbilt Journal of Transnational Law*, 53: 1055 - 1107.

Wang, Q., T. J. Wong, and L. Xia, 2008. State Ownership, the Institutional Environment, and Auditor Choice: Evidence from China [J]. *Journal of Accounting and Economics*, 46 (1): 112 - 134.

Watts, D. J., and S. H. Strogatz, 1998. Collective Dynamics of 'Small - world' Networks [J]. *Nature*, 393: 440 - 442.

Wen, F., Y. Yuan, and W. X. Zhou, 2021. Cross - shareholding Networks and Stock Price Synchronicity: Evidence from China [J]. *International Journal of Finance and Economics*, 26 (1): 914 - 948.

West, K. D., 1988. Dividend Innovations and Stock Price Volatility [J]. *Econometrica: Journal of the Econometric Society*, 56 (1): 37 - 61.

Wurgler, J., 2000. Financial Markets and the Allocation of Capital [J]. *Journal of Financial Economics*, 58 (1 - 2): 187 - 214.

Wurgler, J., and K. Zhuravskaya, 2002. Does Arbitrage Flatten Demand Curve for Stocks? [J]. *The Journal of Finance*, 75 (5): 583 - 608.

Xu, N. H., K. Chan, X. Y. Jiang, and Z. H. Yi, 2013. Do Star Analysts Know More Firm Specific Information? Evidence from China [J]. *Journal of Banking & Finance*, 37 (1): 289 - 318.

Xu, N., X. Li, Q. Yuan, and K. C. Chan, 2014. Excess Perks and Stock Price Crash Risk: Evidence from China [J]. *Journal of Corporate Finance*, 25: 419 - 434.

Zhang, W., D. Shen, Y. Zhang, and X. Xiong, 2013. Open Source Information, Investor Attention, and Asset Pricing [J]. *Economic Modelling*, 33 (7): 613 - 619.

Zhang, X., M. Yu, and G. Chen, 2020. Does Mixed - ownership Reform Improve SOEs' Innovation? Evidence from State Ownership [J]. *China Economic Review*, 61: 1 - 22.

Zhu, C., 2019. Big Data as a Governance Mechanism [J]. *The Review of Financial Studies*, 32 (5): 2021 - 2061.

后　记

本书是在我主持的国家社科基金项目“经济周期视角下投资者心理偏差对资产定价的影响研究”和广东省社科基金项目“中国投资者心理偏差与行为研究”的结题报告基础上修订而成，是课题组成员历时数年潜心研究的集体智慧结晶。

全书基于新经济时代中国特殊的制度背景，深入研究了中国投资者心理偏差与行为的形成机理及其经济后果，希望为构建矫正投资者心理偏差以形成资产合理定价的动态长效机制、正确引导投资者开展价值投资、发挥机构投资者市场稳定器作用、提高公司治理水平等提供经验证据和靶向政策建议。全书共分2篇13章展开研究。其中“基础篇”包括“经济周期、投资者心理偏差与资产定价”“异质预期、群体演化与资产价格波动机制”“投资者确认性偏差与信息反应机制”“信息不确定性、投资者认知风险与盈余惯性”“中国股市动量效应与反转效应形成机制研究”共5章，“应用篇”包括“投资者异质后验信念对股票价格影响的实证研究”“投资者过度自信与股票价格：基于经济周期视角的经验证据”“普通投资者关注对股市交易量价影响：基于百度指数的实证研究”“投资者有限注意视角下并购重组公告的短期财富效应研究”“非国有股东治理对国企股价同步性影响的实证研究”“风险投资地理距离对企业创新能力影响的实证研究”“风险投资与大股东合谋研究”“风险投资与信息披露质量：基于创业板上市公司的经验证据”共8章。

感谢著名会计学家、中南财经政法大学郭道扬教授对我学术研究的指导与引领；感谢全国会计名家、湖南大学/海南大学博士生导师伍中信教授对我的精心指导并为本书作序；感谢中央民族大学李书锋教授，对外经济贸易大学雷光勇教授，中国人民大学江伟教授，江西财经大学刘启亮教授，暨南大学吴战篪教授，湖南大学曹越教授，中南大学修宗峰副教授，北京工商大学张继德教授，广州大学汤萱教授、王满四教授、李正辉教授，广东财经大学邹新月教授、苏武俊教授、朱顺泉教授、郭秀珍教授、雷宇教授、赵国宇教授、杨志强教授、张建平副教授的热心帮助。

感谢妻子刘洁女士为我的研究工作提供坚强后盾；女儿文佳、儿子凯文让家庭充满欢乐，使我的生活更加丰富多彩；感谢我和妻子的父母、家人的亲情关爱，他们给我的爱是我幸福生活的源泉和奋发图强的引擎。

本书的研究凝结了沈庆元、徐文仲、聂慧丽、曾维新、廖微、何丽娟、欧建猷、许安娜、罗澜等同志的共同成果，本书的出版与中国财政经济出版社樊清玉老师严谨细致的工作密不可分，在此一并表示感谢！

张荣武

2022年3月于广州